ウナギと人間

ジェイムズ・プロセック 著
小林正佳 訳

Eels:
An Exploration,
from New Zealand
to the Sargasso,
of the World's
Most Mysterious Fish
by James Prosek

築地書館

Japanese Translation by Masayoshi Kobayashi
Published in Japan by Tsukiji-Shokan Publishing Co., Ltd., Tokyo

その夜、何千もが灯台を過ぎていった。
遠い海への旅の、最初の通過点。すべて銀ウナギで、沼地にいたものだ。
波打ち際を離れ外海へ出ていくとき、ウナギはまた人間の視界と、
人間の知識をも抜け出していく。

レイチェル・カーソン（一九四一）

目次

序章 ウナギへの思い

ウナギは、簡単に好きになれる魚ではない。マスの美しさも、ブルーギルの色合いも持ち合わせていない。子どもの頃友人と釣りをして、何度か、偶然ウナギが針にかかったことがある。口から針を引き抜こうとしても、筋肉質のからだがぬるぬる滑ってしっかりつかむことができない。バシッと川岸に叩きつけ、ふたりがかりで束の間踵《かかと》で押さえつけ、やっと針を抜くことができた。ウナギを川に放り投げると、泳ぎ去っていく。びっくりしてしまった。

ウナギはその姿を表に現したり陰に隠れたりしながら、アメリカ、ニューイングランドで成長した私の生活の中に脈打っていた。はっきり何と名付けたらいいのかわからないウナギの何かが、私の好奇心をかき立てた。私の友人、ベテランの狩猟動物管理官ジョー・ハインズは、コネティカット州ソーガタック野生生物保護区のダムを越えようとしてたまたま罠にかかった大きなウナギをしばしば料理してくれた。秋、海へ向かう途中のウナギだ。ウナギはどこに向かっているのかジョーに尋ねると、答えはいつも同じ、サルガッソ海。いったいどこなのか。どこか遠くの海。夏には裸足になって渡る川の、その同じ水の中を泳いでいるこの小さな魚が何千キロも離れた青い海で生まれたのだと考えると、何か神秘的な感じがした。

私の母は、イタリアのトリエステで育った少女時代の最も古い記憶は、市場の魚屋でウナギが頭を切り落とされるのを見たことだと語っていた。なぜ、ヘビやウナギというこんな小さな生き物が、人間の心にいつまでも消えない印象を与えたのだろう。カルティエ・ブレッソンの写真、マネやダ・ヴィンチの絵（『最後の晩餐』の中のオレンジ色の切れ端）、ギュンター・グラスやグレアム・スウィフトの小説の中で、ひょっこりウナギに出会うことがあった。シマスズキ釣りを始めた頃、マサチューセッツ州東岸に面したカッティーハンク島やマーサズ・ヴィニヤードの波打ち際に星のまたたきが映る寒い秋の夜、餌としてウナギを投げ入れたものだ。

その頃は、この奇妙な旅行者は、北アメリカとヨーロッパにしかいないと思っていた（ヨーロッパウナギもまた、サルガッソ海で産卵する）。世界には、ほかにも、別の国の別の川から、産卵のため別の大海に向かって旅をする別の種類のウナギがいることなど、知らなかった。ニュージーランドに住んでいたことのある友人が、そこの川には巨大なウナギがいて、先住民マオリにとっては水の動きの象徴、男根と同義のもの、聖なる守護者、怪物的な誘惑者として重んじられていると話してくれた。彼によると、マオリは池でウナギを飼い、手から餌を与える。ウナギは何百年も生きるし、二メートルに達するほど成長することも知られているという。かつてまったく偶然釣り針にかかった魚が、楔《くさび》のように執拗に私の想像力の隙間に割りこみ始めていた。一本の糸となって海と川を結び、世界は美しさと魔法と神秘が織りなすひとつのシステムによって保持されていることを感じさせてくれた。

ある日、当時出版社ハーパーコリンズの編集者だった私の友人ラリー・アッシュミードと一緒に、イタリア中部トスカーナ地方の湖の畔に立って、水面の向こうに広がる丘の上の町を眺めていた。町はコルトーナ、湖はトラジメーノ湖。そのとき彼が、泥の中に立っている杭は何だろうと尋ねた。私は、ウナギを捕まえる罠で、ウナギは何千キロも離れたサルガッソ海と呼ばれる海の、暖かい潮の渦巻きの中で生まれるのだと答えた。信じられない、と、彼。その後、ある日帰宅すると小包が待っていて、ウナギに関するレイチェル・カーソンのエッセーのコピーと、この魚の物語はきっと面白い本になると思うというラリーからのメモがついていた。

第1章　不思議な魚

ウナギの謎を巡って

　正確にウナギとは何なのか、すなわち、生命進化の系統樹のどこに位置するのか、そのことに関する推測は、少なからぬ博物学者たちの頭を悩ませてきた。手足のない細長いからだから、ある人々は、ウナギはヘビと関係すると信じた。紀元二世紀のギリシャの博物学者で詩人のオピアンは、こう書いている。「何もわかっていない中で、人々が繰り返し口にするローマのウナギとヘビとの愛のことだけは知られている。ある人たちによると、ウナギとヘビは番《つが》うという。熱望に駆られ、欲望に飲みこまれ、ローマのウナギは海から川に入り、番の相手を探しに行く」。その後一八三三年に至っても、『Natural History of the Fishes of Massachusetts〔マサチューセッツの魚類の自然史〕』の中でジェローム・V・C・スミスは、「大方のところわれわれは、ミズヘビに照らし合わせてウナギを考え、純粋に水性の生き物と水陸両生の爬虫《はちゅう》類とを結ぶものと見なしている」と書いた。しかし、実際のところウナギは魚で、しかしなお、ほかのどんな魚とも似ていない。

成魚の時代を淡水で生息するウナギ、ウナギ属（*Anguilla*）は、五〇〇〇万年以上前に現れ、一五の種に分かれて進化してきた。サケやニシン科のシャッドといったほとんどの回遊魚は遡河性《そか》（anadromous）で、淡水で産卵し、成魚の時代を塩水で過ごす。ウナギはその逆、海で産卵し、成長してから湖や川や河口で暮らす数少ない魚の一種で、降河性（catadromous）として知られる生活を送る。ちなみに、ギリシャ語で「*ana-*」は「上へ」、「*cata-*」は「下へ」を示す接頭辞で、魚が繁殖のために移動する方向を示している。しかも、降河性の魚の中にあってウナギは、陸地からはるか遠い大海の深いところまで旅する唯一の魚である。(1)

ウナギ研究者マイク・ミラーはこう話してくれた。「サケは、川の水系を刷りこみで記憶できる。川で生まれ、海に出て、同じ川に戻ってくる。それは、それほどむずかしいことではない。ウナギの場合、広大な海の中で生まれる。海岸線近くに来るまでひたすら青い水だけで、海岸に来て彼らは無作為に河口に入りこみ、流れを遡る。そして、一〇年から三〇年後、川を離れ、再び大海原の同じ場所まで泳いで戻らなければならない。そんなこと、いったいどうやってできるのか？」

成魚の時代を淡水で暮らすアメリカとヨーロッパのウナギ（*Anguilla rostrata* と *Anguilla anguilla*）は、大洋、とくに北大西洋の亜熱帯環流の西部、サルガッソ海と呼ばれるバミューダ島の東の海のどこかを浮遊する卵から現れる。(2) 科学者たちがこのことを知っている唯一の理由は、レプトセファルスと呼ばれる幼生段階のウナギの仔魚《しぎょ》が、いずれの海岸線からも数千キロ離れた大洋の表面近くを漂っているのが発見されたからだ。いまだに誰も、野生で産卵している親ウナギを見つけたことがない。ウナギ研究者にとってウナギ再生産の神秘を解くことは、一種の聖杯のようなものにとどまっている。

どこで生まれるにせよ、ウナギは大洋の子宮に戻ろうと執拗に努力する。私はこのことを、我が家の水槽でウナギを飼おうとした個人的経験からも言うことができる。飼育の試みの最初の夜が明けた朝、私は台所や居間の床の上を滑り回っているウナギたちを発見した。水槽の上に金属製の網を置き、重い石をその上に載せてウナギが出られないようにしたら、間もなく網にからだを押しつけるようになった。それから、一匹は外側に通じるフィルターを通って逃げようとして死んだ。そこにも金網を張ると、引きつけを起こして死んでしまうとでもいうようにガラスに頭を打ちつける。そこに至り、私はウナギを飼おうとするのをやめた。

ウナギの動きの能力は驚異的である。海に通じる道などどこにもありそうにない湖や池や杭穴の中でしばしば発見され、好奇心に駆られた人々はただただ首を傾げるばかりだ。湿っぽい夜、ウナギは池から川へ地面の上を移動し、あるいは何千という数で、互いの湿ったからだを橋のように利用して障害物を越えていくことが知られている。若いウナギたちは、たくさんのからだでひもを編むように、苔《こけ》に覆われた垂直の壁を上ることができる。フランス、ノルマンディー地方の農夫たちは、ウナギは春の夜に川を離れ、野菜畑にエンドウ豆を食べに行くと語っている。

川から大洋に向かって毎年繰り返される何百万匹ものウナギの旅は、この惑星上の生物が行なう目に見えない最も大きな移動のひとつであるに違いない。何千キロにも及ぶ旅の途中、ウナギたちは数々の危険に出会う。発電用のダム、川の分流、汚染、病気、シマスズキやシロイルカや鵜などなどによる捕食、人間による漁、さらには地球温暖化に伴う海流や海水温度の変化といった危険の長いリストは、回遊するウナギを困らせるだろう。

アリストテレスからプリニウス、アイザック・ウォルトン、カール・フォン・リンネに至る偉大な博物学者たちが、いかにして新しいウナギは誕生するかさまざまな説を唱えてきた。若いウナギは泥から生じる（アリストテレス）、ウナギは五月、六月に降りる特別な夜露から生まれる（ウォルトン）、ウナギはからだを岩にこすりつけて増殖する（プリニウス）、ウナギは卵を生むのではなく胎生である（リンネ）、などなど。ひとつの難問は、誰もウナギの中に精子も卵子も見つけられなかったことだった。一七〇〇年代後半、生物学者ラザロ・スパンツァーニは、イタリアの有名なウナギ漁港コマッキオでは四〇年にわたり一億五二〇〇万匹以上の回遊中の親ウナギが捕獲されたと見積もった。しかし、その中に妊娠しているウナギは一匹もいなかった。誰も、ウナギに性別があるのかさえわからなかった。繁殖を司る器官を確かめることができなかったからだ。[3]

一九世紀後半、ジーグムント・フロイトという名の若い医学生は、オスのウナギの精巣と見られていたものを調べるよう指導教授カール・クラウスに命じられた。イタリア、トリエステにある動物学実験所で、フロイトは数ヶ月のあいだ四〇〇匹以上のウナギを解剖し、空腔内に輪のように連なるひも状の白い物質を調べた。一八七七年発表の「ウナギの精巣と目される輪状器官の形態と微細構造に関する観察所見」という論文は、彼が発表した最初の論文である。人生二〇回目の夏をウナギの解剖で過ごしたその時期は、後の性心理学的理論の形成に何らかの役割を果たしたのだろうかと考えずにはいられない。[4]

周知のように、ウナギの精巣は、イタリア半島とシチリア島のあいだのメッシーナ海峡で成熟したオスのウナギが捕獲された一八九七年まで確認されなかった。

幼生段階のウナギ（仔魚）は、親とほとんど似ていない。きわめて小さく、からだは透明で頭が薄く、全体が柳の葉のような形をしていて、とがった歯が外側に突き出ている。ウナギの仔魚は、以前は別種の魚の仔魚と考えられ、地中海で採集された標本を元に一八五六年、ドイツ人博物学者ヨハン・ヤーコプ・カウプによって *Leptocephalus brevirostris* と命名された。今日ウナギの仔魚に共通してつけられているレプトセファルスという名前は、この誤った名称の遺物として残ったものである。次いで、一八九六年、ふたりのイタリア人生物学者グラッシとカランドルッチオが、*Leptocephalus brevirostris* が水槽の中でウナギに変態するのを目にした。それは、川ウナギが海洋で生まれるという理論を支持する何より確かな証拠だった。それでもなお、ウナギは地中海で産卵すると推測している人はいても、ヨーロッパウナギが大西洋の真ん中で孵化《ふか》するなどとは、誰も、夢にも思わなかった。

一九〇四年、デンマークの若い魚類生物学者ヨハネス・シュミットは、タラやニシンなど食用魚類の繁殖習性を調べるデンマークの調査船トール号での仕事を得た。その年の夏のある日、大西洋のフェロー諸島の西で、小さな仔魚が目の細かい引き網にかかった。一一五個という椎骨の数と脊柱の端の下尾骨から、シュミットはそれをヨーロッパウナギの仔魚と同定した。その種のものとしては、地中海以外で確認された最初のものだった(5)。

その一年前、彼はデンマークのビール会社カールスバーグ家の娘とめでたく婚約を交わしていて、会社は海洋研究に気前のいい寄付を申し出た。目の細かい網を牽引《けんいん》しながら大洋を航海できるスクーナー船〔訳注：二本以上の帆柱を持つ帆船〕を数艘提供されたのだ。その船を使ってシュミットは、数百匹の仔

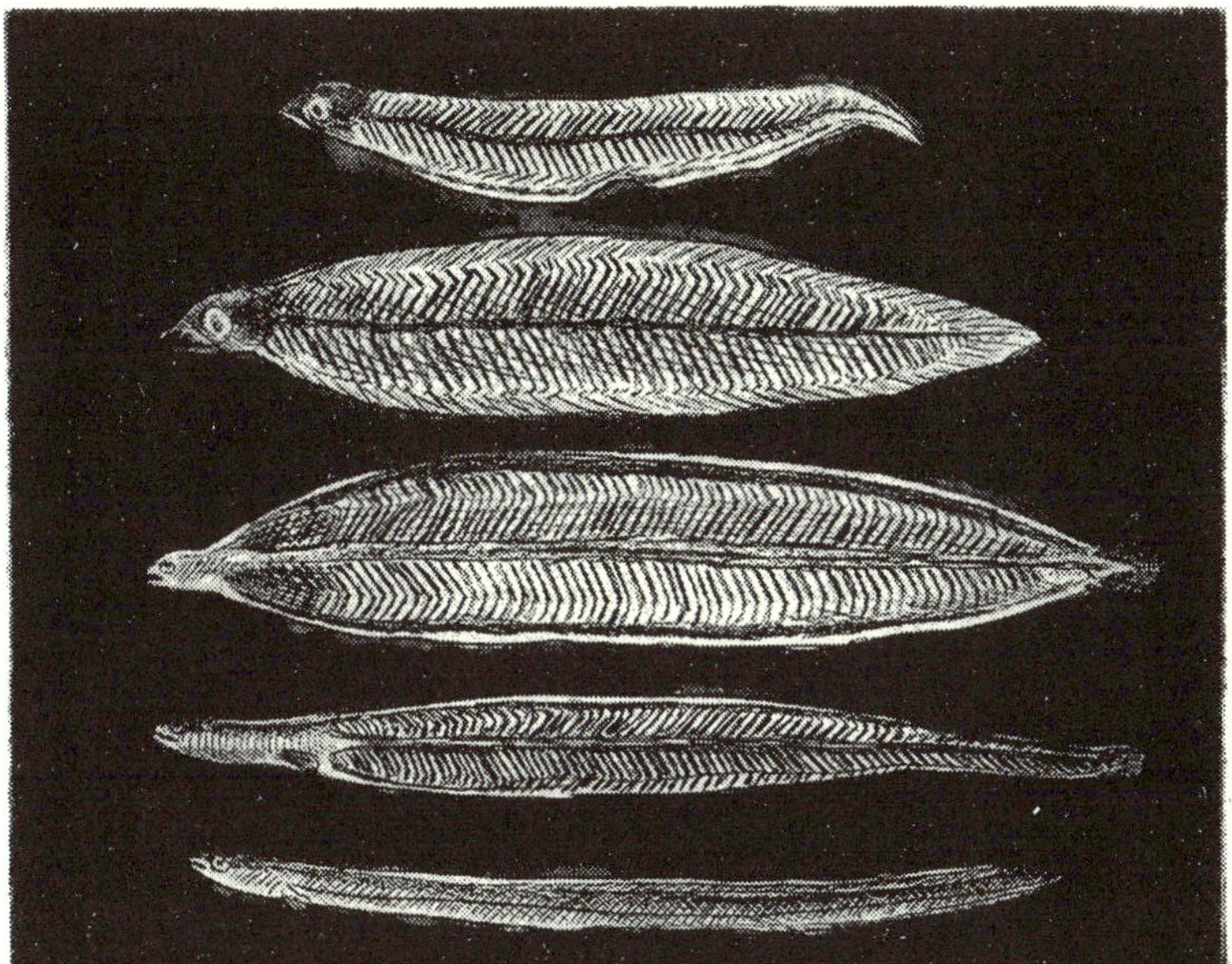

仔魚からシラスウナギへの変態

魚を捕らえ、ヨーロッパの海岸線から離れれば離れるほどウナギの仔魚が小さくなっていくことを発見した。ほぼ二〇年間にわたる大西洋航海を経て、大西洋の南西部、サルガッソ海のどこかでウナギは産卵すると主張することができた。一九二三年に彼は、「その一生の生活史を完遂するためこの地球の円周の四分の一を必要とする魚は、他に例がない。それほどの距離と期間に及ぶ仔魚の回遊は、……生物界全体を通じて独特なものである[6]」と、書いている。

シュミットと同僚たちは、ほかの川ウナギの産卵地を求めてインド太平洋海域も探索したけれど、限られた成果しか得られなかった。ウナギ目の産卵地に関する次の発見は、一九九一年、東京にある東京大学海洋研究所（現東京大学大気海洋研究所）の塚本勝巳が率いた調査隊によるニホンウナギの産卵場所の発見を待たなければならなかった。それまで日本の科学者たちは、ニホンウナギ（*Anguilla japonica*）の産卵場所を探し求め、六〇年間何も見つけられずに過ごしてきた。しかし、太平洋上グアム島の西のフィリピン海域で、ある新月の夜、船上にいた塚本と他の科学者たちはそれまで得られていたよりも小さい仔魚を網で捕らえ、とうとう日本の川ウナギの産卵場所を確認したのだ。それでも、依然、産卵場所での親ウナギの捕獲には至っていない。

メイン大学オロノ校の大学院を卒業し、当時その運命的な探索の場にいたマイク・ミラーは、産卵するウナギを開けた大海原で探すとはいかなることなのか、こう語ってくれた。「五〇メートルも離れたら、何も見つけることはできない。尺度の問題で、大洋というのは広大だ。ウナギがどこで産卵するか見つけ出すことは、統計的にはきわめて確率が低い。ほとんど不可能と言っていい。非常な幸運に恵まれなければね」。成魚を探して航海したそれまでの年月、悪天候にもめげず航海して、しかしなお何の成果も得られなかった。「僕自身、進路変更を余儀なくされるような台風に出くわさなかった航海なんて、一度も思い出せない。まるで、海の神ポセイドンがウナギの秘密を守ろうとしているかのようだった」と、マイクは付け加えた。

それこそ、私がウナギの中に見出すこの上ない美しさだ。まさにそのはじまりが人間の理解をすり抜けてしまう生物の本質的な姿。私たちの想像力をかき立てる、その姿の潜在的な力。

旅の途上で出会った人々と同じく、ウナギと一緒にいるのは心地良い。秋の回遊の時期、ウナギと一緒に過ごした夜や早朝は、エネルギーと光で脈打っていた。寒い九月の暗闇の中で川を塞き止めた簗《やな》〔訳注：水を塞き止めて魚を獲る仕掛け〕に立ち、木と石で築いた子宮のような空間に充満する血管のような魚の連なりを眺めていると、水の守護者との出会いを物語るマオリの人々を信じたくなったものだ。

自然を説明することは可能だと信じることを、私たちは自分に許している。その過程で、自然を説明の中に閉じこめてしまう。しかしウナギは、形の単純さ、暗闇を好む習性、他の魚たちとは反対方向へ向かう動きの優雅さで、簡単には分類できないもの、定量化し解き明かすことができないものを見せ、経験の神髄に迫ることを助けてくれる。ウナギは、私を迷いから引き戻してくれた。

（1）この書で取り上げる魚は、一生を海で過ごすウツボやアナゴを含むウナギ目の中のウナギ科に属している。デンキウナギやヤツメウナギなどは、ウナギと似ていても進化的にはまったく別種で、本当のウナギではなく川ウナギと関わりはない。この本の中でウナギ科のウナギと言う場合、たいてい降河性のウナギを指している。さまざまな種類の川ウナギがアフリカ西海岸、マダガスカル、インド、インドネシア、オーストラリア、中国、韓国、日本、ニュージーランド、ポリネシア・ミクロネシア・メラネシアの島々の河川や流れに生息している（インド太平洋海域には、特別な産卵海域もある）。興味深いことに、南北アメリカの太平洋岸には土着のウナギがいない。新たに一六番目の川ウナギの種、アンギラ・ルゾネンシス（*Anguilla luzonensis*）が、最近フィリピンのルソン島北部で発見された。

（2）サルガッソ海という名称は、その海域の水面至るところに浮かぶサルガッサム（Sargassum）と名のつく海藻〔訳注：和名ではヒジキやアカモクなど、ホンダワラ科の海藻〕に由来する。sargassumという語は、一説では、海藻の球根が浮いているようすがブドウに似ているので、「野生のブドウ」を意味するポルトガル語のsargaçaoから来たという。サルガッソ海は大西洋の五二〇万平方キロを占め、穏やかで波がない大洋の砂漠のようで、船乗りのあいだでは悪名高い。バミューダ・トライアングルの中心に位置するサルガッソ海は、打ち捨てられ、失われた船舶やミステリーの同義語になってきた。

（3）ウナギの生殖器官は、海の産卵場所に向かった親ウナギが河口を出た後でようやく成熟してくる。

（4）いくつかのフロイトの伝記が、すでにこのことに触れている（アーネスト・ジョーンズ『The Life and Work of Sigmund Freud〔ジークムント・フロイトの生涯と業績〕』vol.1参照）。その当時フロイトは失恋に思い悩んでいた。友人エドゥワルド・シルバースタインへの書簡の中でフロイトは、イタリア女性の美しさについて書き、次いで、「残念ながら人間を解剖することは禁じられている」と、皮肉めいたメモを付している。

（5）後にシュミットは、この初期の発見について次のように書いている。「その当時私は、この問題がきわめてむずかしいものだとはそれほど考えていなかった。……その課題の遂行は、年々想像できないほど大変なものになっていった。事実、それには、アメリカからエジプト、アイスランドからカーボ・ヴェルデ諸島までの調査航海が必要だったのだ」。シュミットの発見以前にも、大洋でウナギの仔魚が採集されたことはあった。しかし、誰もそれをウナギの仔魚だと思わなかった。シュミットは、コペンハーゲンの動物園博物館の収蔵品の中に、五〇年前に捕獲されていたレプトセファルスの小さな標本を見つけている。

（6）一九九三年のシュミットの死以降、彼の弟子たちはサルガッソ海説の確かさに疑いを投げかけた。彼らはシュミットが自説をより確かなものにするためある種のデータを隠していたことを示し、（a）実際の孵化を目撃せず、（b）事実上そこ以外の場所を調べていない状況で、そこがウナギが産卵する唯一の場所だとどうして確言できるのか、疑問を呈したのだ。そうした批判は強力ではあったけれど、彼が世界に伝えたウナギに関する深遠な物語の重要性をほとんど損なわなかった。とくに、後に、他の研究者たちによってサルガッソ海南部が大西洋のウナギ産卵海域として確証されて以降はそうだった。

第2章　サルガッソ海へ

レイとウナギの簗

一一月のある日、ニューヨーク州キャッツキル山地を流れるデラウェア川の近くをドライブする私は、坂道を下っていくよう示す標識のままに泥道をたどっていた。背の高い草や茂みのあいだに立つ柱に「薫製ウナギ」と書いた看板が釘付けされ、道はコーブルスキル石切り場と積みこみ場を過ぎ、半分裸の広葉樹がまばらに生えるだけの、深い木陰を落としたツガの生い茂るジメジメした谷間に向かっている。そこから一番近い町はペンシルベニア州側にあるハンコックで、街はすっかり寂れ、住民はまるで偶然そこに放り出されたか、さもなくばそこで生まれそのままとどまっているかのどちらかであるように見えた。いったい誰がこのさらに先の道のどん詰まりに住もうなどと思ったのか、薫製のウナギがそれにどう関わっているのか、私はいぶかしく思った。

角を曲がり、道に迷ったのだろうかと思うたびに、「薫製所」、「カーサ・ディ・ヒューモ（訳注：イタリア語で『煙の家』」、「ウナギ」、と書かれ、木に打ちつけられた看板がそうではないことを教えてくれる。道はますます狭く凸凹になってきて、やはりこの道は違うと確信しかけたとき、デラウェア川東流を見下ろす高い岸辺に小屋が建っている場所に出た。銀色の煙突が突き出し、タール紙で取り囲まれている。先のとがった白いあごひげとポニーテールの、森の小鬼のような男が薫製小屋のベニヤ板のドアからひょいと姿を現した。彼の名は、レイ・ターナー。

灰色の空は雪を予告し、木の葉は落ちて泥だらけの土に消えている。国道一七号線を行くトレーラートラックのかすかなうなり声が、はるか遠くから聞こえる。シャツの上にエプロンをつけたレイは、まるで私が来ることを予期していたかのようだ。握手を交わし、薫製小屋に連れていってくれた。保冷庫になった商品カウンターに、売り物の薫製品が詰まっている。マス、サケ、チキン、エビ。しかし、ほとんどは、彼が川で捕らえるウナギだった。そして、カウンターに接した壁に、どうやってウナギを捕らえるかを示した写真が貼られていた。

毎夏、川の水位が下がるとき、レイは、魚を捕らえる簗《やな》の、木製の簀棚《すだな》に水を送りこむV型の石壁を補修する。壁の補修を終えるのに、たっぷり四ヶ月かかる。それぞれの壁は約一〇〇メートルの長さで、九月のたった二晩、ウナギが大挙して川を下るのに備えるのだ。大移動は、新月と、ハリケーンシーズンにもたらされる洪水に一致し、そのとき、空はこれ以上ないほど暗くなり、水位は最も高くなる。

薫製小屋の中でレイは、事細かに記した記録ノートを取り出し、死んだシャッドに付着していた黄色いチョウの群れ、嵐と洪水の水位など、ページを繰って読みながら、グリーンフラットと呼ばれるその場所で過ごした漁の季節の記憶を呼び起こして見せてくれた。ウナギ、シャッド、シマスズキ、コクチバス、ブラウントラウト〔訳注：サケ科の回遊魚〕など、罠で捕らえた獲物のリストがある。アイボリーソープというのもあった。「まさしく、象牙みたいな奴だ！」。さらに、ネズミ、ミズヘビ。彼はウナギの大移動を、自分の簗は上流からのマナを受け取るというふうに、ほとんど聖書的な言葉で描写した〔訳注：マナは、旧約聖書に出てくる、神が遣わした食べ物〕。大量のウナギが簗と罠に溢れ、多くのウナギはその周りと上とその中を通り越して海に向かい、そこで卵を産んで死んでいく。

「俺には仕事が三つある。この薫製小屋、魚の処理、そして、あの石組み」。薫製小屋の後ろを抜け、土手を降りて、レイは私を川岸に連れていき、深い草の中からカヌーを引き出した。そして、私にもカヌーを引き出すように言った。

「平地の奴ら、夏の住人たち、ヤッピー〔訳注：都会の若いエリートビジネスマンを揶揄した呼び名〕連中がここいらにやってきて、カヌーを買い、岸辺につなぐ」と、レイは軍隊式とも言える直裁な口ぶりで言った。「奴らは、洪水ってものを理解していない。カヌーの綱が切れたらどうなるか、わかるだろう。そう、それは水を下ってここまでやってくる。六艘も、七艘も。これまでの人生、カヌーを買ったことなんて一度もない」

ふたりはそれぞれカヌーを漕ぎ、グリーンフラットから流れを遡って簗場に向かった。レイはカヌーに片膝をつき、岸辺近くを進む。キャッツキル山地とブナの木の色あせた黄色い葉を背景に、長いあごひげの彼はアムール川を遡るロシアのブッシュガイド〔訳注：荒地での狩猟や探検の案内人〕のように見えた。事実、ニューヨーク市マンハッタンからわずか二時間半のドライブで来られるこの場所で、彼はいささか時代錯誤的だった。

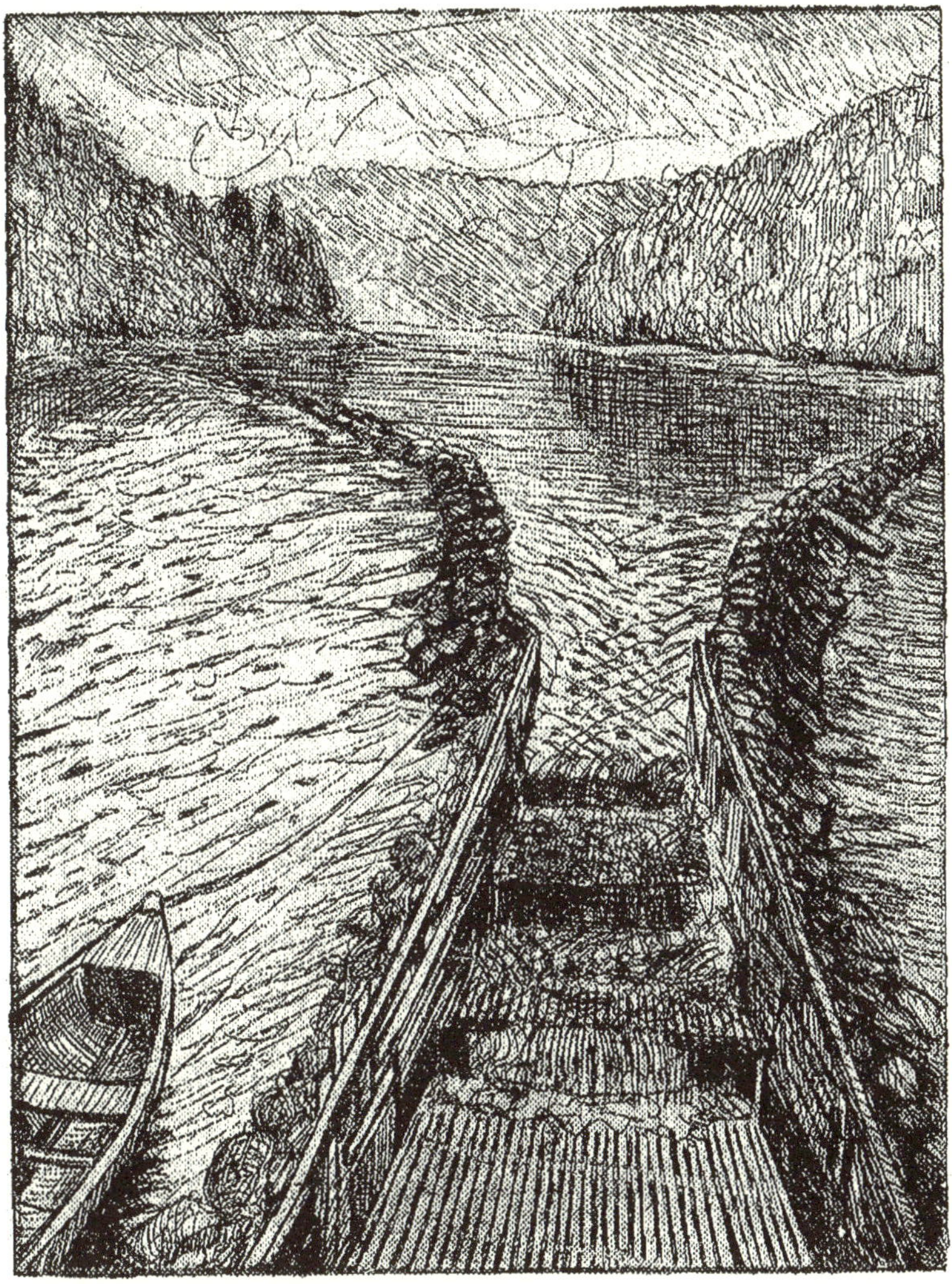

ピースエディーのウナギ簗

一九世紀、「ハドソン・リバー派」の画家たちが描いた絵を偲ばせるこの広い谷間で、簗は一片の印象的なランド・アート作品をなしていた。それは景観自体を変え、山々をより荘厳に、空をより大きくしているように見える。カヌーのロープを結び、簀棚の上に立って、レイは比喩的な言葉でこう言った。「これが子宮。あれが脚」。彼は石にぶつかって水が分かれ、川の両側を対角線状に流れていくのを示した。「わかるか？　簗は女だ。すべての川の生命がここに来る」

私は、毎年素手で積み上げられ、川を罠のほうに誘導する簗の石壁を見た。レイは注意深く、簗はダムではないことを説明する。水はその中、その上、その周りを通り抜けていく。

罠そのもの、簀棚の部分は、川に洗い流されここにたどり着いて動けなくなった世捨て人の小屋のように見える。ベニヤ板とツーバイフォーの板で作られ、毎年建てられてはバラバラにされてしまう。取り散らかした家に恐縮している礼儀正しい主人のように、レイは、簗は本来あるべき状態から二ヶ月経ち、今は木製の簀棚を分解し、部品を地下室にしまうところだと説明してくれた。水が隙間を通り過ぎるとき、簀棚にはあらゆる種類の破片が引っかかる。話しながらレイは、熊手で葉っぱや枝などを取り除いた。彼はどうやってウナギが重なり合う斜めの板と板の隙間に入りこみ、押し寄せる水の力にあらがえず身動きできなくなるか説明してくれた。

レイは軍隊で受けた技術者としての訓練を用いて、簗と罠の物理学と水文学を伝授してくれる。「見ればわかるように、石の袖が二つある」。私たちは、簗の上手の水の中に足を踏み入れた。V型の構造の壁の内側は外側より傾斜がきつく、たくさんの小石とその四分の一ほどのさらに小さい砂利で隙間が埋められている。簗の外側の壁はよりなだらかに傾斜し、パズルが収まるように、美しい平たい敷石でぴったり覆われている。レイは、すべての大きな石に通じていた。ある石はとても重く、動かすのに三、四人の友人に助けてもらったそうだ。一番大きな石のいくつかはハンコック村の歩道に敷かれた花崗岩《かこうがん》の石板だったもので、一九二〇年代、石を運ぶ橇《そり》に載せ、馬に曳かれて町に運ばれてきた。その大きな長方形の石板を毎年レイがここに運び直し、彼が死んだときには彼の墓標になる予定だ。

「水位が低い夏のあいだ中、俺は簗で働いている。ジェイミーという名の一五歳になる若者と、ほかの何人かの友だちに手伝ってもらうことはあるけれど、そのほかは全部自分でやる」

すべてこれは、レイの一年分の獲物を獲る幾晩かに備えるためだ。「ウナギがいつ大移動を始めるか、どうやってわかるんだ?」。私が尋ねた。

「俺の双子の兄弟がアラスカでクマ狩りガイドをしていたとき言っていたことを、あんたにも言ってやろう。しるしを探せ、ってね」。ウナギの大移動が始まる数日前、何匹かの大きなウナギが、ここに一匹、あそこに一匹という具合に罠に姿を現わす。それから、次の日は一〇匹、また次の日は四〇匹、それから一〇〇匹。レイは、早くに来るこうしたウナギを前衛ウナギと呼ぶ。ウナギの大移動の引き金を引く嵐は、何千キロも遠くにあるのだろう。ハリケーンはまだメキシコ湾岸に到達したばかりで、デラウェア川の辺りは天気もよく、空は晴れているかもしれない。しかし、ウナギには、それがやってくるのがわかるのだとレイは言う。ワシがソワソワしたようすで姿を見せる。間もなく新月という時期だ。何日か後、雨がやってきて、川の水位が上がり、水が色を失う。そして、これらが全部九月二七日の前後二週間のあいだに起こるなら、ウナギは大移動を始める。そのときまでに、すべて準備が整っていなければならない。一晩で一〇〇〇匹以上のウナギを獲ることだってある。二日間で一トン、一時間あたり一〇〇匹。カヌーをウナギで満たし、グリーンフラットまで運び、薫製小屋の横の水槽に空け、簗に漕ぎ戻り、カヌーをウナギで満たし、再び運んで戻る。「一晩中動き続ける」と、レイは言った。

レイは、デラウェア川水系全体でウナギ簗を使う許可を得ているほんのわずかな人間のうちのひとりだ。彼は簗を築く権利を父親レイ・シニアから相続した。父はその権利を、前任者チャーリー・ハワードから引き継いだ。簗それ自体を受け継いだのかどうか、確かなことはわからない。人間が作ったすべての構造物と同じく、ある程度それはその場限りのはかないものだからだ。実際、簗場は、レイが生き返らせるまで何年間も見捨てられたままだった。毎年レイは人間の力と工夫の才を用いて石を置き直し、毎冬、氷と洪水がそれを突き崩してしまう。

「俺は、この仕事は人生における特権だ、と信じている」と、レイは言った。

古い地形図に、父親ターナーのウナギ罠の印が「ウナギ簗の窪」としてつけられている。デラウェア川東流のその場所には、少なくとも一世紀にわたって簗があった。また、それに先立つ数千年間、アメリカ先住民が同じ場所かすぐ近くにウナギ簗を構えていた可能性もある。チャーリー・ハワードがその簗を使っていたのは二〇世紀初期のこと。一九四八年に彼が死んだとき、『ウォルトン・レジスター』紙の一面に、「ハンコックの世捨て人は寂しい川の小屋で暮らしてきた」という見出しが出た。

レイが後にコピーを見せてくれた死亡記事は、ハワードを、「家の近くにウナギの簗を構え、ウナギから何がしか生活の糧を得ていて、……ヘンリー・デイヴィッド・ソローと同じくらい、民衆が抱く隠遁者の像に近い」人物として描いていた。ハワードは変わり者で、持ち物の中には捨てられた女性の靴を入れた箱や、銀貨の入った壷があった。彼はハンコックの町の上流の、タール紙を貼った粗末な小屋に住んでいた。今、レイ・ターナーが住んでいるのは、その古い住まいから川を隔てた対岸で、チャーリー・ハワードの生まれ変わりなのかもしれない。

簀棚の上に戻り、私たちはそこに立って、壁の向こう側の平らなＶ型の水面を眺めた。二メートル弱の幅の水の組ひもがレースのベールのように簀棚に滑りこみ、薄い木の板のあいだで分かれ、足の下で泡立つ滝を形作っている。私は上流に目をやり、自分たちのほうに向かってくる水の力に戦慄した。紛れもない、正真正銘の恐怖感だった。

「川は、飼いならすことができない恐ろしいものだね」と、私はレイに言った。

「ここで川を塞き止めようってわけじゃない。ここに俺がいるのは、ウナギを捕まえるためだ。それが、俺たちの信条さ。川を止めようなどとしたところで、どんなに浅はかなことかわかるだけだ」

川を見下ろす丘に、打ち捨てられたような家があった。あの辺りがチャーリー・ハワードの掘っ建て小屋があった場所だ、と、レイが言った。

「どこかに、彼の写真を持っていたはずだ。すっかり古ぼけてぼんやりしているけれど、網を持って簗の上にいる彼は見て取れる。彼は、俺が生まれた一六日後に死んだ」

簀棚の上から、川と丘を包んで変化していく光が見えた。木々も、砂状の川岸に立つイタドリも葉っぱを落としてしまっている。レイが頭上を指差した。

「ハクトウワシがいる」

目を上げると、ハクトウワシの成鳥がわれわれの頭上を低く飛び、下流の対岸の背の高い木に降り立った。レイは再び、簀子《すのこ》の薄い板のあいだに挟まった木の葉を熊手でかき取り始めた。

「俺がウナギを捕まえていると、四羽も五羽も奴らが辺りにいる。ワシの姿は毎日見る。俺にとっちゃ、何ものでもない」

「へー！」と私は、巨大な鳥への畏れと、レイの無関心に打たれて言った。「兄弟みたいにアラスカへ行かなくても、野生を見られるってわけだね。全部ここにある。兄弟がアラスカにいるって言ってただろう？」

「彼は死んだ」。レイはそう言って、熊手を動かし続けている。「じつのところ、殺された」

「アー、すまなかった。アラスカで？」

「いいや、ここでだ。舗装道路と土の道が出会う、この先の道でだ。彼と仲間が喧嘩に巻きこまれて、多勢に無勢。兄弟は殺された」

足の下で水が神経質そうにゴボゴボ音を立て、ワシは木にとまったままだ。

私はしばらく川を見つめ、レイは熊手を置いた。私たちは振り返って上流を見た。レイが深く息を吸いこみ、吐き出した。彼が呼吸するようすで、幾分哲学的な話になるのだろうと感じた。

「この場所にいるのは、俺と神、それと、あの女の歌」。彼は身振りで川のほうを示した。「女」というのは川のことだ。「それは、跳ねる音と泡立ちで歌いかける。平地の人間たちが南に帰って、ウナギたちが回遊を始めるとき、俺が漁をしている夜のあいだほとんどどこにも明かりはない。しかし、大移動の夜、少し下流、あそこの丘のすぐ上で北斗七星が燃えている。俺は、壁を築くのは、好きだ。漁は、地獄だ」

大移動を見たい

　薫製小屋に戻り、コンクリートブロックで建てた二つの部屋を見せてもらった。その部屋で彼はウナギを下ごしらえし、濃い塩水と黒砂糖と地元産の蜂蜜に漬けこんで、張り渡した棒にぶら下げる。各々の薫製室の後ろにドラム缶ストーブが置いてあり、前方に焚き口、後方には煙突穴があって、煙突の穴から二本のパイプが伸びている。いったんストーブに火が入ると、熱と煙は薫製室に導かれ、ウナギは七〇℃から八〇℃のあいだで最低四五分間調理される。

　もしも九月のウナギの大移動がうまくいけば、レイは二五〇〇匹ものウナギを手に入れることができる。この年彼は、平均三九〇グラムのウナギを、ちょうど二四〇六匹捕まえた。一トン近い量だ。レイはそれを塩が入ったバケツに入れて殺し、たくさん小石を詰めたセメントミキサーでかき回してぬめりを取り、それからナイフで腹を裂き、ステンレスのスプーンでお腹の中をきれいにする。温薫されたウナギは通りがかりの人々に売られ、レストランに卸されるものもあるし、わずかだけれど仲買人に引き取られるものもある。レイは、自分用にもいくらか確保する。

「いつも、製品をチェックする。思うにウナギは、俺が扱っているものの中で最良のタンパク源だ。じつに独特な魚の香り、リンゴの木の煙、色の濃い秋の蜂蜜の香りがホロッと漂ってくる。俺が薫製するマスやサケなど、ウナギ以外は全部養殖だ。ウナギは天然で、放し飼いみたいなもんさ」

　レイは薫製室の後ろ側のドアを通り、手斧で割ったリンゴの薪をきちんと積み上げた横を過ぎ、巨大なワイン樽を半分にしたような大きな木の水槽に連れていってくれた。水槽は苔《こけ》で覆われ、膨らんだ細板の隙間から水が滴っている。私は金網越しに、内側の澄んだ暗い水を覗きこんだ。レイが網を揺すると、五〇〇匹ほどの銀色のウナギがうごめいた。たいていは一ドル硬貨ほどの太さで、一メートル近い長さのものもいる。しなやかな官能的な動きで、ひたすら魔術的だった。

暗い水を凝視しながらレイが言った。「毎年、一番大きな子は放してやる。今年の仕事が終わったら、あいつは自由になる」。そう言って彼は一匹を指差した。「二キロ半近くはある」

ウナギがどこに行くのか、レイには彼自身の考えがあった。彼は、北アメリカの東海岸の淡水に棲むウナギはすべてサルガッソ海で産卵するという通説に賛成している。フロリダからメイン、さらにその先の川で育ったウナギはみんなだいたい同じ辺りで出会い、暖かい海流の中で、生物学者たちがパンミクシー、すなわち任意交配とか無作為交配とか呼ぶ狂乱状態でみんなの卵子と精子を混ぜ合わせる。しかし、レイは、産卵をしたウナギは死ぬという一般的な考えには乗らない。過酷な旅の長さと淡水に帰還するウナギの成魚を誰も見たことがないという事実に基づくなら、産卵後親が死ぬというのはありそうな理論だ。それでもなお、それが直接証明されたことはない。

「誰も知らない」と、レイは言った。「誰も知らないんだ」

ふたりは暗い水底でのたうち回る魚に魅了され、水槽の端にへばりついていた。ちらりとでもレイの世界を垣間見てみたいという思いが浮かんだ。すなわち、大移動を見たいと思った。

一日の終わり、私たちはレイの家の暖かさの中に退却した。外では雪が降り始めていた。

「今年最初の雪だ」。イヌを撫でながら彼が言った。「いまだに俺は、こんな陰鬱な日は好きじゃない」

私のために熱いココアを作りながら、彼は自分の仕事に考えを巡らせている。この地上の私たちの生活のはかない性質を、しっかり心得ているように見えた。壁を築き、それが突き崩されるのを目にし、またそれを築くことの過酷さ。「自分の仕事が決して完成しないことを知っていて、それでもなお人間がその仕事をするってのは驚きだ」と、レイは言った。

レイは両親と双子の兄弟と一緒にハンコックで育ち、専門学校で工学を学び、その後ベトナム戦争に召集され、パナマで任を解かれた。名誉の除隊の後ニューヨークに戻り、建設の仕事からデザインの仕事、汚水処理施設の管理までいくつか民間の会社で働いた。

兄弟が死んだとき、レイは町の外の川に面した家族の土地に家を建て、残りの生涯をそこで送り、デラウェア川に注ぐピースエディーの流れに放置されていたウナギ簗を復活させようと決心した。

レイの家は、太く大きな煙突を取り囲むように建っていた。煙突は地下室から上まで、巨大なキノコのように家を貫いている。彼によると、煙突の石は全部自分が積み上げたもので、すべての石にはそれぞれの物語がある。ひとつはレイが昔働いていた汚水処理場の水の底から来たし、別のはブラジル産の晶洞石だという。あるものはオレゴン州のローグ川、あるものはマサチューセッツ州プリマスの浜辺からやってきた。しかし、たいていは、デラウェア川の彼の土地にあったものだ。

「俺がここにいるのは、ここにいたいからだ。クソ垂れ道路の一番奥」。そう言って彼は腰を下ろし、本を手の支えにしながらタバコを巻いた。「俺は、ここに入ってくる道の口まで来た人間たちが、ちょいと覗きこみ、それから引き返していくのを目にしてきた。そんなとき彼らがどう考えているか、わかる。まるで、『脱出〔訳注：原題はDeliverance。一九七二年公開のサスペンス・アドベンチャー〕』みたいな映画の撮影セットに足を踏み入れた、ってところだ。さらに一歩自動車から出てみる勇気がある奴がいたら、こう言ってやる。『ここは、単なる薫製屋っていうだけじゃない。冒険だよ』ってな。そう言うと、たいていの人間はやってくる。薫製小屋を見て、ウナギの水槽を見る。お前さんは、全部見ている。あんたにとっちゃ、ひとつの旅なのさ」

第3章　マオリの国のウナギ

タニファへの導き

ステラ・オーガストは、「ニュージーランド、ウナギ冒険旅行」と銘打たれた一ヶ月にわたる私の旅の日程表を作り、自分の同族の人々からウナギの伝統について学ぶことに私と同じくらい熱心なようすだった。そしてそれが、打ち合わせをしておいたその日、その時間、私に会おうと彼女がそこにいた理由だったと思う。

世界半周の飛行の後、私はハミルトンの町の二つ目のロータリーにあるバーガーキングの駐車場で彼女を見つけ、ホッとした。ステラは、自動車の運転席のドアの外に落ち着いたようすで立っていた。長く黒い髪にボードショーツを穿き、サーファーのロゴのついたTシャツを着ている。中肉中背の魅力的な女性だ。

「ヘーイ、ここよ。ニュージーランドへようこそ」。私が車を乗り入れると、彼女が言った。

ウナギの本にとりかかってたっぷり一年以上経ったある日、サンタモニカに住む友人、シナリオライターのデイヴィッド・サイドラーが、ニュージーランドの聖なるウナギについて聞いたことがあるかどうか私に尋ねた。聞いたことはない。デイヴィッドは一九七〇年代ずっとニュージーランドで暮らし、マオリ女性と結婚し、彼女の家族や友人のネットワークを通してポリネシア文化について学んでいた。デイヴィッドは彼の「相棒」、マオリのブッシュガイド、DJに、ニュージーランドに行ってマオリ文化におけるウナギについて調査したがっているアメリカ人の友人がいることを話した。DJのガールフレンド、ニッキーが、自分の年若い従姉妹のステラは最近赤ん坊のウナギ（海から初めて淡水に入りこむウナギは透明で、シラスウナギと呼ばれる）の回遊に関する修士論文を仕上げたところで、彼女なら手伝ってもらうのにぴったりだと話した。

私はステラにメールを送って連絡を取り、ガイドをすることに同意してもらった。私の訪問は、ニュージーランドで漁労や狩猟をしながら成長してきた人たちに話を聞く機会になるだろう。彼らは、一八世紀後半イギリス人が到着して以来ほぼ沈黙し地下に埋もれてしまった言語を話し、伝統を実践してきた人々だ。

ステラはワイカト大学の学生としての修業期間を終えて一段落し、今は、大学キャンパス近くのフラット式のアパート〔訳注：平屋の集合住宅〕に妹のウィキトリア（愛称ウィキ）、その親友の法科大学生ケアーと一緒に暮らしていた。ステラとウィキは修士論文を書き上げて提出したばかりで、若い女性たちのあいだにはひとつの高揚感が漂っていた。

「今日はここ数週間で初めてお日さまが照った日だって、知ってた？」と、その部屋に足を踏み入れる

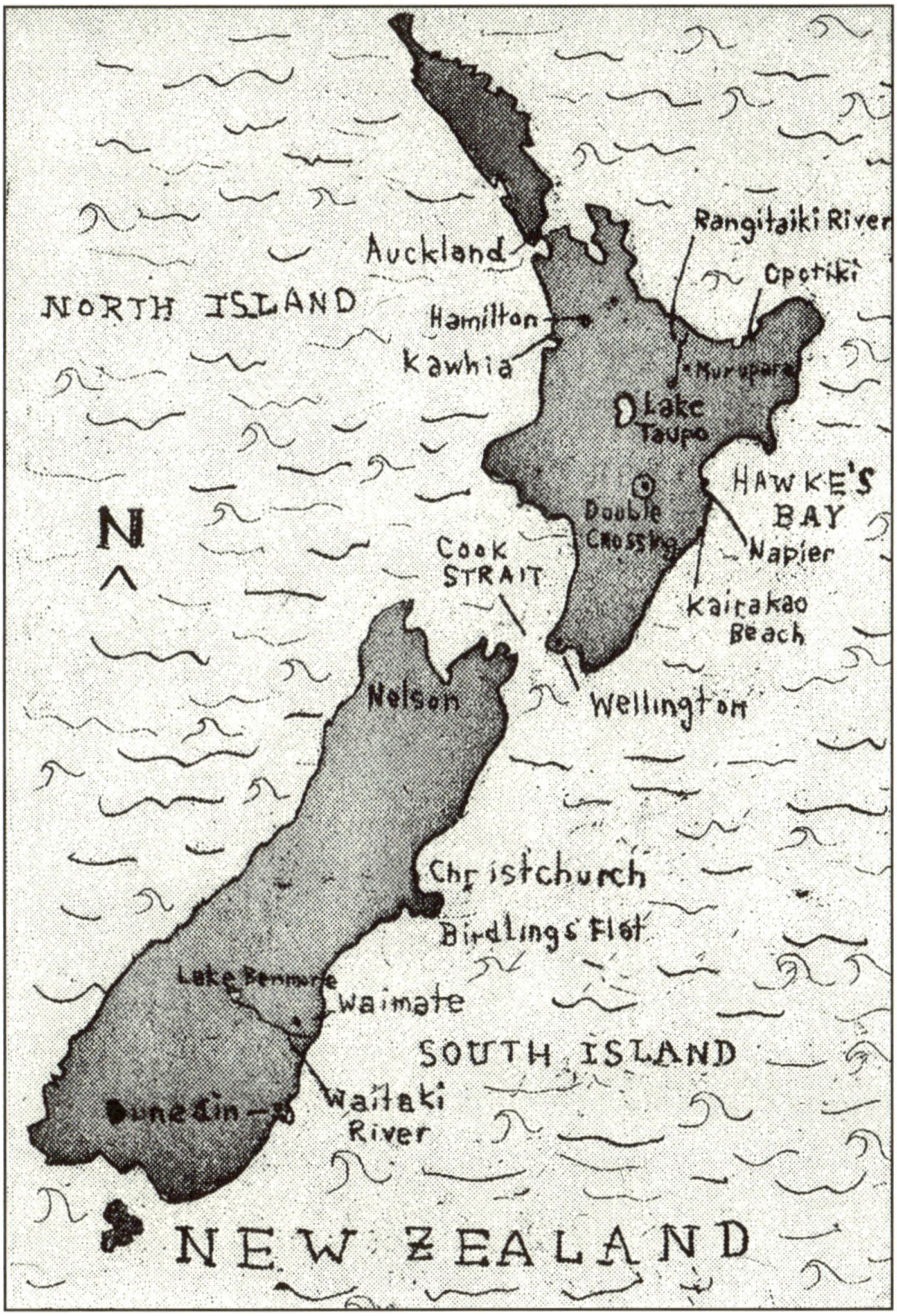

南北２つの島からなるニュージーランド

とウィキが言った。

「そう、ひどい洪水だった。これまでの人生で最悪」。ケアーが付け加えた。「何軒もの家がすっかり川の中に滑り落ちたり、あんまり水分を含んでいたので丘の斜面が崩れ、道も羊も木も埋めてしまったり」

ステラは、嵐がもたらす過剰な水、人間には災難である厄介者が、ウナギにとってはそれまで何十年も閉じこめられてきた内陸部の池を脱出し、産卵場所である海への突破を図る絶好の機会なのだと指摘した。

「私は、ずっとウナギが好きだったたってわけじゃない」と、ステラ。外の、背の高いリムの木でセミが大きな声で鳴いている。「父が家に持ち帰ったとき、近づくのも嫌だった。それまで見た中で最もゾッとする魚だって思ったわ。ウナギを好きになったのは、それと一緒の時間を過ごすようになってから。とてもすてきよ！」。彼女は太陽の光を背に、長椅子に半分横たわるように座っていた。ステラとケアーは二四歳で、ウィキはそれより二歳若い。

「すてきですって？」と、ケアーが笑う。「私はいつも、ウナギはちょっと不思議だって思ってたわ」

「私たちがこれから訪ねる多くの人は、私が電話してマオリ文化の中のウナギについて調査したいアメリカ人を連れていきたいって言ったら、まず最初に『何でウナギについて知りたいんだ』って言ってた。ちょっと警戒している。私がみんなに、この人はウナギを研究するため世界中訪ねてきたの、って言ってやると、やっと納得し始めた」と、ステラ。

「でも、何を警戒しているの？」と、私。

「そうね、こんな具合ね。みんなこれまで、伝統的には自分のハプ、すなわち氏族のメンバーとだけ経験を分かち合ってきた。なぜ、行きずりの誰かと自分たちの知識を共有しなければならないのか？ってわけ。みんな、科学を疑っている」

「僕は科学者じゃない」。私は抗弁した。

「あなたの職業が直接そうじゃないとしても、あなたもある部分西洋科学の考え方で行動している。彼らは、物事を直接見る。ひとつ例を挙げると、私、ニュージーランドの指導的なウナギ専門家たちが顔を揃えたクライストチャーチでのウナギ会議に行ったの。ドン・ジェリーマン、ＮＩＷＡ（国立水圏大気圏研究所）にいる、多分ニュージーランドで最も有名な魚類学者だけれど、彼が、大きなウナギにタグをつけて河口から産卵場所まで追跡した実験について発表した。一〇匹の大きなメスのウナギにつけられた一〇個のポップアップ・タグを衛星で探知して、それでも、産卵場所を探る明確なデータはきわめて少なかったと説明した。[1]ドンが着席すると、これから私たちも訪問することになっているケリー・デイヴィスが、マオリの見解を代表して発言したの。みんなの面前で直接ドンを名指しして、こう言った。『われわれの祖先は何千年ものあいだ春になるとシラスウナギが川を遡り、秋になると親が回遊していくことを知っていた。彼らがどこに行くのか、あなたはどうして知る必要があるのか？　ウナギが子どもを産む家を見つけ出して、魚にどんないいことがあるのだろう？』。もちろん、ドンに言えることなんてほんの少ししかないわ」

　これから自分たちはウナギについてニュージーランド中で最もよく知っている人々に会うのだということを、ステラが私に思い出させなかったときは片時もない。「そう、パケハ（外国人、あるいは白人）であるあなたは、通常なら、マオリ文化のこの面に触れることは決してない」。お昼を食べに出たとき、彼女はそう言った。

ミートパイとソーダを前に、ステラはウナギの会議でケリー・デイヴィスが言ったことを取り上げた。「なぜ私たちは、理解できないこともすべて理解しなければならないのか？　みんな、すべてのものの鍵を開けたいと思っている。私は、自分がマオリであることで、矛盾してしまう。私も、ウナギがどこへ行くのか知りたいとは思わない。それなのに、川でのウナギの動きを研究してきた」

ステラが修士号のために仕上げて提出したばかりの論文は、「ホークス・ベイ地方トゥキトゥキ川へのシラスウナギの遡上に関する到着パターンと環境上の兆候」という題目で、ウナギ生物学の文献にとっては価値ある貢献だ。それにもかかわらず、科学がいかにも絶対的であることを見かけの上で表しているように思えるグラフや図表が、彼女には何となく不誠実に思われるのだ。

ステラのフラットに戻り、みんなはもう一度居間に落ち着いた。腰を下ろす前に、私は、暖炉の上に飾られた額入りの何枚かの写真を見た。本を読んでいたウィキがそれを閉じて膝の上に置き、霧がかかった浜辺を背景にしたマオリの男性の写真を指差して言った。

「私たちの父、ロバート・オーガスト。ニックネームはファラ。漁のとき、事故で亡くなったの」

娘はふたりとも、父親のポリネシア風の風貌、黒い肌と目、黒い髪を受け継いでいる。ステラは後に、アルバムを取り出し、頭をヤスで突いた巨大なウナギを掲げている父親の写真を見せてくれた。彼はヤスの端を、棒高跳びのポールのようにつかんでいる。ウナギは近代医学の象徴として広く知られるアスクレピオスの杖に巻きついたヘビのように、持ち手にからだを巻きつけていた。

午後の太陽の影が地上に長く伸びるにしたがい、トゥイビールの缶を開けながら、会話はひとつの主題から別の主題へと漂った。話は、これから見たり聞いたりするだろうことに私を備えさせようという意図の下に流れていった。

私への教育の最初の要素は、タニファ（taniwha）だった。[2]ウィキが言う。「タニファというのは、あるとき、ある人々に自らを明かしてくれるような何かなの。あるときは、危険を警告してくれる守護神のようなもの。ここからそれほど離れていない農場に住んでいる友人の何人かは、これまで何度か、牛の足や、半分人間の姿をした生き物が自分たちの土地を横切っていくのを目にしている」

ステラは、タニファはいろいろな形をとることができるけれど、たいていの場合巨大なウナギの形をとると指摘した。[3]

「もしもタニファを傷つけるようなことがあると、たとえば、タニファであるウナギをヤスで突いたり捕まえたりすると、それは赤ん坊のように泣いたり、イヌのように吠《ほ》えたり、あるいは色を変えたりする。ウナギの何かが不思議に思えてくる。それは、それが他のものとは違うということを示しているの。もしも、タニファのウナギを殺すと、マクトゥ、すなわち呪いをかけられる。そして、ものに取り憑かれたように気が狂い始める。そうなったら、あなたはタプ、何か神聖な、触れてはならないものを破ったということ」と、ステラが言った。[4]

「スピリットは、通常、夜にやってくる」。ウィキが、呪いという考えを詳しく述べてくれた。「若い女性は、暗くなってから髪を切ったり、爪を切ったりしてはいけないと教えられる。もしそんなことをすると、スピリットに捕らえられ、マクトゥにかかってしまうかもしれない。こんなふうに、してはいけないと父が教えてくれたことはいろいろあるけれど、どうしてそうなのか尋ねたりしなかった。私たちは、それがマオリの儀礼だということを知らなかったわ」

ふたりの姉妹がマオリについて学んだことは、漁労や食料集めといった分野については強かったけれど、女性に関わることについては多くなかった。というのは、母親がイギリス人だったからだ。父親の葬儀のとき、家族のメンバーのひとりはグループから離れて悲嘆にくれていた。その女性は妊娠していて、妊娠していたり生理中の女性が墓地に入るのはタプであり、禁じられていて許されないからだとウィキは教えられた。自分は知らず知らずのうちにどれほどたくさんのタプを侵したことか、どれほどたくさんの友人や家族たちが、気遣い、気持ちを思いやりながら、それを別の見方で見ていたことか、とウィキは考えた。

こうした発見が、ほとんどウィキ自身の自伝ともいえる修士論文「マオリの女性たち――その身体、精神性、神聖性、マナ、宇宙の中のひとつの宇宙」に詳しく描かれている。論文は、ウナギに関する彼女の姉の論文に比べ、科学的ではないけれど、一層文化的なものだ。

ウィキの論文の中心的な議論は、イギリスによる植民地化がマオリの男性と女性のバランスを突き崩し、マオリ女性のマナ、すなわち、高潔さを傷つけてしまったというものだ。

「バランスは、マオリが抱く全体論的な世界観の中の重要な部分である」と、ウィキは書いている。マオリにとって、自然と文化はひとつであり、同じなのだ。

マオリの世界観は、すべての生き物相互の結びつきを認識している。入植者たち――マオリは彼らのことを「異なる息の接触」を意味するパケハという言葉で呼ぶ――は、自然を分解し、カテゴリーに分け、分類する傾向を持っている。自然の中に秩序を見つけ、それに名前を付け、所有したいという彼らの渇望の中で、多くの場面でマオリ文化のニュアンスを見過ごし、意識的にか無意識的にか、最終的にはそれを破壊しようとする野望を達成した。幾分かはニュージーランドがイギリスから離れていたことと、マオリ戦士の屈強さのおかげで、イギリスはマオリを物理的に征服することはできなかった。しかし、文化的、精神的に彼らを破壊することに成功した。

一八四〇年、ワイタンギ条約が調印された。条約は英語とマオリ語の両方で書かれ、どう見ても中身は曖昧である。ニュージーランドにおける土地と水に対するマオリの権利は、今日に至っても争われている。植民地化による傷口は、今なお大きく開いたままだ。自分たちのマオリの父親の過去を知らなければならないし知りたいという願いと母親がイギリス人であるという認識のあいだ、科学と慣習的な信条とのあいだで、自分たち自身のバランスを見つけようと努めるステラとウィキの緊張を、その部屋の中に感じることができた。そして、ほんの数時間前に会ったばかりなのに、彼女らの中のマオリの側が勝利を収めつつあることを、すでに感じ取ることができた。

「この旅の最後に、私たちはダブルクロッシングに住むＤＪのところに滞在することになっている。それは、腰を落ち着けて、私たちふたりがどこを通ってきたかを確かめるいい機会になる」と、ステラが言い、ひと呼吸おいて、それから、「あなたが何を書くつもりか確かめる機会にもね」と、付け加えた。

何か、書いてはいけないことがあるのだろうか。神聖な事柄だからとか、説明不可能だからとかいう理由で、と、私は考えた。

違う世界への予感

二本目のトゥイビールを空け、そのあいだにウィキが夕飯のチキンを用意した。外は暗くなり、家の中を涼しい風が吹き抜ける。私は旅で疲労し、混乱していた。私たちは音楽のことや、そのほかいろいろなことを話した。それから、その日の新聞記事が再びタニファを巡る会話に連れ戻した。

ステラによると、マーサー・ロングスワンプという湿地にある「タニファの場所」論争が、最近のニュースで盛んに取り上げられている。問題は、二年前、ニュージーランド政府がオークランドからハミルトンに至る高速道路の改修工事に着手したことに始まる。ミアミアの村では、これまで、ワイカト川のU字型の湾曲部に広がる湿地を避けるため道がカーブしていた。ニュージーランド交通局はそのカーブを取り除き、高速道路を真っすぐにしたかった。ある日、湿地での工事中、作業員のひとりがブルドーザーのバケツの中から巨大な白いウナギを持ち上げた。作業員の多くはマオリの人々で、その大きなウナギを見て現場から逃げ出してしまった。

その出来事以来、政府とニュージーランド交通局は、神話的な生き物の存在を法的に認めることには難色を示しているようだ。交通局は、道路のその部分のカーブは多くの交通事故の原因になってきたと主張し、それゆえ湿地を通過する高速道路を真っすぐにしたいと言う。その地のマオリのハプ（氏族）、ンガティ・ナホの人々は、その工事が始まって以来その地点で悲惨な事故が前よりもっと多く発生し、それはタニファが邪魔されて怒っているからだと反論する。

マオリの人々すべてがそれに賛成しているわけではない。その場での自動車事故で孫を失ったその地のコウマートゥァ（長老）のひとりテュイ・アダムズの、巨大ウナギがその悲劇に関わっているとは信じていないという言葉が『ドミニオン・ポスト』紙に引用されていた。「そこを道路が通るという理由でタニファが現れ問題を引き起こしているという考えに、私は同意しない。タニファは本来は守護神であり、常に助けになってくれるもので、その逆ではない」

ある人々は、その論争を、ほとんど白人で占められている政府に対するマオリの慣習上の権利回復闘争という背景を浮かび上がらせるものと考えた。年古りた巨大ウナギが跳ね上がり、頭を真っすぐ持ち上げた姿が、文化復興のひとつの象徴となっていた。

解決は間近だと、その日の新聞記事は言う。ンガティ・ナホのスポークスパーソン、リマ・ハーバートが、ニュージーランド交通局との会談の後で談話を発表した。「ここは、私たちにとっては重要な文化的場所であり、交通局に対し、その場所の大部分を保全するよう設計の変更に同意させた。また、交通局に対し、重大な作業が行なわれるような場合、自分たちの文化的価値が守られているか確認するためハプのメンバーを現場に立ち合わせることを確約するよう求めた」

ニュージーランド交通局の地域計画管理者クリス・アレンは、ウェブサイトで、その湿地にタニファが存在することを公的に認めるのではなく、環境保全の観点からその場所を保存する必要性があるのだと説明していた。「現在作業中の区域の多くが湿原で、とくに三〇メートルに及ぶこの区域は、保全が必要なスイシスギマキ〔訳注：ニュージーランドのマキ科の常緑樹〕の大きな群落を維持するために必要な湿地であるように思われる」

ステラとウィキの台所で、自分のお皿をパンの切れはしできれいに拭いながら、新聞をカサカサいわせてその発言を声を出して読み、正直のところ信じられない気持ちだった。もしもアメリカなら、神のウナギのせいで高速道路計画が停止されるなどということがあるだろうか。私は姉妹に対し、マオリの文化に触れるのはこれが初めてで、何だか新しく何かが始まり、自分自身の中でひとつの目覚めを感じていると打ち明けた。

ステラとウィキに私は、自分がこれまでマオリの伝統に関して持っていた唯一の知識は、『Fishing Methods and Devices of the Maori〔マオリの漁労方法と仕掛け〕』という一九二九年に出されたエルスドン・ベストという人の本から得たものだと話した。一八五六年、ニュージーランドのタワ平地でイギリス人入植者の息子として生まれたベストは、しばしばニュージーランドにおける「マオリ社会に関する最も優れた民族誌家」として言及されている。優に本の三分の二がウナギ漁に充てられ、私はその本を、豊かで情報に溢れたものと見なしていた。しかし、その名前を出しただけで、ステラの反論を浴びてしまった。

「エルスドン・ベスト」。彼女のキーウィ・アクセント〔訳注：キーウィはニュージーランドの愛称〕で、名前はベストよりビースト、つまり、獣のように聞こえる。「ビーストは、マオリからはあまり好意的に見られていない。彼は漁労用の網とか簗《やな》とか道具とか、そんなものについては価値のある情報を記録したかもしれない。でも、総じて、マオリの生き方に共感を寄せていたわけではない」

その夜、ステラの部屋の床に敷いた寝袋の中で、私は時差ぼけでゴソゴソしながら、七年前の初めてのニュージーランド旅行のことを思い出していた。大学を卒業して、親友と一緒に出かけたマス釣り旅行だった。山の中を歩き、輝くような星の下でキャンプしながら、大きなブラウントラウトをたくさん釣り上げた。谷から外れてレンタカーごと川の中へ落ちこみそうになったり、おおむね、大きな冒険だった。しかしなお、私にとって、何かがっかりするような旅でもあった。北島と南島を一ヶ月間走り回った後、その土地とのどんなつながりも深くは感じられないままニュージーランドを離れたからだ。バーで出会った人々は、ヨーロッパの血を引く新参のキーウィ（ニュージーランド人）か、羊の毛を刈るイギリスからの季節労働者たちだった。マオリに出会うことがあっても、彼らは片隅に離れ、固く口を閉ざしていた。マオリとはただのひとりとも言葉を交わした覚えがない。今回の旅は違ったものになるだろう。ウトウトしながら、そう感じていた。

ヒレナガウナギとの出会い

タニファについて書かれた最初の文章は、おそらく、南の海を航海したキャプテン・クックによって一七七七年に記録されたものだろう。ニュージーランドの南島にあるクイーンシャーロット湾に碇《いかり》を下ろしているあいだに、その地のマオリから聞き取ったことを次のように記している。「われわれは、彼からまた、前よりもっと正確な別の一片の知識を得た。われわれ自身の観察によって確認されてはいないが、ここには巨大なヘビやトカゲがいるという。彼によると、それらは時には人間を捕まえてむさぼり食う」

マオリはクックが言及しているような大きなトカゲを知らなかっただろうし、ヘビを見たこともなかっただろう。ニュージーランドには在来種のヘビはいない。彼が「長さ二・四メートルで、人間の胴体ほどの太さ」と記述しているのは、ヒレナガウナギ〔訳注：分類上の長ひれウナギには何種類かのウナギが含まれる。とくに断らない限り、文中のヒレナガウナギはニュージーランドの固有種、ニュージーランドオオウナギ（*Anguilla dieffenbachii*）を指す〕である可能性が一番高い。

タニファであるにしろないにしろ、ヒレナガウナギは印象深い生き物だ。ニュージーランド固有のほかの動物群――今は絶滅した体高三・六メートル以上あったモア〔訳注：ダチョウ目の巨鳥〕（最初のポリネシア定住民により、食料として殺され尽くした）、固有種のカカポ（世界最大級のオウムで、現在は絶滅危惧種）、世界の現存昆虫種で最も重いと目されるジャイアント・ウェタと呼ばれるコオロギに似た昆虫などと同様、ヒレナガウナギも巨大化する傾向を持っている。三六キロ以上に成長し、一〇〇年以上生きることができ、世界の川ウナギの中で最も大きく、最も寿命が長い[5]。

マオリが島々で暮らし始めた最初から、ヒレナガウナギはマオリにとって一貫して手に入る食料源だった。その理由で、その印象的な姿と相まって畏れと尊敬を集め、物語の格好の素材となってきた[6]。

明らかな欠点があるにせよ、エルスドン・ベストはその本の数百ページをマオリとウナギとの長い結びつきに割いている。彼の著作を通して私たちは、ウナギが、サメ、クジラ、鳥のキーウィを全部合わせたものにもまさる、マオリ文化の最も大切な生き物の位置を占めていると確信することができる。タンパク質を大量かつ容易に摂ることができるため、一年のある時期ウナギはマオリの最も重要な食料源となった。ベストは、異なる成長段階ごとに異なる、ウナギを指す三〇〇以上のマオリの言葉を記録している。

私はまだ、ニュージーランドのヒレナガウナギを見たことがなかった。しかし、ステラは、すぐに見ることになると請け合った。私のガイドとして、彼女は、私がいろいろな物語を聞き始める前に冒険の対象を経験することが大切だと感じていた。

ハミルトンの南西約一五〇キロにあるカーフィーアという海辺の村に年配のイギリス人女性がいて、泉の水を集めた裏庭の小さな流れでウナギを飼っていた。ウナギを育てるそうした場所はニュージーランドでは比較的一般的で、しかし、貴重なウナギの身を狙った密漁を防ぐため通常伏せられている。

伝統的に、マオリは聖なるウナギの池を持っていて、そこでは毎日ウナギに餌が与えられた。時にはウナギがこうした池に運ばれ、そこで飼われることもある。あるマオリが言うには、海への通路がなければ、そこで何百年も生きる。しかし、たいていの場合ウナギは谷川や川の淵《ふち》で飼われ、好きなときに出たり入ったりすることができた。それでもウナギは、しばしばその場所に長くとどまる。おそらく、食べ物がいつでももらえることや、周りの人間によって与えられる愛のおかげだろう。しかし、ウナギの最終的な目標は、産卵場所にたどり着くエネルギーを蓄えることだ。いまだに誰も、ニュージーランドのヒレナガウナギの産卵場所を見つけていない。ただし、科学者たちは、ウナギは北に回遊し、ケルマデック海溝を越えたトンガの近くで産卵するのだろうと考えていた。

「ウナギの一生は旅から旅」と、車を運転しながらステラが言った。「ウナギが流れにとどまっている唯一の理由は、長い旅に備えて食べ物を蓄えるため」。ヒレナガウナギは海から川や流れの源流まで旅をし、平均三〇年間淡水で過ごし、それからまた産卵のため海に戻る。(7)

「マオリ文化の中で、ウナギの動きは普遍的意味を持っている」と、ステラは言った。「ウナギが動くとき、ウナギは生命の道を残していく」

私たちは高速道路の本線を抜け、起伏が連なる農地を走って海岸に出た。断続的に続く密生したみずみずしい緑のブッシュ――ポーンガ〔訳注：マオリ語でponga。木本性のシダで銀シダなどとも呼ばれる〕やさまざまな背の高い草――が、農地として使えない急な渓谷の斜面にしがみついている。ステラはコンビニに車を乗り入れ、奥の棚に行ってドッグフードの缶をいくつか手に取った。「ウナギのためよ」と、彼女。

「そのウナギは、どれくらいの大きさ？」。彼女が缶をカウンターに持っていくとき、私は尋ねた。「つまり、本当に人間の背丈くらい長い？」

「すぐにわかるわ」

道路を少し行くと、潮の香りが強くなった。海がすっかり見えるところでステラは減速し、苔《こけ》に覆われた門のところで道端に車を寄せた。門には小さな標識が下げられ、その上に黒いウナギが描かれている。ステラが門を開け、車で砂利道を行くと、質素な農場風の家があった。

家の横に、泉の冷たいわき水を集めた淵がぼんやり見える。淵の下手に小さな流れがあって、クレソンがびっしり生えていた。ステラと私はドッグフードの缶を取り出し、蓋を開けた。ひとりの老人が家から出てきて挨拶した。

「私たち、あなたのウナギを見に来たの」と、ステラ。

「ああ、それは私のじゃない。家内のものだ」。老人が言った。彼と入れ替わりに、間もなく奥さんが現れた。彼女はベリルと名乗り、ウナギがその淵にいる経緯を話してくれた。

「私たち、一〇年前ここに越してきたの。どこもここも、ブラックベリーとハリエニシダに覆われていた。庭の草を刈っていて泉を見つけ、二、三羽のアヒルを飼えるだけの大きさに池を掘ったの」

　間もなく、透明だった池はクレソンの緑で縁取られ、ベリルがアヒルに与えるパンに引かれて、どことも知れぬところから大きな暗い影が姿を現すようになったという。

「ウナギがどこから来たのかはわからない。もしかしたら、ずっとそこにいたのかもね」。そう言って彼女は淵を覗きこんだ。「どんどん大きくなる。私の赤ちゃんよ、三頭の牡牛、二頭のヤギ、一匹のイヌ、一〇羽余りのいろんなニワトリとまったく同じ」

　それからベリルは、ウナギが姿を見せたので、アヒルは地所の中の別の池に移したと付け加えた。

「ウナギを見る用意はできている？」と、ステラが私に聞いた。

「肉を一切れ持ってくるわ」と、婦人。

「どうかお構いなく。私たち、ドッグフードを持ってきましたから」

　いずれにしても食べものを与える時間だから、と老婦人は言い、間もなく家からステーキ肉を持ってきた。私たちは、彼女がステーキ肉を糸に結び、ゴム長靴を履いて淵の浅瀬にゆっくり入っていくのを眺めていた。流れの中で肉を振ると、まるでどこからともなくといったふうに、クレソンのあいだからいくつか大きな頭が姿を見せた。自然な反射作用で、私は一歩後ずさりした。

「怖がらなくてもいいわ」と、ベリル。「あんたたちを傷つけたりなんかしない。食べ物でも持っていない限りはね。そんなときは、偶然嚙みついたりするかもしれないけれど」

　ベリルが糸に結んだステーキを水の上に引き上げると、巨大な、彼女のふくらはぎほどの太さのウナギが頭を水上に持ち上げ、前後に揺れながらからだをまっすぐ保っている。コブラの踊りに似ていなくもない。

「オー・マイ・ゴッド!」。私はついつい大声を発し、口をぽかんと開けた。

婦人が肉を水の中に降ろすと、頭が十数センチも二〇センチもある五、六匹の大きなウナギが肉を争った。うまく肉をとろうと大きく吸いこむ音を立ててくわえこみ、くるりとからだを回転させて引きちぎる[8]。

ステラはひも付きのサンダルを脱いで裸足になると、草の上を歩いて淵の際に行った。それから、ドッグフードの缶の中身を空け、棒を使って肉のかたまりを淵のほうに押しやった。一匹の大きなウナギが池のコンクリートの端にやってきて、調べている。何度か匂いを嗅ぎ、頭とからだを突き出すと、からだをプロペラのように回転させて池の端を越え、草の上にあがり、口の端からドッグフードを食べ始めた。もう少し小さな二、三匹のウナギがそれに続き、すぐに草はぬらぬら湿ってきた。

私の目に、彼らの姿形がはっきりと見える。幅の広い口、これも幅の広い舌、管状の角のような鼻孔。これらのウナギも大きいけれど、一番大きいウナギは奥の暗い深みにとどまり、ほとんど近づいてこなかった。ときどきチラッと本当の怪物の姿が見える。しかし、クレソンの厚いかたまりの中に頭が見えるだけで、からだ全体は決して見せない。

ステラは草の上にしゃがみこみ、長い髪の毛がほとんど地面に触れている。ウナギたちが裸足の足のあいだをくねるのに任せ、あちらの頭、こちらの頭に触ってはかわいがっていた。

カーフィーアの小さな流れでウナギに餌を与えるステラ

ポリネシアの生きた神話

トゥナという言葉はマオリ語でウナギを指し、太平洋のいくつかの島々では男根を意味している。それはまた、マオリの神話に登場する、ウナギの姿をとる卓越した神の名で、しばしば太平洋の島々のヘラクレスに相当するマウイとの闘いを繰り広げる。地域によってバリエーションはあるけれど、ひとつの物語では、マウイは妻のハインが眠っているベッドにトゥナがいるのを発見する。マウイがトゥナを半分に切り裂くと、その頭は世界中の川ウナギになり、その尾は世界中の海ウナギになった。

ヘビが怪物＝誘惑者、あるいは、守護者であり、同時に両者の役を演じたりする物語がインドやインドネシアから太平洋に持ちこまれ、ミクロネシア、ポリネシアの島々に伝わったと考えられている。しかし、太平洋の島には元来ほとんどヘビがいないので、その役柄が姿も動きも最もヘビに似ている生き物、ウナギに帰せられるようになったとされている。

現地の物語の中で、ウナギはいつも単なる歓迎されざる誘惑者であるわけではない。時として、ペットでもあり、恋人でもある。ポリネシアで最も広く知られた物語には、ウナギのトゥナと美しい少女シーナが登場する。

ある日シーナは、母親の料理のため泉が注ぐ淵に水を汲みに行った。壷を水に入れ、家に持ち帰って、その中にウナギの赤ん坊がいるのに気がついた。シーナはペットとしてウナギを育て、愛するようになった。壷に入れておくには大きすぎるまでにウナギが育ったとき、シーナの母はそれを家の外の盥《たらい》に入れた。ウナギはさらに大きくなり、盥にも入らなくなったので、シーナと母親はウナギを元いた泉の穴に戻した。シーナが淵に水浴びに行くたびに、ウナギは出てきて彼女の周りをふざけて泳ぎ回る。しかし、実際それはあまりに大きくなったので、シーナも恐ろしくなってきた。ある日、シーナが淵でからだを洗っていると、ウナギが脚に絡みつき、尾っぽで彼女を犯した。彼女は村まで逃げ帰って父と母に話し、ひとりの村の戦士がウナギのトゥナを殺すため泉に向かった。シーナもついて行った。戦士がトゥナの首を打ち落とそうとすると、ウナギはシーナに、頭を砂に埋め、毎日その場所を訪ねてくれるよう頼んだ。シーナはそうすると約束し、かつてペットだったトゥナを今でも愛しく思っていたので涙を流した。戦士がトゥナを殺したとき、シーナは切り落とされたウナギの頭を持っていき、砂に埋めた。すると、そこから、最初のココナッツの木が生えてきた。サモアや周辺の島の人々は、ココナッツの目のような三つの窪みはウナギの目で、ココナッツミルクを飲む柔らかい部分はトゥナの口だと言う。だから、シーナがココナッツからミルクを飲むたびに、彼女はトゥナにキスしていることになる。(9)

私がカーフィーアの、泉が注ぐ淵の畔で目撃したものは、太平洋の島の神話の何か不思議な再演だった。少なくとも、少女と、ウナギに対する彼女の愛情という面ではそうだった。泉のそばの、足元のウナギとともにいるステラの映像が、それほど大きな魚が水の外で食べ物を食べているのを目にする畏れと混じり合い、それを増幅していた。しかもそれは、それまで美しくはあっても命のない物語のように感じられていたものに、命を吹きこんだ。大きなウナギとステラが一緒にいるのを見ることで、私はただちに、自分が本の中で仕入れてきたものが、時の重さを担った深く古い関係のほんの小さな部分でしかないことを理解したのだ。本を読むことだけからポリネシアの神話のすごさを理解しようと期待することは、乾いた押し花から咲き誇る植物の輝きを知ろうとするようなものだ。口承される物語は、書き記された途端妥協を強いられ、汚されてきた。さらに、それらが創られた環境から切り離されたときは一層そうだった。

私は後になって、ようやく、ポリネシアとミクロネシアをさらに旅していて、ハインとマウイとトゥナとタニファの物語が、紙の上ではなぜ私にとって色あせたものだったのか理解した。それらは、耳で聞かれるように進化してきたのだ。しかも、どこの場所でもいいわけではなく自然の荘厳さの中で、すなわち、暗い森の中の、とどろく滝の近くで聞かれるように。書かれた物語は、元々の文脈を十分越え出るに至っていない。

ダーウィン的な視点から言うなら、それは先住民たちのスピリチュアルな地平におけるエラー〔訳注：突然変異をもたらす誤り〕のようなものだ。マオリの信仰が生き残るかどうかは、動物神を頂く他の先住民たちの信仰と同じく、信仰と結びついている自然がいかに維持されているか、また、そこに棲むすべての生き物とともに損なわれずにいるかどうかにかかっている。イギリスやその他の場所から入植者がやってきて土地を開発し、野生の自然はバラバラにされた。住民も同じだった。現代のマオリを描いた『ワンス・ウォーリアーズ』〔訳注：原題はOnce Were Warriors。一九九四年ニュージーランドで制作されて国内で大ヒットし、海外でも受賞した〕、あるいは、『クジラの島の少女』〔訳注：原題はWhale Rider。二〇〇二年ニュージーランドで制作され、ハリウッドで賞賛を博した〕のような映画は、植民地化以前に存在していた文化形式の足場を保とうと闘いながら、一方では西欧世界の男系的な構造と階層秩序に適応しなければならずに敗れていった人々を示している。

マオリ文化の健全さが自然の健全さに依存している以上、ステラやウィキが先頭に立っているような

トゥナの頭からはココナッツが生える

マオリ文化の再興は、必然的に環境保全運動にならざるを得ない。自然を基盤とする精神的社会を再興するためには、自然は損なわれずにいなければならないし、そもそも精神性を呼び起こす畏れの源が守られていなければならないからだ。もしも、われわれの想像の世界に怪物をもたらした巨大ウナギが絶滅の危機に瀕し消え去ろうとしていたら、タニファに何が起こるだろう？

自分が目にしたすばらしい生き物、生きた神話ヒレナガウナギが、私を目覚めさせてくれた。大きなウナギの量感と筋肉が、家で読んだポリネシアの物語に光を投げかけた。私のような外国人に、マオリの精神世界のニュアンスをすっかりつかみ取ることなど決してできないということを理解させられた。しかし、それでもなお、自分もまた自然の中で成長し、その不思議さに突き動かされてきたのだから、ヌミノーゼ〔訳注：戦慄すべき秘義、畏れを抱かせるもの〕として言及されてきたものとの結びつきを少しは知っているとも感じた。(10)

エルスドン・ベストの著書を読んでいて私は、彼自身、マオリ文化に関して自分が記録した資料の限界を理解していたという印象を受けた。彼は、マオリが話してくれる物語の重大さを感じ取っていた。そして、たとえそれを感じ取ったとしても、それを十分に伝えることは決してできないと感じていた。そうした失望に加え、彼が記録しようと努めていた文化自体が目の前で急激に変わってきていた。たとえば、マオリの長老が話してくれたマウイとトゥナの話を詳述する中で、ベストはそれを、「切りこまれ、制限され、装飾されていない現代的な話法にあまりに接近しすぎていて、マオリの口承のよい例証ではない」と評している。彼は、先住民たちの精神と霊魂の深い変容を目の当たりにしていた。彼らの文化と言語と宗教が押しのけられようとしていたのだ。

自然に根ざしたマオリの信仰が崩壊していく場所で、外から持ちこまれた入植者たちの英国国教会の信仰が繁栄していた。キリスト教は持ち運びできる。それは、何かが損なわれずにいることに依存しているのではない。都会でも田舎でも、屋根の下でも戸外でも、誰によっても、どこでも実践され、理解されうる。一方マオリの信仰は、ニュージーランドに固有で、容易に荷造りして別のどこかに持っていくことなどできない。ポリネシアの信仰は、ウナギやキーウィではなくワシやクマがトーテム〔訳注：動物や植物などとの特別なつながりで自分たちを考えるトーテミズムの宗教の中で、先祖や守護神とされている動物や植物〕になっているアラスカでは理解できないだろう。

私とステラが訪問した多くの長老たちは、入植者たちは鉄砲によってではなく、森を切り倒し、ダムを築き、殺虫剤や除草剤を持ちこみ、元々あった灌木を少しずつバラバラにすることで最終的にマオリを滅ぼしたと信じていた。入植者たちは自分たち自身の宗教を持ちこみ、土着の宗教に取って代わらせた。と同時に、自分たちになじみの動物、マス、野ウサギ、アカシカを持ちこみ、ある場合には、成功裏にその地にいた生き物、マオリのトーテムに取って代わらせたのだ(11)。

マオリの長老たちを訪ねる

翌朝ステラと私はハミルトンを発って、ホークス・ベイと、さらにその先の北島の東海岸に向かった。まず最初に、マオリの長老ブラウン・ウィキを訪ねる予定だった。ヘイスティングズ男子高校の歴史教師で、ステラの同居人ケアーの父親だ。

ブラウンは堂々たる人物だった。肩幅が広くがっしりして、そばかすのある濃い色の肌に大きな丸い目、平らな鼻、紫がかった唇はまるで色を塗ったように見えた。許しを得て小さなデジタルレコーダーをセットし、私たちにも共有させてくれようと彼が選んだ事柄を録音し、ルーズリーフにときどきノートをとった。彼は、娘からの依頼で私たちに会うことに同意してくれた。話すとき彼は、ほとんどステラに向かって話していた。

ブラウンが尋ねた。「さて、いったい何について話したいのかね?」。ステラは、なぜ私が来たのか説明した。外では、制服を着た生徒たちが壁に向かってハンドボールをぶつけて遊んでいる。柔らかい風が、私たちが座った教室を吹き抜けていた。

ブラウンが言うには、すべてのハプ(氏族)には独自のウナギの物語があり、ハプの中の個人もまたそれぞれその物語の異なるバージョンを持っていて、このことが物語を個人的なものにも多様なものにもしている。植民地化によってマオリの文化は地下に追いやられ、学校でその言葉を話すことが禁止された。しかし、物語は常にそこにあったし、力強く舞い戻ってきている。ステラの父親のように、ブラウンも、マオリの言葉を家で祖父母から習った。

「私たちがこれから訪ねる年取った人たちは、家でマオリの言葉を話して成長した」と、ステラは言っていた。「彼らは、自分たちがマオリ語で聞いた物語をあなたに話してくれる。話しながら、頭の中でそれを翻訳しているっていうわけ。言葉は、違った文章の中で違った意味を持っている。違った環境の中では、違った言葉が使われる。マオリの言葉が英語に翻訳されるとき、美しいだけの文章になってしまう」

「元々地上には、ウナギがいなかった」。ブラウンは、キーウィ訛りの深い声で話し始めた。「ウナギはみんな天にいた。ウナギのいる惑星が太陽に近づきすぎ、あまりに乾いてしまったとき、彼らはターファキー（ターファキーというのは、雷と稲妻に結びつけられる神のような存在だ）の道をたどって下に降りた。この地上で、彼らはたくさんの湿り気とたくさんの水を発見した。今日われわれが食べているウナギは、ターファキーの道をたどってきた大きなウナギに比べたら、小さな、食べられるウナギだ」

「道を行ったところにあるパキパキ川には、守護者のウナギがいた。そのウナギは、そこの家族の暮しを守っていた。家族はどのウナギは食べるためにいて、どのウナギは守護者としておかなければならないか知っていた。頭の形と目の色で違いがわかるんだ。本当に大きなウナギの場合、目が赤くなる。マオリの人々は、守護者のウナギを家族の一員として扱い、食餌を与え、捧げものをする」

　ブラウンの話は、ミアミアにある湿地を通る高速道路一号線を直線化する工事が守護者のウナギのせいでいかに立ち往生したかに及んだ。彼の話は新聞記事やステラが話してくれたのと似ている。しかし、彼自身の言葉で語られた。

「そもそも、彼らはどうして道路を最初からまっすぐにしなかったのか？」と、ブラウンは問うた。

「なぜなら、そう、確かな理由があったからだ。明らかに、ブッシュの湿地の部分はカイティーアキー・ウナギ、つまり、守護者のウナギが棲んでいる場所だった」

「そして、どうやら掘削機械があって、水を吐き出してしまおうとしていて巨大なウナギに遭遇したようだ。とてつもなく大きい怪物だった。それが、ブッシュを通過しようとして、なぜ彼らがためらったかの理由なんだ。というわけで、再び道路を脇にずらすことに同意しなければならなかった」

「それでも、承知のように……彼らは……彼らはそんな伝説を理解していない。彼らは、自分たちが無視しているものに直面していたんだ。笑い飛ばすことはできる、しかし、それでもなお、そのようなものはいるんだよ。彼らが直面していたものは、実際に存在する。実在しているんだ、そうしたものは」

ミアミアの湿地のウナギはワイカト川から来た、と、ブラウンは言った。その川は、ニュージーランドでとくに大きなウナギが何匹かいる場所として知られている。ブラウンによると、ワイカト川のタニファのウナギはあまりにからだが大きいので、ぐるっと向きを変えるにはいったん海に出ていかなければならない。その川に棲む平均的なウナギでさえ、乗馬チャップス〔訳注：乗馬の際、足首からふくらはぎまでを覆う革製の覆い〕を作ることができるくらい大きい。

淡水ではタニファは通常ウナギの形をとる、と、ブラウンは言う。海水ではたいていサメになる。

「私が育った場所には、ウナギはそんなにいなかった。私たちは海で生きていた。サメの漁をすると、人に永遠にサメの臭いがついてしまうような気がした。ホラ貝を使ってクジラを港に呼び入れ、組織的に若いクジラも捕った。私たちの祖先は、西暦九五〇年頃、クジラを追ってトンガやサモアからニュージーランドにやってきた。潮の流れに乗ってクジラについてきたんだ。ある者は、クジラと一緒にトンガに戻っていった」

時としてタニファは、怒りを剝き出しにした怪物になる。また別のときは、資源を守ってくれる一種の守護者で、怪物になるのは人間がタプ、すなわち、聖なる禁止を破ったときだけだ。ホークス・ベイには、モレモレと呼ばれるサメの形をとった守護者の物語がある。

「海に潜って貝やエビなどを獲っている友人がいた」。ブラウンは続けた。「『そんなに欲張りになるな、そんなにたくさん獲るな』と、われわれは彼に言っていた。しかし、ある日、彼はサメに咬まれた。それから、戻る途中エイに刺された。守護者のサメが警告したんだ。サメは、自分がいることを知らせたのさ」

ステラとイウィの人々

男子高校から車で帰る途中、ステラは、ブラウンはいろいろなことを言い控えていたと言った。「あなたが部屋にいたから、あなたの言葉でいろいろなことを説明しようとしていたため」。それからしばらく走り、再び彼女が口を開いた。「あなたが神話として理解していること、それは、私たちの文化では神話じゃない。本当の出来事についての物語。昔、神秘的なことは毎日の生活の一部で、リアルなものがファンタジーと混ざり合っていた。その二つのあいだに区別はなかった」

彼女は、かすかに苛立ちを感じさせる口調で続けた。「もしも、私が本を書くとしたら、決してタニファとは何か、などと記述しようとは思わないわ。タニファは完全に個人的なもの。だから、それについてのあなたの意見は、あなた自身の経験に依っている。そう、確かにそれは、マオリの中では神秘的な存在で、しかし、ニュージーランド中でも、ハプのあいだ、イウィ（部族）のあいだで違いがある」

エルスドン・ベストはその著書『Maori Religion and Mythology, Part II（マオリの宗教と神話・第二部）』の中で、タニファについては過去形で語っている。「タニファは遠い場所、森の奥、岩だらけの山、背の高いブッシュで覆われた場所、崖や渓谷や洞窟がある打ち捨てられた田舎、深い湖や川や池に棲むとされていた」というふうに。そのことで彼は、一九世紀の終わりまでにタニファはいわば消滅してしまったことを示唆しているように思われる。彼の観察によれば、「マオリの人々が一層ヨーロッパ化するにしたがい、超自然的な存在や奇跡のことを耳にすることは少なくなってきた」。ベストは、このことで何を言おうとしているのだろう。皮肉だろうか？　超自然的存在のことをあまり耳にしなくなったのは、それらが存在しなかったからなのか？　それとも、外国人たちにはその概念を決してつかみ取ることができないことを知っていて、あるいは、それらに対する自分たちの信仰を説明しようとしても馬鹿にされるだけだという理由で、マオリはそうした事柄についてあまり話さないことを選んだのか？

そうした微妙な事柄について、ステラはベストの記述が信頼に足るとはまったく信じていなかった。マオリ文化を語るヨーロッパ人の民族誌家たちについて、「彼らは繊細ではない」と、ステラは言った。土着の人々の口承の物語を記録した著者たちは、それらを民話と同じく風変わりなものと見なしている。なぜなら、それらを信じていないから、と言うのだ。

「人生はたくさんの目に見えない力に支配されているって、私は信じている」。ステラは、断固主張した。

ネーピアの街に近づくにつれ、海の気配が感じとれた。私たちは見え隠れするブドウ畑に沿い、比較的背の高い灌木のあいだを走った。ホークス・ベイと呼ばれる海岸線沿いのこの地域は、ステラが属するイウィ（部族）、ンガティー・カーフングヌ（Ngati Kahungunu）部族のテリトリーで、イウィの管理センター、ルーナンガで何人かの部族の長老たちと会う約束を取りつけてあった。

「あなたを連れていくとき、みんなは正式な形で迎えたかったの」と、ステラが言った。

ルーナンガの建物そのものは、田舎の小さな学校のようで、立派とは言えない質素なものだった。私とステラは一種の会議室のようなところに通され、そこでディガーという名の端正なたたずまいの中年の人物に温かく迎えられた。何人かのマオリの男女が大きなテーブルの周りに腰掛けている。まるで、通常の会議を途中で邪魔してしまった、といったふうだった。ステラと私は、二つだけ空いていた椅子に腰掛けた。

幾分改まったようすでディガーが言った。「ニュージーランドへの訪問者、ステラの友人を、われわれのイウィの友として歓迎します。ウナギは、パケハによって、彼らが持ちこんだマスを食い荒らす厄介者と見なされてきました。豊かなマオリも、中くらいのマオリも、貧しいマオリも、ニュージーランド中のすべてのマオリにとってウナギが文化的イコンであることを、あなたが見出してくださることと期待しています。あなたがウナギの大切さを世界中に伝えてくださるよう、幸運をお祈りします」

それからディガーは、ひとつのウナギの物語を語ってくれた。部屋中の人がそれを聞いていた。

「私は、ワイカレモアナ湖の近くで育った。何百年も前、湖は地滑りで海から切り離されてしまった。誰も、どうやってウナギが海からそこにやってくるのかわからなかった。マオリのある者は、地滑りが起こる前からウナギがそこにいたのだろうと推測した。そこのウナギは年を取っていて、大きい。秋になると、メスのウナギは卵を産みたい衝動に駆られ、海へ出ていく道を探ろうと湖の中を泳ぎ回り、衝動が消えてしまうまで回り続ける。彼女たちは、雨の匂いを嗅ごうと水の上に鼻を突き出す。大きな台風がやってきて崩れ落ちた岩を押し流し、海に出ていくことができるようになるのを待っているんだ。しかし、そうこうしているあいだにもウナギは生き続け、どんどん大きくなってきている。科学者たちは、ウナギがいつまでだって待ち続けることも、何百年も生きられることも信じない。私は、科学者たちが『証拠はどこにある』と言うのにウンザリした。そんなふうに言うのは、私たちマオリの文化に反対することじゃないかね、そうだろう、ステラ？」

ステラは恐れ入るように座ったまま、静かに「ええ」と答えた[12]。

ステラは今回の訪問を、果たされないままでいる自分の義務を果たす機会にもしていた。イウィが奨学金という形で手助けしてくれた教育の成果、彼女の修士論文の内容を簡単に紹介するという義務だ。テーブルの周りに座っているルーナンガ理事会のメンバーは、ほとんど無言のまま、自分たちが出資した事柄を聞く準備を整えていた。

イウィは、一方では、西欧化された世界の中で競争していく助けになるだろう強みや機会、たとえば大学の学位といったようなものを若いマオリたちにも持ってほしいと望み、一方では、そうした世界に油断なく懐疑的でいるという、両者の係争の中にあるようだった。後になってステラは、彼女が成し遂げた学問研究に対し、イウィから多くの好意を寄せてもらったと話してくれた。

「『あなたは若い、それに、女性だ。そして、あなたはウナギに関するこの研究をすべて成し遂げた』と、彼らは言ってくれたわ。彼らは、私を助けたいと思っている。多くの人たちが、私がしているようなことをもっとたくさんのマオリの若い人たちがすればいいのに、と言ってくれた」

発表の冒頭、ステラはこう自己紹介した。「私の山はカフラナキ、私の川はトゥキトゥキ、私のハプはンガティ・クルクル、私のマラエ（マオリの人々が所属する社交的・宗教的集会場所）はトウプーンガ、私のイウィはンガティー・カーフングヌ、私の名前はステラ・オーガストです」。それから、大きな声で、彼女の論文の二ページ分の要約を読んだ。彼女の調査は、月の相と水の温度が、彼女の部族のトゥキトゥキ川にいるひれの短いウナギとヒレナガウナギ双方のシラスウナギの移動にどう影響しているかに関するものだった。二年間にわたりステラは、ニュージーランドの春に当たる九月から一一月のあいだ、しばしば、週のうち六夜、星空の下で網にかかる体長五ないし七センチの小さな魚を友人と一緒に数えた。最初の年は五万二八七匹のシラスウナギが採集され、数を数えてから放された。二年目は一万九九五四匹だった。ひと晩で最もたくさん獲れたのは最初の年のことで、一万八六一九匹だった。それは最も大きな春の満潮、新月、川の水温の上昇と一致していた。彼女は、淡水の温度が海水の温度を上回ったとき、シラスウナギは川を上っていくことが最も多そうなことを発見した。聞き手たちに対して彼女は、この研究を通して自分は、川やウナギとのより親密な関係を築いてきたと説明した。

発表が終わり、ディガーがステラに感謝の言葉を述べた。部屋にいた他の人たちはほとんど黙ったままで、どんな表情も示さなかった。私たちが去るとき、立ち上がって私と握手し、ステラを抱きしめた。

私が話した人たちは、みんな私が来る直前の大嵐を話題にした。ステラは、大雨はおそらく回遊するすべての銀ウナギが川を下っていくのを可能にしただろうと説明してくれた。何年ものあいだ海への通路がなく池や水たまりに閉じこめられていたウナギさえ、そうだったろうと言う。

「湿った天気のとき、ウナギは陸地でも越えていくわ」と、ステラは言った。「農場では、雨の晩、うちのネコのバディーが頭を食いちぎったウナギをポーチまで運んでくる。小さな馬囲いの中で捕まえるの。ネコの首の回りには、巻きついたウナギのぬめりが乾いてこびりついている」

自動車道路沿いに「地滑り」の跡がたくさんあった。羊が草を食べたせいで丘の斜面が過剰に湿気を含み、川に崩れ落ちたり、道路や橋を決壊させたりした。地滑りのいくつかは、岩と芝と泥と、多分何頭かの羊を巻きこんだ雪崩のように見える。川が家の階段の際まで岸辺をえぐり取り、道や橋が塞がれ、私たちが通ったランギティーケイ川沿いには川の中に落ちこんでいる家さえあった。

ファカキーの潟湖

ホークス・ベイの東の端、ネーピアの街の北にファァカキーと呼ばれる居留地があって、そこの人々はイール・ピープル、すなわちウナギの人々として知られている。私たちが訪ね、ファカキーのマラエで会ったコウマートゥア（長老）は、ウォルター・ウィルソンという名前だった。

「私たちは、ウナギという称号に順応してきた。その称号が、私たちを特徴づけている。皮膚が厚くてツルツルしている」と、ウォルターは言った。

ファカキーの町には、一年のほとんどの時期、幅一〇〇メートルほどの砂と砂利の砂州で海から隔てられている潟湖《せきこ》がある。ウォルターは砂州を、「小石の砂州」と呼んでいた。周期的に砂州は嵐で破られ、春には若いウナギが入りこみ、秋には成熟したウナギが出ていくことが可能になる。この「湖」の特異な地形学的様相がウナギを引きつけ、マオリは何世紀ものあいだそこでウナギの漁をしてきた。マラエの芝生の庭から湖が見え、そのすぐ向こうに大海原があった。

ウォルターによると、伝統的にマオリは、春になると、湖に入るシラスウナギのため海から水路を掘る。秋の成魚の脱出は一層劇的だ。成熟したウナギは潟湖の海側の舞台に陣取って嵐を待っていて、大きな波が浜辺に打ちつけると海に向かい、みんなかたまり、時にはひとつの大きなボールのようになって小石の砂州を突破していく。彼が語るこの自然の現象を、ステラと私はマラエの中のテーブルを挟んで聞いていた。彼はポートロイヤルのタバコの袋から刻んだ葉をつまみ、それを紙で巻き、火をつけてふかし、パウア、すなわちアワビの貝殻に灰を落とした。

「この時期、つまり、ウナギの群れの回遊の季節、ウナギが湖の岸辺に揃っているときにウナギの漁をする。ウナギは、われわれがタイ・ティピと呼ぶ大きな波を待っている。津波とかそんなものじゃなく、海の沖合の嵐によって起こる大きな波だ。ウナギが何千匹も集まり、姿を見ることもできる。そして、タイ・ティピがやってくると、彼らは行く。陸地の上を、重なり合って砂や小石を越えていく」

私はウォルターに、漁師たちはどうやってそれを知るのか、つまり、いつウナギが大移動のために集まり始めるかわかるのか尋ねた。彼は、やや守りの姿勢を見せた。

「いつなのか、私にはわかる！　しかし、あんたに教えようとは思わない。あんたを漁の場所に連れていってやるわけにもいかない。そうしていいかどうかも、評議会が決めることだ」。彼はそう言って、タバコの灰を落とすため言葉を切った。「なぜ、そんなことを知りたいんだ？　説明するためか？　知識はお金のために使われる。私の意見では、われわれはあまりに多くの知識を譲り渡しすぎている」

「われわれ」というのはマオリの人々のことだ。たとえば彼は、最近の映画『クジラの島の少女』の中で語られた物語は、許可なしに、違法に用いられていると確信していた。「これは、マオリの知的財産なのに」

六〇代後半に見えるウォルターは、赤ら顔で、ひさしの大きな帽子を被り、長袖のシャツを着ていた。ステラと私は、彼の後ろについてマラエから明るい日差しの中に出ていった。彼は私たちをトラックで少し走った浜辺に連れていき、ウナギが渡る砂州の砂丘と小石を見せてくれた。黒い砂浜に、白い軽石と流木が散らばっている。打ち寄せる波音が大きく響いていた。

ウォルターはウナギの網をどこにセットするか、はっきりした場所を教えてやるわけにはいかないと言った。伝統的に、ひとりの長老が死ぬ前に、誰かひとりの男か女に自分の知識を受け渡す。その人物は、探し出されるのではなくおのずと明らかになる。そしてその知識は、他の誰とも共有されない。

「ただ、そういうことになっているんだよ」。それまでの声の調子とは変わり、ウォルターは幾分弁解めいた口調でそう言った。それから突然、日差しの当たる浜辺に私たちを導きながらこう言った。「太陽は誰のものでもない。あんたたちは、ここにこうしているんだから、自分で見てみるがいい」

そこに立っていると、衣服がからだの背後でバタバタはためいた。湖から海を、また海から湖を眺め渡す。何千匹ものウナギが壁を越えていくのを目撃するのは、どんな感じなのだろう。

「砂丘は本当にダイナミック。いつも変化している」。猛烈な海の風が砂を空中に巻き上げるのを見ながらステラが言った。

「自然の芸術、ってとこだな」。砂の上にあった流木を持ち上げながらウォルターが言った。

ウォルターの態度が和らいできたのに気がついて、前の質問をもう一度投げかけてみることにした。

「いつ台風がやってくるか、どうやってわかるんですか？　その、タイ・ティピが」

「聞こえるのさ。べらぼうな丘全体に、ドーンととどろきわたる。それで、タイ・ティピだってことがわかる。大きな、大きな波は、ほんのたまにしかやってこない。するとウナギは、夜、その波を捕まえるため砂丘の頂きに向かう。それから、行ってしまう。隆起する浜辺の背にいったんたどり着くや、海のほうに向かって降りていき、いなくなってしまう」

そこを去る準備が整うと、それまでより厚い皮ができる。「もう一枚、別の層」と、ウォルターは言った。鼻も一層とがってきて、頭蓋骨も構造を変え、目が大きくなって青みを帯び霞がかかったようにボンヤリしてくる。彼が教えてくれたこうした身体的な変化は、回遊する世界中の他の川ウナギに見られる変化と一致している。

マラエに戻りながらウォルターは、「あんたがここにいる唯一の理由は、ステラの父親と私とのあいだに結びつきがある、というだけだ」と言った。

マラエで腰を下ろすと、みんなの顔は風と太陽のおかげで火照っていて、ウォルターがコーヒーをいれてくれた。ウォルターが話し始めたとき、私は断りなしにデジタルレコーダーのスイッチを入れ、ノートの横に置いた。もしも断ったら、ウォルターはきっとノーと言うだろうと思ったのだ。

「それで私は、あんたがどれくらい知りたいと思っているのかステラに尋ねてみたわけだ。なぜ、あんたは知りたいのか？　公共の消費のためなのか？　意地悪しようっていうんじゃない。ただ、こっちの問題だ。ウナギのこの大移動は、マオリがこの地にやってくる前、人間がここに来る前に始まった。潟湖がここにできて以来、ずっと起こってきた」

「ここファカキー湖で起こることは、世界でもこの辺りだけの独特なものだ。そんなことが起こると私が知っている唯一他の場所は、南島のエルスミア湖だ。見に行ったことはないけれど、そこでも同じようなことが起こると聞いている(13)」

ウォルターはさらに、自分たちの漁の健全さと、いかにそれが管理されているかについて語った。マオリにとっての漁期はほとんどウナギの回遊シーズンで、簗や網や罠を通るウナギが一〇〇〇匹いるとするとそのうちの一〇〇匹だけ、しかも、食べるのにふさわしそうなものに限って獲る。彼によると、ニュージーランドの漁業規則には欠陥があって、小さな魚を放し、大きいのを獲るよう指示している。「問題は、平均してオスのほうがずっと小さいから、水に戻されるのはたいていオスの魚だということだ。それで、卵をもったメスは全部獲られてしまう。政府は、何百年間もまったく問題なくやってきた漁を今更どうやって管理するべきか、図々しくもわれわれマオリに向かって指図しようっていうのさ」

マラエを去る前に、潟湖を離れて海に行ったウナギはそれからどこへ行くのか、何か考えはあるか尋ねてみた。

「ウナギは死にに行く」。彼は、タバコに火をつけながら言った。「死ぬために海に出る。いったん卵を産んで受精させたら、ウナギはみんな死ぬ。そして、そこにいるサメたちが盛大なご馳走にありつくというわけだ」

「ぜひとも、私はウナギがどこに行くのか知りたいと思っている」と、私は言った。

「それじゃ、あんたが決して答えを見つけないよう願うね」

マラエから車で戻る途中、ステラが怒って私に言った。彼女が言うには、ウォルターがひとりで話している途中何度か私がそれを遮り、何かの説明を求めたり、理解できなかった点をもう一度繰り返してくれるよう頼んだりしたそうだ。ステラは、これからいろいろな人を訪ねたとき、決して話を途中で遮らないようにと断固念を押した。

「マオリの言葉は話し言葉だから、あなたに期待されていることは、ただ聞くこと。それが、会話の中でのあなたの役割。自分が話す番になったら、他のみんながあなたの話を聞く。誰かの言うことを聞き逃しても、それはあなたの問題。それを繰り返してもらおうと途中で邪魔したりしないで」

老人たちが育った時代

翌日の朝の新聞『ホークス・ベイ・トゥデイ』に、ネーピア郊外の家の近くの小川でハイデンという名のパケハの少年が銛《もり》で巨大なウナギを捕まえたという記事が載っていた。『怪物ウナギ、ハイデンの手を逃げきれず』という見出しがつき、九歳の少年が勝ち誇ったように死んだウナギを肩からぶら下げている写真が一緒だった。

記者の見方では、それは少年としては英雄的な行為だった。怪物を殺したのだ。それに続く何日か、編集者への手紙が殺到した。ある読者は、「私は少年とウナギの話にゾッとしました。そっと狙われ、いじめられ、頭と尾を突き刺され、家まで引きずられ、冷凍庫に入れられたのがもしも誰かのペットのウサギかネコだったら、『ホークス・ベイ・トゥデイ』の記者はどう書いたのでしょう?」

ひとりのマオリの男性が少年を弁護する側に立った。「成熟した大人が少年をさらし者にし、その行為を思慮を欠いた恥ずべき行ないだと貶めるのは、まったく不適切だ。大人であるわれわれは、多くの経験的な知識を貯えてきた。そして、ほとんどの者はそれを賢明に用いる。しかし、若者は、今なお冒険を通して経験と達成の領域に足を踏み入れつつあるのだ」

その日遅く私たちが訪ねたハエティア・ヒヒという名のマオリの男性は、彼自身の見解を持っていた。「少年の周りの年長者たちが悪い。少年を責めるわけにはいかない」。ネーピアの家に座って、彼はそう言った。

ハエティアは、ウナギを捕まえながら成長した頃の物語をしてくれた。

「私たちは、ローソクを立てて祖父母と一緒に座っていた。蛾《が》が現れたら、それが合図だった、夕食を食べている途中にね。鉄の輪をひとつ取って、それを一本の木に結びつける。ウナギの背の上で鉄の輪を振り回し、それから鉤《かぎ》で引っかけるんだ。私たちはこれをリピと呼ぶ。水は膝のところまであった。マタロウ、つまり銛には、八号のフェンス用針金で作った二股の先がついている。三股の熊手を使う者もいた。少年たちは鉤で引っかける。年配の者たちは、返しのついていない銛のほうを好んだ」

漁を破壊してきたのは、銛を持った溝の中の少年ではない。それは、商業許可証を発行し、海外市場向けにウナギを捕まえることだ。ハエティアは、彼の仲間たちがウナギの数の減少に気づいていることに触れた。「私らは、自分たちの川、エスク川で夜にヒナキ（罠）を仕掛ける。しかし、問題は、この辺りにはウナギが残っていないということだ」

ウナギがいなくなり、いくつかのマオリの儀礼がなくなってしまったとハエティアは言った。「ウナギは結婚の儀式で食べられる。ルナナに行けば、今でも結婚式やら何やらといった儀式のためにウナギを捕らえる昔からのやり方を目にすることができるよ。二、三人の男が裸になって湖に入っていく。彼らは、大きなウナギが棲んでいる湖岸の穴をいくつも知っているんだ。ひとつの穴に着くと、ひとりがウナギの鰓《えら》の部分をつかんで穴から引っ張り出す。大きなウナギで、二メートル近くある」。ハエティアは、結婚式では宴会のために料理される大きなウナギが何匹もぶら下げられているのを目にすることができると言った。しかし今では、パケハの農夫たちが、免許証を持った商業漁師たちにそこのウナギを捕る許可を与えてしまった。「漁師たちは、どこに穴があるか見つけ出し、大きな奴を全部捕まえてしまった」

ステラと私は、その日ブルースとケイト夫婦の地所に建つ、昔牢屋として使われていた建物に泊まった。ブルースは、ランギティーケイ川とその周辺で活動する釣りと狩猟のガイドだった。ケイトの家族は、川沿いに四〇〇〇ヘクタール以上の土地を所有していた。彼女は半分マオリだったけれど、色白で髪は金色がかり、ソバカスがあった。

夕食のときブルースは、昔アヒルを撃った小さな池の話をしてくれた。

「池は、せいぜい直径六メートルしかなかった。小さな池だ。しかし、アヒルが来て、われわれはそれを撃った。池にはウナギがいて、それも、たくさんいて、大きかった。それで、死んだアヒルが水に浮かぶと、すぐに回収しないと血の臭いを嗅ぎつけたウナギがそれを引きずりこんで食べてしまったものだ。とうとう、池の持ち主だった農家が、ウナギを全部片付けることに決めた。ハンターからすれば害獣だったからだ。小さな池の中から、彼らは三トン以上のウナギを収獲した。ウナギがどうやってそこに来たのかさえ、誰にもわからなかった」

ニュージーランドでは、マオリであれパケハであれ、すべての人がウナギの物語を持っているように見える。

翌朝、ティア・ホウケ居留地の中のフラット式住宅にひとりで住んでいるチャーリー・ハムリンを訪ねた。チャーリーは八二歳、子ども時代伝統的なマオリの生活を送った世代で、当時は、秋のウナギが川を下る季節になると村は総出で川に遠征し、パ、すなわち簗でウナギを捕まえた(14)。チャーリーの家に到着する前に、ステラが、彼は老人で、ほとんど目が見えないと言っていた。静かな部屋のひと隅にベッドが置かれ、私たちは電子レンジと流しがある小さな台所近くに置かれたテーブルに向かって腰掛けた。チャーリーの電話帳の数字は、一文字二・五センチもの大きさに、黒のマーカーで書かれていた。

テーブルの横に水を入れたバケツがあって、私は危うくそれにつまずきそうになった。「気をつけて。お茶のために雨水を溜めてあるんだ。わしは、蛇口から出てくる水は信じない」と、チャーリーは言った。

「少しお湯を沸かしましょうか、チャーリー?」と、ステラ。

「そう、そう、それがいい。やかんはストーブの上にあるし、中に水が入っている。それに、息子が薫製したウナギがそこらのお皿に載っている」

ステラが立っていってお茶をいれた。私は、チャーリーと向かい合ってテーブルに腰掛けていた。

「昔は、外でカエルが歌っていたものだ」。補聴器を調整しながらチャーリーが言った。「薬を散布したとき、カエルの卵が死んでしまった。排水渠をきれいにするといって、排水溝にラウンドアップ〔訳注：アメリカの企業モンサント社が開発した除草剤〕を撒いたんだ。雨がたくさん降っても、雑草や瓦礫で詰まることはなくなった。しかし、ラウンドアップは魚の鰓を焼くし、カエルが隠れ場所にしているクレソンを殺すし、わしらの湖、ポウカワ湖のウナギが主食にしているオタマジャクシを殺してしまう。また、パケハは、柳の木を持ってきた。多分、洪水を防ぐためだろう。しかし、柳の木は湿地の水を全部吸い取ってしまう。オタマジャクシも、この土地の魚も、今はたくさんいない。ジャイアント・ココプ〔訳注：ニュージーランドの淡水魚〕もいなくなってしまった。パケハは、排水渠を掃除して、泥をさらって土手にあげる。それで、泥の中の若いウナギは干上がってしまう。誰もそれを、ここの地方議会の人間に説明できない。べらぼうパケハに向かって、そのことを話すことができない、パケハの奴らはクソ脳足りんだ」

チャーリの視力はとても弱く、私がまさにパケハであることに気がつかないようだった。どちらにせよ、彼には、白人の政治家や農家を脳足りんと呼ぶに足る十分の理由があった。

チャーリーによると、彼らは桃の木に殺虫剤を撒き、毒は地面に広がり、草刈り機が毒のついたクローバーを撒き散らした。彼は、若くてもっと力があった時分果樹園に杭を立てる仕事をしていて、その毒のせいで腕に発疹ができ、それが目に入って血液細胞を殺してしまった。それで目が白く濁り、左の目は完全に視力を失ってしまったのだ。

ステラがお茶を運んできて、チャーリーのマグに入れた。「砂糖はいくつ、チャーリー？」

「二つ、三つだ」

彼女は彼のために、薫製のウナギを一切れクラッカーの上に載せた。「わしはいらん。いつも食べてる。お前さんたち、食べてみな」。薫製のウナギは柔らかくバターのようで、口の中で溶けた。私はもうひとつ取り、お茶で流しこんだ。とてもおいしい。再び、チャーリーが少年だった頃のことを思い出しながら、マオリの伝統的なウナギ漁の方法について話してくれた。

ウナギ漁をする場所に、チャーリーの家族は周辺で一番大きなパ・トゥナ、すなわちウナギを獲るための簗を持っていた。秋のウナギの回遊のあいだ、マオリは何キロも離れた場所からやってきて、簗に近い臨時の居留地で暮らした。「ウナギを捕まえる他の場所もあった。しかし、みんなここに来た。一番いいウナギが手に入ったからだ。尻が塞がっていて、目はどんより、太って美しいウナギだ。ほとんどそのままで食べられる。それに、おとなしい。こうやって大きなウナギを持ち上げても、ひと言も発しない」。彼はそのようすをやって見せてくれた。

マオリは一年のうち、一月の終わりから二月のその時期、生活全体をウナギの大移動に集中させていた。彼らは村を簗のある場所に移した。「全部の馬、全部の豚、何もかも運んだ」と、チャーリー。いつも、大移動よりもっと早い時期に簗を通過するわずかのウナギがいた。みんなは、大イベントに備えるあいだ、それを食べた。大移動が始まると、一晩で四トンものウナギを捕まえることもあった。「大移動の期間、全体を合わせると一〇から一二トンほどになるだろう。これは、われわれがポウカワ湖水路と呼んでいた場所でのことだ。その谷川は川幅がたった二メートルほどしかなかったけれど、いったん洪水になると、どこにでもウナギがいた。彼らを止めることなんかできない。止めることなんて、まったくできない」

チャーリーは薫製ウナギの皿を私たちのほうに押して、もっと食べるよう勧めてくれた。私は自分で取って食べた。「これは、ポウカワ湖から来たものだ。ファカキーのウナギよりずっといい」。ファカキーは、ウォルター・ウィルソンの湖だ。「ポウカワ湖は美しい。わしらの遊び場だよ」

チャーリーは、昔は布や繊維の網はなかったと説明してくれた。ウナギ漁のための罠や容器は、すべてサップルジャック（クマヤナギ）と呼ばれる木本性のツルで作った。彼は、両親や親戚たちが自分たちの道具を作っているのを眺めていたことを覚えている。

「私の両親は、ここからドアの辺りまである網を持っていた。クマヤナギで作ったものだ。そのツルは捻ったり、結んだりすることができる。重くない。クマヤナギはブッシュに生えていて、随分長くなる。そうさ、あの時代、マオリにはたくさんヒマな時間があった。太陽の下に座り、最初に輪を作る。四本のクマヤナギのツルを結び、それを編んでいく。マオリたちは、何の作り方でも知っていた。材料がなくなっても、ブッシュの中に入っていってもっと持ってくるだけでいい」。そう言って彼は笑った。

ペカペカの湿地には、秋のウナギの回遊の季節のたびに修理され再建される簗が二つあった、とチャーリーは言った。大移動に備え、マオリはパ・トゥナの上流に行って谷川全体をきれいにする。洪水になったとき、枝やら何やらが網に引っかかるのは嫌だからだ。雨が降り出し、川が氾濫し始めると、簗から斥候が谷川に送り出された。ウナギがやってくると、斥候が合図する。「『さあ、やってきたぞ！』と、みんな叫び、すっかり興奮している」。頭の中にその狂乱を見ているかのように、チャーリーは目を閉じ、笑いに笑った。「そう、ウナギの臭いを嗅ぐことだってできる、ウナギが大移動するとき、川のところにいれば」。彼は黒いマーカーを手に取って、思い出しながらその場と簗の光景を描いてくれた。「みんなはその籠、ウナギが入りこむ容器をヒナキと呼ぶ。全部、クマヤナギのツルでできている」。目の前の新聞にスケッチしながら、チャーリーが続けた。「ウナギが来ると、漏斗のような形をした導き網、タウィリの口にそれを結びつける。タウィリは、Vの字の底の部分で簗の仕掛けにつながれている。ヒナキがいっぱいになると、それを外して転がしていき、新しい空っぽのやつと交換する。そのあいだ、ウナギをパ・トゥナの中にとどめておかなければならない。大急ぎでしなければ。何しろ、一時間のうちに大移動は全部終わってしまうのだから」。チャーリーはそこでひと息ついて、ファカトウキー、すなわち、古いマオリのことわざを暗唱した。「キア・ヒワ・ラ、キア・ヒワ・ラ、モエ・アラアラ・キトゥ・エ・マタヒ・トゥナ」。おおよそ訳すと、「用心しろ、用心しろ、さもなければ寝込んでウナギを獲り逃がしてしまうぞ」ということだそうだ。

「それは大きな洪水だ、ああ」。チャーリーは続けた。「それで、タウィリはすぐにいっぱいになる。みんなはウナギを穴に空ける。川岸の大きな穴だ。そう、差し渡し三メートル、そう、深さ二メートル半。その場所には、そんな穴が八つあった。ひとつの穴に一トンのウナギが入る。穴のいくつかは今でもそこにあるけれど、大半は埋まってしまった。そうさ、最後には全員がそこにいて、川岸はどこもすっかりマオリだらけになっている。それから、みんなで大きなハンギをする。つまり、大パーティーだ。これは、昔の時代のことだ[15]」

ポウカワ湖水路でやっていたような、簗とクマヤナギで作った籠の罠を用いる古い伝統的なやり方のウナギ漁は、自分が少年だった時代、一九三〇年代の初期に止めになってしまったとチャーリーは言った。

「うちの家族には、子どもが一二人いた。母さんは、大きなお皿を持っていたものだ。それを食卓に出し、ウナギを茹で、それにジャガイモとプハ（ケシアザミ）を混ぜる。母さんはそれをペヌペヌと呼んでいた。ウナギには脂肪が多く、脂肪はからだにいい。みんな、それを洗い流すために温めたミルクを飲んだ。それが、昔、母親がわしらに食べさせてくれるやり方だった。テーブルもなかったし、皿もなかったからなあ」。それから、笑ってこう付け足した。「いや、一枚だけ、皿はあった。……ウナギは、どこも無駄にされなかった。背骨でさえだ。骨は柔らかくなるまで茹で、タマネギと煮汁を少し加えて冷ます。それに少しのパンとバター、それが食事だった！」

チャーリーは目を大きく開け、唇を嘗《な》めた。母親の料理の匂いに満ちた子ども時代の家のようすを思い出しているのだろうと、私は想像した。

ウナギの吠え声

ダニーヴァークの町で、ステラは郊外にある一軒の家に連れていってくれた。ロバート・ハープという名の大柄な男が、寝椅子でテレビを観ていた。親猫や子猫を追いかけてじゅうたんの上を走り回る子どもたちで、小さな家はガタガタゴトゴト震えている。会話は、タニファのウナギを巡る彼や知人たちの個人的経験の話になった。

「ある友だちがいた」。じっとテレビに目を据えたまま、ロバートが話し出した。「彼は、背の下に赤い縞《しま》模様が一本あるウナギを捕まえた。バケツに入れて家に持ち帰ると、夜、それが赤ん坊のように泣いているのが聞こえた。バケツに入れたままにしておいて、翌朝外に行くと、地面の上でウナギが死んでいた。ちょうどそのとき、その瞬間、家の電話が鳴った。父親が死んだという知らせの電話だった」

隣りの部屋で息子が言った。「ときどき俺たちは、湖の、ある場所に行く。とても深いところだ。それで、見てみると、いつもウナギが一匹いて、鼻面を突き出し、こっちのほうに来て俺たちを見る、こんなふうに」。そう言って彼は、首を精一杯伸ばした。「それで、俺が『網を用意しな』って言うと、そのおかしなウナギは行ってしまう。聞こえるだけじゃなく、わかっているんだ。罠の袋を持ち上げると、彼はスルッと通り過ぎて行ってしまう……また、後で、っていうわけだ」

ロバートがテレビのある部屋から話を聞いていて、奥さんのモーリーに彼女のタニファの話をするよう呼びかけた。私たちは台所のテーブルの、彼女の横に席を移した。冷蔵庫がブーンと音を立てている。彼女は、こう話してくれた。

「私たちのハプでは、ある決まった日に、女と子どもたちを残して男全員が山に行っていた。ハプにはペットのウナギが一匹いて、男たちは女と子どもにこう言った。『われわれがいないあいだ、ウナギに食べさせろ。だが、まず最初に魚の頭を取り除くことを忘れるな』ってね。さて、氏族の男の子たちはたいそうおりこうさんなもんでねえ、あるとき、彼らは先に行って魚の頭をウナギに与えたんだよ。ウナギは腹を立て、ハプを出ていってしまった。ウナギは移動しながら、今はマナワトゥ川が流れているあの渓谷を削っていったのさ。[16] ウナギは、山の頂きがある場所まで泳ぎ上った。男たちが戻ってきて、私たちのタニファに帰ってきてほしいと懇願したけれど、ウナギは帰ってこようとしなかった。機嫌を損ねていたんだねえ。今では、ハプの誰かが山頂近くに行くたびに、頂きは雲に隠れてしまう。ウナギが屈辱を嘆いて泣いているからだよ。今でもみんなは帰ってきてほしいとタニファに頼んでいるけれど、帰ってこないだろうよ。いつか、帰ってきてくれたらいいんだけど」

ワイマラマの近くで、私たちはビル・アコンガを訪ねた。ランガティーラ、すなわちハプの知識を継承している人物だ。私たちは台所のテーブルに座って話を聞き、奥さんがお茶をいれるヤカンを火にかけていた。

ビルは土着の亜麻、繊維質の葉を持つ植物ハラケケを使った子ども時代の釣りの話をしてくれた。釣り針をつけずどうやって一本の麻ひもに虫をつけ、どうやって流れに降ろすか、という説明だ。ウナギが紙ヤスリのような歯で虫をしっかりくわえこむと、麻に捕らえられ、ウナギを引っ張り上げることができる。彼はそのやり方を、上下にひょこひょこ動かしてウナギを捕まえる、というふうに表現した[17]。

と言っても、たいていは銛を使った、とビル。「ハヴロックには、ワハパラタと呼ばれる特別な場所があった。カラム水路に流れこむ小さな川だ。私らは、夜そこで銛を使って漁をした。年寄り連中は、ウナギを突くと銛の先の水にただ手を突っこんだものだ。そうするだけで、ウナギは逃げていかない。時には、ウナギは彼らの腕より大きいこともあった。巨大な奴で、象の牙みたいで、ドーム型の頭をしていた」

「この人たちに、ウナギの吠え声の話をしてあげたら」と、ビルの奥さんが言った。「どのウナギも、みんな吠えるのよね」

「さあ、どうだかなあ」。ビルはそう言ってステラのほうを向き、彼女を指差した。「そうなのか？　ここには専門家がいる」

「イヌのように吠えるの。本当に、イヌみたいに」と、ビルの奥さん。

「私は、赤ん坊みたいに泣く、というのも聞いたわ」と、ステラ。

「赤ん坊のように泣くなんて、聞いたことがない」と、ビル。「しかし、ウナギが吠えるのは聞いたことがある。ああ、そうさ。かなり大きな声だ。そうだとも。それも、たいていは、たくさんウナギがいるときだ。一匹か二匹だけのときにウナギが吠えるのは、聞いたことがない。吠えるのを聞いたのは、普通、食べ物を争っているときだ。水から出てくる。……まあ、とにかくウナギの頭は」

それからビルは、奥さんのほうを見ながら続けた。「私らがここに引っ越してきたとき、ウナギは吠える、って彼女に言ったら、私のことを笑ったもんだ。それで私らは、この川の下流、ずっと下のほうにヒナキを仕掛けることにした。行ったのは夜だった。昔は、その時間に車で行ったものだ。ちょうど木を伐採していて、川に橋がかかっていた。下のほう、ずっと下流にある小さな馬囲いのところまで行ってヒナキを仕掛けたんだ。それから、夜の一〇時か一一時頃またそこに戻ると、真っ暗闇だった。そこに着いたとき、突然だった。『ウナギの声を聞くんだ』。私がそう言って、彼女がウナギが吠えるのを聞いたのは、そのときが初めてだった。それから、明かりをつけると、ウワー！　何百匹もいたに違いない。まるで、水がウナギで沸き立っているみたいだった。吠えているウナギがたくさんいる。ヒナキに入りこもうとするけれど、ヒナキはいっぱいだ。それで、まるでイヌのように吠えるんだ。薄気味悪いものさ、そうだろう、真っ暗闇で、月もない、何もない」

ビル・アコンガは、彼の古い友人に会いに行ってみようと言った。「アンドルー・ファーマーは以前、自分のところの煙突の中でウナギの薫製を作っていた。上につるしておき、できあがると下に落ちてくる。彼はとてもいい糸を撚《よ》るよ」

ファーマーは痩せた弱々しい老人で、近くにある彼の家にいた。椅子に座ったすぐ横に、小さな携帯ラジオが置いてあった。

「クライヴの町では、一年に一度競争がある。ウナギの着付け競争だ。賞金は一〇〇〇ドル」と、彼は言った。「そう、ウナギに小さな服を着せ、立たせるのさ。ある年、ジョン・ウーキーの息子が勝った。ブッシュにいる虫みたいな格好をさせたんだ」。ラジオが、ジージー聞き分けられない音を発していた。

「ここには薫製屋がなかった。それでわしらは、煙突でウナギを薫製した[18]。脂肪は下に垂れ、火は上に上がっていく。昔のマオリは、ぬめりを取るのに灰を使った。マリアンヌの母親は、ウナギの頭を食べたものさ」。テーブルの反対側に座っている奥さんのほうに頷きながら、彼は言った。「ウナギの頭を茹で、頭蓋骨以外全部食べる。大きな、ドーム型の頭をしたウナギには、頭部にたくさん身がついている。頭だけではなく、頬にもだ」。そう言いながら、彼は腕の時計をもてあそんでいた。

ファーマーの奥さんが元気づいて言った。

「私らは子どもだった。私は、そう、八歳。みんなで谷川に降りていって、谷川は小さな渓谷になって、森まで続いていた。そこで私たちは吠え声を聞いたんだよ。大きな、唸り声みたいな。ちょうどイヌのよう。家に帰ると母さんが、それはタニファのウナギの声で、そこに来てはいけないと警告しているんだ、って話してくれた。私たちは、二度とそこへは行かなかった」

私は足を車のダッシュボードに載せ、ノートにペンを走らせていた。ステラと旅に出て、ちょうど一週間になる。

「あなたは、窓から外を見る以上に、ノートに書いたり、何か読んだりするのに時間を使っているのね」と、ステラが言った。「ニュージーランドにいて、それなのに本の中で暮らしている。もしも、何も体験する気がないなら、何にも体験しないだろうって思うわ」

「それは事実じゃない。もしそうなら、僕は家を離れたりしないよ」

「あなた、本を読んでいないときには、自分の人生を本の中に当てはめようとしている」

「へえ、それは面白い」

「スー、ポトン！」と、ステラは微笑みながら言った。

「何、それ？」

「あなたの頭に、何かの考えが転がりこんでくる音」

ウナギ保護運動

ステラと私はウェリントンに向かい、そこからダニーデン行きの飛行機に乗った。途中私は、定義づけようとしたり（タニファとは何か?）、聞いたり見たりすることを記録しようとする自分の衝動、人生を本の中に当てはめようとしてその瞬間の美しさをつかみ損なってしまうという、私について彼女が言ったことを考えていた。そこには真実がある。しかし、ステラだって同じように私を分類している、という事実だって、見えていないわけではない。私は西洋人、パケハというわけだ。

私たちは、ひとりの人物をぜひとも訪ねるため、南島へ行こうとしていた。ケリー・デイヴィスで、五〇代の彼は後半生をヒレナガウナギの保護に捧げている。漁業会議の席でドン・ジェリーマンに挑み、ウナギの産卵場所を追跡しようとすることがウナギにとって助けになるかどうか尋ねた、あの人物だ。

「この生き物がどこで繁殖するのか、誰も知るべきではない」と、彼は抗議した。

ケリーは、妻のエヴリン、トゥリスタンとラブリーという名の養子の兄妹と一緒に、質素な平屋建ての農家の建物で暮らしていた。家の芝生は漁の道具の墓場だった。修理が必要な漁網、トレーラーに乗せられたアルミのボート、ブイや、絡まったロープ。子猫や子犬やニワトリが地所の周りや引きこみ道をのんびり歩き回り、道には砕けたアワビの貝殻がオパールのようにキラキラ輝いている。

古いトレーニングパンツを穿き、革ひも付きのサンダルに破れたTシャツという、中背で重そうなからだつきのケリーが戸口で迎えてくれた。いかにもニュージーランド人らしいゆっくりした口調で、温かい、人好きのする顔にふりかかる長い髪を払いのけている。

私たちに居間に入って座るよう勧め、それから自分は、くすんで灰色がかった白いソファーのくぼみに沈みこんだ。子猫がソファーに跳び乗り、椅子の背を横切って肉付きのいいケリーの肩と枕のあいだに心地良さそうに身を落ち着けた。テレビがついている。ケリーは早速切り出した。

「ヒレナガウナギが私の情熱だ。取り憑かれている。私は、ヒレナガウナギだ」

ケリーの地元の川はワイハオ川だ。しかし、ウナギ保護の活動はほとんど、南島でとくに長い川のひとつ、ワイタキ川で行なわれている。ワイタキ川には八つの発電用ダムがあり、合計するとニュージーランドの電力の二〇パーセント（水力発電の比率は全電力の五七パーセントで、世界の平均の一五パーセント、アメリカの一〇パーセントよりはるかに高い）を産出している。国と電力会社メリディアン・エナジーは、きれいで再生可能な発電を自慢げに宣伝しているけれど、電気を生み出すのに必要なダムは、回遊するウナギにとっては再生可能な環境を生み出していない。「私の考えでは、ヒレナガウナギの衰退の原因には主として二つの力がある。発電用のダムと、商業漁業だ」と、ケリーは言った。

さらに、彼は続ける。「私は、一九七三年に海軍の海外勤務から戻ってきた最初のときのことを覚えている」。手のサルと、腕の碇に乗った人魚の入れ墨は、軍隊時代の名残りだ。「帰宅したとき、われわれの漁業は悲惨な状態だった。子どもの頃目にしたものとはまったく別物になっていた。私が家を出たのは一九六三年だから、一〇年のあいだに、上を歩けるほどウナギがいて一歩を踏み出すごとに必ず足に何かを感じるほどだった条件の中での漁業から、そんなものすべてなくなってしまった漁業に変わっていた」

大きな変化は、一九五八年、ワイタキ川の一番上流でベンモア・ダムの工事が始まったときに起こっていた。工事が完成するのに七年かかった。高さ一一〇メートル、長さ八〇〇メートルに及ぶニュージーランド最大のアースダム〔訳注：土を台形に築いたダム〕で、ニュージーランドで一番大きい人工湖を造り出し、川の上流から下流、下流から上流に向かうあらゆるウナギの動きを効果的に遮断してしまった。これまでに着手されたニュージーランド最大、あるいは、世界中のどこと比べても最大の水力発電プロジェクトの一環として、ワイタキ川にはさらに七つの大きなダムが建設された。それによって、どんな親ウナギも海に帰ることができなくなったし、若いウナギがダムの上流に棲むこともできなくなった。

ケリーによると、メスのヒレナガウナギは、秋の海への回遊の準備が整うと湖からの出口を探してグルグル泳ぎ回り、見つけられなければ「回遊への衝動が消えてしまうまで、ただただ湖をぐるぐる回り続ける」。ウナギは外へ出る機会が訪れるまでひたすら生き続けるだろう、と、彼は言った。あるいは、ダムの発電機のタービンを通過する水の吸引を感じ取り、最も抵抗の少ない道筋をたどるべくタービンを泳いで通り抜けようと試みるものもいる。そして、切り刻まれて死ぬか、重傷を負ってしまう。

ダムには、通過する水の力で水平に回転する巨大な換気扇のようなタービンがあって、落下する水の運動エネルギーを電気エネルギーに変換している。電力会社にしても、ウナギにはタービンを通過してほしくない。設備に損傷を与えかねないからだ。メリディアン・エナジー社はワイタキ川にあるダムのタービンからウナギを遠ざけようとあらゆる試み――網戸、高周波音、光――をしたけれど、役に立たなかった。ウナギは、タービンに水を導く導水路や管に向かう水の引きを感じ取る。長い旅に向けてエネルギーを節約しようとする本能が、死をもたらす結果になってしまうのだ。

「われわれは、回遊しようとする大きなウナギがひたすら洪水を待ち、川を転げ降りようとするのを目にしてきた。ウナギは泳ぎさえしない。どうして泳ぐ必要なんてある？」

ケリーは一九七〇年代の初めに軍隊から戻ってきて何が起こっているか目にするまで、ダムがもたらす結果について考えたことなどなかった。「いったん発電用のダムが導入されると、ウナギには産卵のため海に戻っていく機会はまったくなくなった。閉じこめられてしまったんだ」

同じ時期、台湾、日本、ヨーロッパの市場にウナギを供給する、利益の上がる商業漁業が出現した。

「私は就職の面接のためトワイゼル（トワイゼルの町は、元々ダム建設労働者が住むため建てられた）に行った。そして、そこのベンモア・ダム湖で商業漁業をしている男たちに会った。彼らは、ウナギをつかみ出しては捨てている。すっかり成長した、頭がラブラドール犬の頭ほどもある奴だ。嘘なんかじゃない。ウナギの頭を切り落とし、道端に捨てていたんだ。それで、漁師たちのところに行ってこう言ってやったのを覚えている。『あんたたちがそんなことを続けていたら、ここの漁は破壊されてしまう!』。そしたら、彼らはこう言った。『フン、これは大きすぎるんだ。こんなのはまったく売れやしない』。それで、ただそれを殺していたというわけだ。なぜだ? なぜなら、大きなウナギはいつだって罠の中の餌を盗んでしまうからだ。それで今日、われわれは漁が破壊されてしまうという事実に直面している。もしもそんなウナギの頭を切り取って脇に投げ捨ててしまっていなかったら、今でも湖にいたことだろう。ダムと商業漁業に挟まれ、三〇年のあいだにウナギ漁は滅んでしまった」

ケリーが殺戮《さつりく》を目撃したベンモア・ダム湖のウナギは、平均して生後二五年から六〇年のものだった。彼らのあるものは、間違いなく自分が生まれる何年も前、ダムが建設されるはるか以前にワイタキ川を上ってきたものだと、ケリーは指摘した。

ケリーと何人かのマオリの従兄弟たちは、秋の回遊の季節、ダムの上流に集まる成熟したウナギを罠で捕らえ、それを水槽に入れてトラックで海に運ぶ草の根運動を始めた。この「罠で捕らえて運ぶ」プログラムに倣って他の川でも同じことが行なわれ、どこでもマオリが手助けを買って出てくれた。「一シーズンに数百匹のウナギを運んでいくだけでは役に立たないと思えるかもしれない。しかし、産卵場所にたどり着くチャンスがあった大きなメスのウナギ一匹ずつ、約三〇〇〇万個の卵を抱えていると考えてみるんだ。とすれば、違いを生み出せる、ってことがわかる。そうしなければ決してそこにたどり着かなかった魚たちなんだから[19]」

ケリーは、産卵に戻るウナギの数が十分ではないことを懸念していた。ケリーの想像では、ウナギは匂いのしるしのついたルートをたどって産卵場所に行く。親たちと別れた子どものウナギが淡水の川に戻れるよう、親ウナギは標識として何か自分たちの痕跡を残していくのだ。

「それが私の説だ。ウナギが回遊する道筋には、匂いが残されている。それを信じるのは、老人たちがそう話していた物語以上の理由があるわけではない」[20]

日の光が窓から差しこみ、部屋を横切ってケリーの顔に当たっていた。肩の上にいた子猫が束の間目を開け、伸びをして日差しに目を細め、それからまたからだを丸めて眠りに戻った。

「われわれマオリにとってウナギがどんなに価値あるものか、理解されていない。老人たちは、ウナギが大移動したら、それは寒い数ヶ月間に備えて準備するときが来たということだと知っていた。ウナギは、季節の表示、カレンダーみたいなものだった」

「われわれは、ある季節、ヒナポウリ、すなわち、暗闇あるいは新月と呼ぶ期間、ヒレナガウナギの漁に行った。その時期、ウナギは回遊のために集まっている。われわれは自分たちの生活の糧として漁をしたのであって、売るためでも何でもなかった。子ども時分、それは一番好きな時で、ウナギ漁のためその週学校は休みになったからだ。われわれはワイノノ潟湖にある、ワイハオの端の小石の砂州の水路で漁をした。ウナギが集まって嵐を待っていて、嵐が来るとその細長い砂州を転がって越えていく」

「回遊を始めようとしているウナギを、あんたは見たことがあるだろうか。それは、この上なく驚くべき光景だ。ウナギが大きな丸いボールのようにかたまって、ただただまっすぐ転がって浜辺を越えていくのを、私も見たよ。彼らは川のずっと上流に行って、そこからものすごい勢いで川を泳ぎ下り、そのまま大きなボールのように丸まって転がっていく。それが起こるのは、普段は四月の終わり頃だ。夜そこに行ったら、小石の原に道を切り開こうとしているウナギを見ることができる[21]」

「九〇センチから一メートル二〇センチの、ちょうどいい大きさのウナギをわれわれは家に持って帰る。大きなメスは、小石の砂州の反対側に運んで海に放す。われわれにはパーファラと呼ばれる決まった手順があって、手順に従い、背中に沿ってウナギを切り開いて洗ってから、木の乾燥棚の上に亜麻糸でつるす。それぞれの家族に割当てがあった。ここらでは、たとえば私の家は六人家族で、二袋いっぱいもらった。巨大な袋で、それだけあれば冬中食べるに十分だった」

「他の人々は、ウナギに対する違ったつながりを持っている。その点、われわれマオリにとってウナギは、これまでこの国で入手できた食べ物のうち最も豊富なタンパク源だ。小僧だった頃以来、食べ物に関しては多くのものが取り去られてしまった。しかし、手に入れることさえできれば、ウナギは依然として主要な食べ物だ。今でも、ときどきはそれを食べる機会がある。しかし子どもの頃は、一週間に少なくとも三、四回、一日二、三回ウナギを食べた。干したウナギを昼ご飯のため学校に持っていったものだ。そう、ジャーキーみたいなもんで、ちぎって食べる。それが、われわれの暮らしを支えてくれるものだった。本当さ。お金が乏しいときは、川や海に頼って暮らした。ほかに、どうしようもなかった。野菜や、そんなようなもので成長したんだ。若い人たちにも、これはお前たちにとってすばらしいものなんだ！って、伝えようとしてきた[22]」

ケリーはさらに、山のような経験的知識を分けてくれた。「かつてはシラスウナギがあまりにどっさり来て、水の表面に油の膜が張ったように見えた。毎年毎年川にやってきて、石やクレソンの中に隠れる」。一〇年ほど川の下流で待機した後、上流へ行くときが来たと決めると若いウナギたちは全部一斉に遡る。垂直の壁を越えるため、必要とあらばお下げ髪のようにからだを撚り合わせる。「いったん一匹が壁を登ると、みんな上りたくなる。驚くべきものだ」。ケリーは、大きなウナギがいる水場に潜り、彼らが淡水に棲むムラサキイガイの身を吸い出すのを見たときのことを語ってくれた。また、雨の夜、綱をつけたフェレット〔訳注：イタチ科の小動物〕を連れて農場の馬囲いに行き、ひとつの水場から別の水場に地上を渡っていくウナギを捕まえたときのことを物語った。ケリーは次から次に、ウナギが直面する物理的挑戦や、生計維持の資源としてのマオリにとってのウナギの重要性を話してくれた。そしてそれから、より個人的な思いに関わる物語に話が及んだ。ウナギの運命とマオリ自身の運命との織り合わせだ。

一八六〇年代、ニュージーランドにいたイギリス人入植者は、「順化協会」と呼ぶ一種の野生生物局を設立した。入植者が新しい植民地の生活に順応するのを助けようというものだ[23]。これは、彼らになじみの生物種、アカシカ、キジ、ウズラ、フェレット、ウサギ、オポッサム、キツネ、ハクチョウ、アヒル、ガンなどの導入を通して達成された。スポーツハンターの視点から見て、これらのうち大きな成功を収めたもののひとつはブラウントラウトで、それは一八六〇年代、タスマニアを通ってイギリスからの移入種としてもたらされた。

ニュージーランドの流れや湖は冷たく、澄んでいるうえ、水棲昆虫が豊富で、マスにとってはこの上なく適していた。斑《まだら》模様を身にまとったそのマスはすぐに川や湖に居場所を確保し、自然に繁殖し、急速に成長し、どんな釣り人にもトロフィーと言える二キロ半から四キロ、五キロという重さになった。

最初の導入から数十年のうちに、ニュージーランドは世界最良のマス釣り場として世界に名が知れわたった。

ところが、水の中に、イギリス人の釣り人には見慣れない奇妙な捕食者がいた。時として、マスが釣り針にかかると影のようなものが深みから現れ、それをむさぼり食ってしまう。四キロや五キロのマスも、一・五メートルから二メートルもあるウナギの敵ではない。いったんイギリス人入植者たちが巨大なウナギこそ勲章ものの狩猟魚にとっての脅威であると認定すると、順化協会がウナギ撲滅に乗り出した。協会は餌を売る店に「お尋ね者」のポスターを張り出し、ウナギを殺したことを証明する切り落とした尻尾ひとつにつき二ペンスの報奨金をかけた。巨大なヒレナガウナギが捕らえられ、乾いた川岸に死ぬまで放置された。ニュージーランドの釣りの許可証の裏側には、ウナギの殺し方の説明まで載せられた。たとえば、一九五〇年のものには次のようにある。

ウナギに戦いを

+浸食と洪水による流失を除けば、ウナギはわれわれの川の最大の敵です。

+ウナギはまた、マスと食べ物を争い、マスを食べないときにはマスの食べ物を枯渇させます。

+したがって、すべての釣り人は、水の中にいる日は毎日ウナギを殺すべきです。常に釣り道具の箱に、三メートルほどの丈夫な釣り糸にサメ用の鉤をつけたものを入れておいてください。どんな棒でもいい、鉤を棒の先に結びつけ、糸と棒を一緒に手に持ちます。鉤でウナギを引っかけ、引っかけたら棒を手から離し、糸をたぐり寄せてウナギを陸に引き上げ、駆除してください！

「順化協会は、可能な限りたくさんの大きなヒレナガウナギを川から追い出した。父さんと私は、男たちの背後に回っては大きなウナギを水に蹴り返したものだ。それは、五〇年代半ばから終わりまでのことさ。彼らが有無を言わさずウナギを殺してしまうのを止めたのは、海外のウナギ市場を発見してからのことだった」。そう、ケリーは言った。

「協会によるウナギの殺戮は、北アメリカでヨーロッパ人がバッファローに対してしたのと同じ類いのことだった。中部大平原のアメリカ先住民たちがバッファローに依存していたように、マオリは生活の維持と信仰をウナギに依存していた。順化協会が自分たちのしていることを承知していたのか、いなかったのか、私にははっきりわからない」

ケリーの奥さんのエヴリンが、お茶とビスケットをお盆に載せて居間に運んできた。ステラと私は椅子に糊付けされたように、じっと聞いているだけで何時間も経っていた。ケリーは依然ソファーに深く座ったまま、子猫が彼の頭の後を温め続けている。彼はしばし話をやめ、ソファーの上に置かれたお茶を飲んだ。それから、エヴリンが作ってくれたポウナムという緑の石を彫ったウナギ形のお守りを見せてくれた。それをお茶の受け皿に置き、さらに話は続いた。

「魚を失うことにとどまらず、危うくなっているものはもっとある。それは、われわれの生き方だ。われわれは、子どもたちの中に不思議さに対する感覚を保持しなければならないし、こうした巨大な生き物を見せてやらなければならない。だから、子どもたちに見せてやろうと思って途中で車を止めるんだ。

両手で大きな母親ウナギを持ち上げて、触らせてやるのさ。家の水槽の中に、ベンモア・ダム湖で捕まえ、海に運んでいくことになっている大きなウナギが何匹か入っていた。それを自動車で運んでいく途中、車を停め、子どもたちに見せてやったんだ。巨大なウナギを袋から取り出して、両腕に抱える。回遊中のメスのウナギで、青い目をしていた。すると、小さな子どもたちが、かわいがってやろうと自動車の窓によじ登り始めた。彼らは、ウナギがあまりにおとなしいのが信じられなかった。一二キロもあって、ただただ大きく、どっしりしたウナギだった！　子どもたちに話を聞かせてやった。このヒレナガウナギは、ニュージーランドに固有で、この国の水にだけ棲んでいるということ、それから、われわれがしていることと、どうしてそれをしているのかを話してやった。ウナギを海に連れていくところだ、ってね。それは、それまで子どもたちが知らなかった経験だった」

科学の知識と、知らないということ

ステラが立ち上がって、ケリーのお茶にもう少し砂糖を入れた。「あなたがこれまでの生涯で見た、一番大きなウナギはどんなだった？」と、彼女が聞いた。

「私は、上げ潮が川を遡っていく先端にいた」。カップのお茶を小さなスプーンでかき混ぜながら、ケリーが言った。「その辺りに、巨大なウナギが何匹かいる。そうだなあ、おそらく二〇、ないし三〇キロのヒレナガウナギ、というところだろうか。言っとくが、嘘じゃない。あそこには、そんなのがいる。ある晩、われわれは橋からスポットライトで照らしてみた。と、目の端にウナギが来るのが見えた。巨大な奴だった。モーターボートみたいに、上流に向かっている。それで、私らはそちらに明かりを向けた。ウナギはクルッと向きを変え、パシッと尾で水を打つとクレソンの下に潜りこんでしまった。ここからそのテーブルくらい、ゆうに三メートルはあって、私の太腿ほどの太さだ。決してくだらない冗談なんかじゃない。それを見た仲間は大勢いる。驚くべきことは、バラクーダ〔訳注：和名オニカマス。肉食で、人を襲うこともある巨大魚〕みたいに頭から尻尾の先までずっとその太さだったってことだ」

彼が耳にしたことのある最も年取ったウナギはどれくらいか、ステラが尋ねた。

「私自身、個人的に、ダムで死んだり、罠で捉えて移送するプログラムの途中で死んだ一〇〇歳を超える高齢のウナギの標本を持っている。[24]文献に記録された最高齢は、南島のロトイティ湖からの標本で、一六〇歳だ。大きさはそれほどじゃなく、七・五キログラムしかなかった。その湖のウナギが成熟するのは、九六歳に達してからだと言われているんだ！[25]」と、呆れたようすでケリーは言った。「まったく、うっとりしてしまうじゃないか」。自分が個人的にそうした年老いたウナギの年齢を確かめるまで、ジエリーマンのような科学者たちは、ウナギがそんなに長生きするという慣習的な知識を疑っていた、とケリーは言った。

「つまり、もし彼らが、自分でいろいろたくさんやってみる前にわれわれと話していたら、一六世代にもわたってこの川に住んできた私の父や家族や、われわれの仲間と話をしていたら……もしも、私の父と話し、座って、彼が話す物語を聴いていたら、何かを学んでいたろうに」

「われわれ地元民の知識は、科学者の役に立つものだ。しかし彼らは、自分たちの欲しいものだけ取って、残りは捨ててしまう。私は娘に、モリバトを獲る季節になったらどこへ行けばいいか、どこへ行けばミロベリーが生えていて、実が熟れているか教えてやったもんだ。ある日イノシシ狩りから獲物を持って帰る途中、日の出直後だったが、自分が知っているミロベリーの茂みで足を止めた。われわれがケレルと呼んでいるハトがやってきて、ベリーをむさぼり食べていた」

ケリーはベリーの茂みの光景を描いてくれた。そこでは、ハトがあまりにいっぱい食べすぎ、飛ぼうとしてはときどき地面に墜落し、死んでしまう。「獲物は自爆するばかりで、森の地面で拾い集めることができる。私は三〇羽をイノシシのお腹に詰めこみ、茂みから出てきた。帰り道、自然保護局の人間に遭遇した。彼は、私のイノシシと、イノシシの口からハトが飛び出ているのを目にした。ハトは保護されているので、私を逮捕しようとする。それで、彼に言ってやった。『私がこうするのは許されている、これは、慣習上の権利だ』って。それから、さらに、『その上、私はハトを殺してなんかいない。地面から拾い上げただけだ。ハトは自分から死んだんだ』ってね。彼は信じなかった。そして、『その場所を知りたい』と言う。それで、そいつを連れていき、地面のあちこちに死んで散らばっているハトを見せてやった。びっくりしていたよ。それで、彼に言ってやったのさ。『こういうわけで、一年のこの時期、ハトはとてもおいしい。ベリーを食べて、こんなに太っているからね』」

それでもなお、何かについて知らないということが、マオリにとっては常に、何かを知っているということと同じくらい大切なことなのだ。たとえば、ヒレナガウナギが産卵のためどこに行くのかということは。

「考えてみろ、相棒。私は、彼らを放っておくほうが好きだ。それが、私の気持ちだ。一方、どこが彼らの棲家で、どこで卵を産むのか見つけ出すことに非常な関心を持っている人間がいる。なぜだろう？

商業的な利益があるからだろうか?」

ニュージーランドのウナギは世界でとくに大きいウナギのひとつだから、大型の追跡装置を装塡することができる。したがって、現在ある技術を用いて、産卵場所までウナギを追跡する最良の機会を得ることが可能だ。ドン・ジェリーマンは一〇匹の大きなメスのウナギにタグを取りつけ（ナイロンの糸で止められている）、南島のエルスミア湖に近いカンタベリー海岸から放流した[26]。

「ジェリーマンの仕事では、何もわからなかった」と、ケリーは嬉しそうに言った。「結局のところ、そのお金は全部失われてしまった。何しろ、タグひとつで四五〇〇ドルもするんだ。それに、ウナギもだ。そのお金を罠で捕らえて移送するプログラムに使ったら、ダムの付近にいるウナギを助けることだってできたのに。ウナギを研究するため、さらにどれくらいのお金が必要だって言うんだろう? 彼らがしてきた調査は、ウナギには何の益にもなっていない。それが、私の見方だ」

数時間話した後、お茶とビスケットを片付け、ケリーは車で地元のマラエ、つまり、マオリの部族集会所に私たちを連れていってくれた。

「次にここに来るときには、この地に滞在するといい。ただやってきて、私の影のようにいつも一緒にいたら、あんたが今まで見たことのないものを見せてやろう」。しっとりとした霧雨の中で、彼はマラエの階段に立っていた。マラエの裏に回り、私たちに海用のカヌー、ワカを見せてくれた。この地の子どもたちと一緒につくったもので、すべて捨てられたアシの葉でできている。そのカヌーで海に出ても大丈夫かどうか尋ねると、「もちろん」という答えだった。

彼は、南島は、実際、最初のニュージーランド人がこの地域にもたらしたワカなのだという物語をしてくれた。カヌーが南極で浜に乗り上げた。南極大陸の浅瀬だ。そう伝えられている。そのとき、遠征隊の隊長だったマウイは、浅瀬に乗り上げたワカの上から魚釣りをしていて巨大なアカエイを釣り上げ、それが北島になった。ニュージーランドの地図を見ると南島はカヌーに似ていて、北島は実際アカエイのように見える。ケリーはその話を、神話ではなく、本当にあった出来事であるかのように、マオリとしての彼の系統の始まりとして物語った。雨が強くなり、私たちは車に戻った。

(1) 一方、深度分布と泳ぐ方向に関しては有用なデータが得られた。

(2) マオリの言葉では、「wh」は常に「f」と発音される。

(3) 『The Read Dictionary of Modern Maori〔現代マオリ語辞典〕』の中での「タニファ」の訳は、「水の怪物、強力な人間、人食い鬼」となっている。

(4) 英語で用いられる現代語の「タブー」は、太平洋の島の「タプ」という言葉からの派生語である。

(5) おそらく、熱帯のオオウナギ(*Anguilla marmorata*)は例外かもしれない。

(6) 土着のヒレナガウナギ(ニュージーランドオオウナギ、*Anguilla dieffenbachii*)と、それよりは小さい、これも土着の、オーストラリアでも見られるひれが短いオーストラリアウナギ(*Anguilla australis*)は、ニュージーランドに棲む二五種類の魚の中ではとくに大きい。二種のウナギの中ではヒレナガウナギのほうが長命で、頭により近いところから背びれが始まっていることで他方と区別できる。

(7) ショートフィンイール(短ひれウナギ)はヒレナガウナギほど上流まで遡上せず、河口や低地の湖や川で暮らす。

(8) ウナギは一秒間に一四回も回転できる。

(9) ココナッツの白い肉の部分は、「テ・ロロ・オ・トゥナ」、トゥナの脳、と呼ばれる。その物語のいくつかの変形の中では、シーナ（あるいは、イーナ）は、美しい男の形をとることもできるトゥナという名のウナギに恋をする。ある晩、大きな洪水が押し寄せ、ウナギの形のトゥナは、洪水をとめるため自ら犠牲になることを申し出る。

『The Masks of God: Primitive Mythology〔神の仮面——原始神話学〕』の中でジョゼフ・キャンベルは、ウナギと女性と食物のなる木が登場する太平洋諸島の物語を、誘惑者のヘビとイヴと食べ物のなる木が登場する聖書のエデンの園の物語と併置し、次のように述べている。「逆説的に、東に向かって移動し太平洋に入りこむにつれ、死がこの世に到来した神話的出来事という聖書の物語のバージョンに近づいてきているようだ。そして驚くべきことに、さらに、母なるイヴとヘビの関係、ヘビとエデンの園の食べ物のなる木との関係にも関わり始めている。みずみずしいポリネシアの冒険の官能的な雰囲気は、じつのところ、律法的なモーゼ五書のいかめしい聖性とは異なっている。にもかかわらず、われわれは確かに、いわば最も初期の姿はすっかり失われてしまった同じ古い書の中に身を置いているのだ」

(10) 一九七六年の『The Masks of God: Occidental Mythology〔神の仮面——西欧神話学〕』の中で、ジョゼフ・キャンベルは次のように述べている。「人類の長い歴史を通観することで……神話の本質的な機能を識別することができる。第一の、最も特徴的なもの——すべてに生命を吹きこむもの——は、存在の神秘を前にした畏れの感覚を誘い、それを支える機能である。ルドルフ・オットー教授は、これをヌミノーゼの認識と名付け、正しい意味で宗教と呼べるすべての宗教に特徴的な心の様態であるとしている。それは、定義づけに先立つゆえに、定義づけできない。原初的なレベルでは悪魔的な恐怖であり、最も高度なレベルでは秘義的歓喜であり、中間に多くの段階を含んでいる。定義づけられることによって、それは語られ、教えられるかもしれないが、語ることや教えることによってそれを生み出すことはできない。権威がそれを強要することもできない。経験における偶然と、生きた神話の中のしるしである象徴だけが、それを誘発し支えることができる」

(11) 公平を期して言うなら、初期のポリネシア人たちも、外来種の侵入には責任の一端を担わなければならない。彼らは、自らを慰めるため自分たち自身の生き物をニュージーランドに持ちこんだ。とくにイヌがそうだし、（意図的だったのかどうか）キオレ、すなわちポリネシアネズミがそうだった。一八世紀には、キャプテン・クックによってブタが導入された。野生化したブタ、つまりイノシシは、その土地で「キャプテン・クッカー」、キャプテン・クックのもの、と名付けられるに至った。

（12）ステラは後に、自分が科学を追究しようと思った理由の幾分かは、「仲間の人々にその証拠を提供する」ためだったと説明してくれた。

（13）ファカキーの潟湖における漁は、特異ではあっても、ウナギのいる潟湖や湖が海のすぐ近くにあるという同じような条件が揃っている世界の各地のウナギ漁とまったく違っているわけではない。イタリアのヴェニスに近い、ポー川の三角州に位置するコマッキオが有名な例である。ニュージーランド、南島のフォーサイス湖、現地名ワイウエラ湖は、波と嵐で形成された高さも幅も多様な砂利の砂州で海から隔てられている。マオリはずっと昔から、砂利の砂州に湖から海に向かう水路を掘り、ただし砂州全体を貫いてではなく途中までにしておけば、秋の回遊の際ウナギは外に出る道があるとだまされて水路に入りこみ、鉤で引っかけて捕まえられることを知っていた。

（14）パは、パ・トゥナとも呼ばれ、キャッツキル山中でレイ・ターナーがウナギを獲るのに用いた簗と同じく、通常V型をしている。ただし、ターナーの簗が基本的に石で築かれるのに対し、ここでは木やツルで作られる。Vの先端に罠があり、通常編み籠が置かれる。ある簗は先端が二つあるW型をしており、ウナギを集める罠が二つつけられる。

（15）オークランド国立博物館のウナギ漁展示には、次のように書かれていた。「秋、東の空の夜明けのマタリキ（スバル星）の出現は、マオリの新年の始まりだけではなく、親のトゥナ（ウナギ）の漁に備えてヒナキ（罠籠）を準備する季節の到来を告知した」

「川下へ向かう回遊は、テ・アワ・オ・テ・トゥナ（ウナギの川）として空の星の中に表れて予告される。テ・アワ・パタヒは川の始まりである。ウナギが下流に向かうとき、時にはからだを捻り、絡み合うかたまりになる。このフィリ（結び目）は、テ・トゥナ・フィーリー（ウナギの結び目）として一群の星のかたまりに見ることができる。それから、ウナギは回遊を続け、ウナギ簗、テ・パトゥナを通り、ヒナキ（罠網）に入る。

罠の口、テ・ワハ・オ・テ・ヒナキは、テ・コホ（烏座）の一連の星、罠の底は、ペケハワニ（乙女座の中の一番明るい星スピカ）が形作っている。ペケハワニは、下流への旅を続けるエネルギーをウナギに授け、メスがオスを選ぶとき（テ・カワオ・オ・テ・タイラカ）、交尾の儀礼が始まる」

（16）ここで言及されているのは、北島のノースウッド近くの東斜面から、山地を越え、パーマストン・ノースの西、さらにはフォックストンにまで至るパナワトゥ渓谷のことである。

（17）釣り針のないひもに虫を結びつけてウナギを獲る似たような方法が、イギリスや、ヨーロッパの他の場所にもある。

（18）煙突を使った薫製作りの似たような話が、一九世紀初期のニューイングランドの生活を描いたトーマス・ハザードの『The Johny-Cake Papers of Shepard Tom〔トウモロコシケーキの記録〕』という本にも出てくる。「それからウナギはきれいな海水で洗われ、広い焚き口がある台所の暖炉の煙突の中に一晩だけぶら下げられる。翌朝ウナギは短く切られ、緑のオークの木、クルミ、あるいはカエデの、よい香りのする真っ赤になった炭の隣りに、身のついた側を火のほうに向けて焼き網に並べられる」

（19）今回の旅でその後に訪ねたマオリのビル・カーリソンは、北島のランギティーケイ川で行なわれている同じような捕獲－運搬プログラムの先頭に立っている。彼は、川を下って海へ向かう回遊の途中三つのダムを越える親ウナギだけでなく、ダムを通過して上流へ向かう若いウナギも助け、毎年、北島最大のアースダム、マタヒナ・ダムを遡ろうとする一〇〇万匹以上の若いウナギを移動させている。

（20）ウナギは、すべての生物の中で最も強力な嗅覚を備えた生き物のひとつである。ウナギに関する最も包括的な科学書『Der Aal〔ウナギ〕』の著者、ドイツの魚類学者フリードリッヒ・テッシュによると、「ウナギは、他のいかなる動物にも抜きん出ているイヌとほぼ同じくらい匂いに敏感である」ウナギは「ボーデン湖（ヨーロッパにある、長さ六三キロ、深さ二五三メートルの湖）の水量の五八倍の水に一ミリリットル」のバラの匂いを溶かしたものを知覚できるという。

（21）私はウナギのボールを見たことはなかったけれど、それについてはたくさんの物語を聞いた。フランス、ルーアン近くのセーヌ河岸に住むロジェールという名の商業漁師は、かつてボール状のウナギを網で捕らえたときのことを話してくれた。ボールはあまりしっかりかたまっていて、手でウナギを引き離すことができなかった。それで、彼と友人はボールを丸ごと自動車の荷台に載せた。ロジェールの家に着いたときも、ウナギはしっかり絡み合ったままで、バラバラにするため手斧を使わなければならなかったという。一九六六年にカナダ漁業研究局の機関誌に掲載された「ノヴァスコシア州アインスリー湖におけるウナギの行動に関する記録」と題する論文には、ウナギのボールのいくつかの事例が載っている。そのひとつの例の場合、「移動するウナギはしばしば絡み合い、円周一・八メートルもの大きなボールが湖の中に浮いていたり、流れを転がっていったりするのがよく見られる」。また、ビル・カーリソンは、北島での子ども時代に彼が見た、硬く密集し、ほぼ完璧な球形をしたウナギのボールについて話してくれた。祖母に、『どうしてあんなことをするの?』と尋ねると、『お互いに愛し合っているからだよ』と、祖母は答えた。マオリは、ウナギたちがそうするのは求愛行動の一部だと感じているのだよ」

(22) 事実、『ニュージーランド・ヘラルド』紙に載った最近の研究は、ほぼ毎日ウナギを食べているマオリには、健康上の問題が少ないことを示している。オメガ3脂肪酸が豊富で、とくに2型の糖尿病(肥満に結びつくタイプ)を防ぐ効果があるという。研究は、一週間に数回ウナギを食べるマオリには、事実上2型の糖尿病がないことを示している。それほどウナギを食べない場合には、そのタイプの糖尿病が広く見られる。

(23) 順化協会は、ニュージーランドだけに特有なものではなく、オーストラリアを含む他の英国植民地にも存在した。

(24) ウナギの年齢を確定する唯一信頼できる方法は、ウナギの内耳にある石のような小さな感覚器官、耳石《じせき》の断面の輪〔訳注:一日ごとの日周輪〕を数えることである。しかし、耳石は死んだウナギからしか取り出せない。

(25) その二年後、私は南島のクライストチャーチにドン・ジェリーマンを訪ねた。彼は、ケリーが言ったことを追認してくれて、少なくとも、それに近い数字だった。ドンによると、ロトイティ湖から産卵に向かうメスのウナギの平均年齢は九三歳とのことである。

(26) タグは一定の時間が経つとウナギから離れるようセットされ、浮力で水面に浮かび上がり、魚がどこでどうしてきたか、それまで記録されてきた日ごとの活動のデータを衛星を通してコンピュータに送信する。二〇〇一年のドンの最初の試みでは、ウナギが産卵のためどこへ行くかについては多くの情報はもたらされなかった。おそらく、最も興味をそそるデータの一端は一匹のウナギからもたらされたもので、夜は水面近くを泳ぎ、日中は一〇〇〇メートル近い深さまで潜るという波形の遊泳パターンだった。後にドンは、私に、こうした行動の理由は、捕食者を避けるためか、あるいは、冷たい深海で過ごすことで産卵場所に到達するまで性的な成熟を遅らせるためだろうと話してくれた。同じような旅のパターンは、アイルランドの海岸からサルガッソ海までヨーロッパウナギを追跡した二〇〇六年から二〇〇七年にかけての調査でも観察されている。

第4章　さらなるタニファの物語

ウナギと泳ぐ

普通、ウナギを生息場所で見ることはむずかしい。たいてい暗く濁った水に棲み、ほとんど夜活動し、近づくと逃げてしまう。日中自分のほうから餌を食べにやってきたり、水が澄んだ川や流れで見ることができるのは、通常とは違うニュージーランドオオウナギのひとつの特徴である。そのことが、ウナギが実際に棲んでいる環境の中で姿を見る、絶好の機会を与えてくれる。私はスノーケリングの道具を持ってきていて、旅のどこかでぜひとも水中のウナギを見たいとステラに伝えてあった。

ケリーを訪ねた後、私たちは北島に戻った。ステラは、島の北にあるネーピアの自分の家族のところに戻る途中にいい場所があるのを知っているし、そこでスノーケリングの道具を試してみることができると言った。

マウント・ブルース国立野生動物保護区の谷川を見渡す橋の上に立って、私は、えぐられた土手からウナギを誘い出そうとステラがサバの切り身を水に投げ入れるのを眺めていた。暗い影の中から巨大なウナギが姿を現し、私はその巨大さと、滑らかで神秘的な動きに唖然とした。

「考えが変わった？」と、ステラが聞く。

私は注意深く、急な泥んこの土手を谷川に向かって降り、マスクとスノーケルとウエットシャツをつけて冷たい流れに身を沈めた。大きなウナギのあいだを泳いでいると、ウナギが寄ってきてマスクに鼻をぶつける。私のふくらはぎほどの太さの、一メートル半もあるウナギが近づいてきてその筋肉質のからだを回転させたときには、ひるまずにいられなかった。

どう説明すればいいのだろう？　海の魚なのか、川の魚なのか。平均的な大型のサケより大きいそのサイズからすれば、私には海の魚のような感じがする。それでいて、何とたくさん陸との関わりの歴史を持っていることか。季節、嵐、家畜、石や木の葉、鳥の歌、昆虫、太陽の日ごとの循環、それらには、私たちも触れることが可能だ。海洋では、ウナギはどんな光も届かない深海の、光のない空間を旅することができる。どうやって行き先を定めるのか？　マウント・ブルース・クリークの淵《ふち》でのウナギの動きは、美しく、叙情的で、しなやかで、均整がとれていて、しかしまた恐ろしいものでもあった。からだをすっかり彼らのあいだに沈めて水中にいた時間は、神聖な瞬間だった。

ホークス湾に近い、他から切り離された長い海岸線に、ステラが育った農場がある。そこに向かう途中、大きなウナギのイメージが私の頭から離れなかった。ステラと家族は、それに続く数日間、家族の親友、パパ・ベアーの六〇歳の誕生日を祝うパーティーを開くことになっていた。

ヒナキを仕掛ける

舗装されていない土の道の先に、起伏が連なる丘が広がっている。霞んだ海からの霧の向こうに海洋が開け、道と波のあいだに、絶え間ない南風にさらされて涙の滴のような形に頂きを削られた木々とブッシュに半分隠れて、いくつかの建物がかたまって建っていた。

イギリス人の女性、ステラの母親のシャーリー・カニンガムが、風と太陽に皺を刻まれた顔でタバコを吸いながら私たちを迎えてくれた。早速シャーリーは、ステラに手伝わせ夕食前に羊を柵囲いの中に入れる仕事に取りかかった。ステラはすぐに泥の中に踏みこみ、母親が濡れた羊を押したり引いたりするのを最後まで手伝っていた。

ステラの家族は、彼女が七歳のとき、町からこの土地に越してきた。少女だった彼女は自然のままの環境になじみ、海や川との親密な関係を育んだ。彼女と父親は、カイモアナ、すなわち海の食べ物を集めた。潜ってパウア（アワビ）を獲り、ザリガニ（ロブスターのようで、しかし大きな爪がない）〔訳注：ニュージーランドのザリガニ、クレイフィッシュは体長が五〇センチ以上にもなる〕の壷を引き上げ、カレンゴ（海藻）や、引き潮のときには岩からブブ（バイ貝）を集めた。彼女は、常に海の神タンガロアを敬わなければならないことを学んだ。

一一歳のとき母親が去り、姉妹は父親とともに、他に住む人のない海岸線に残された。その年月、自然の世界についての彼女の知識はひたすら増加したし、独立心も同じだった。ステラが一六歳になる二週間前、浜辺から舟を出そうとしていて突然の大波に舟がひっくり返され、父親が亡くなった。父親に

ステラの父、ファラ・オーガストとヒレナガウナギ

ついてのステラの最後の思い出は、彼が死んだその日の朝、ウエットスーツを着るのを手伝っていたときのものだ。途方に暮れた一〇代の姉妹は、母親に帰ってきて面倒を見てほしいと頼んだ。それまで母親はカイラカウに住んでいて、男友達のレイと羊や牛を飼っていた。

レイはウナギに対する私の関心を聞いて興奮し、その夜一緒に谷川にヒナキ（罠）を仕掛けようと提案した。夕暮れ時、私たちは彼のトラックで出発し、深い穴がたくさんあって危なっかしい道をたどり、木造の小屋に着いた。レイによると、そこにはかつて年寄りのスコットランド人が住んでいて、政府のためウサギを狩り集めて暮らしていたという。葉のない茎が一本すうっと伸びピンク色の花をつけた植物が、ロリポップ（ペロペロキャンディー）みたいにあちこち地面から突き出ていた。

「あの花は、『裸の婦人』って名だ。葉っぱがないからさ」とレイ。レイは針金でできたウナギ罠をトラックの荷台から引きずり出し、中に新鮮な羊の肝臓を二つ入れてしっかり蓋をした。

「その年寄りスコットランド人は、谷川の、この穴で魚を釣った。昔は、ウナギ釣りのいい場所だった。みんなが死んだ家畜をここに捨てていたからだ」

レイは罠を穴に放り投げ、私たちはそれが底まで沈んで消えていくのを眺めていた。罠につけたひもを木に結び、それから農場に戻った。

炭火で焼いた子羊の夕食の後、私は浜の近くにテントを張って寝袋に潜りこんだ。木々のあいだを風が渡り、居心地の良い自分の場所から浜辺に波が打ちつけるのが聞こえる。上着を丸めて枕にし、眠りに落ちた。

翌朝早く、レイと私はウサギ猟師の小屋に戻り、谷川からウナギ罠を引き上げた。しかし、中に入っていたのは二つの濡れた羊の肝臓だけだった。農場に戻ると、客人たちが姿を見せ始めていた。その日一日中、身内や友人がぞろぞろ到着し、テントを張り、トレーラーを止め、食べ物を料理し、音楽を演奏し、人気のない浜辺がパーティー会場に姿を変えた。

カールという名のレイの友だちがトラックに積んである空っぽの罠を見て、その晩ウナギを獲るのを手伝ってやろうと言った。

カールと私は、他のみんなと一緒に午後早くからビールを飲み始めた。夕暮れ時には、みんな賑やかになっていた。カールは、あまり酔っぱらってしまわないうち、暗くなる前に罠を仕掛けようと言い、私たちは浜辺を歩いて谷川の口まで行き、さらにそこから適当な場所を探して流れを遡った。

カールの罠は、レイのと違い、針金の輪をいくつか並べたものに網がついている。袋網、というやつだ。彼はまた、違う餌を持ってきた。ホウボウと呼ばれる海の魚の、尻尾と頭と背骨とハラワタだ。

谷川は盛んに曲がりくねり、濁っている。どうやら、いつもそうみたいだ。カールはタバコを巻き、それを吹かしながら流れを読んでいた。

「わかるか、この地点はダメだ。土手が泥だからだ。しかし、あっちの、あの場所は、土手が固くて、流れが土手の下を通っている。と言うことは、ウナギが好きなのは、あっちの場所だ。やつらが考えるように考えなきゃならない、そうだろう？　もしもあんたがウナギで、あそこに住んでいて食べ物があるとしたら、流されないですむ機会は多い、ってことさ。もしも選べるとして、紙でできた隠れ家とセメントでできた隠れ家のどっちに住もうと思う？　ただの常識ってもんよ」

私はカールが谷川に網を置くのを見ていた。「俺は、速い流れに罠を置く。そのほうが、ウナギが網の目から餌を吸いこむのがむずかしい。ウナギは、食べ物を吸いこんで食べる。何かを捕まえたときには、クルクル回転する」

カールは網を水面のさざ波が立つ辺りに、口を川上に向けてセットした。網が円錐形に広がる。彼はそれを土手の杭に結び、どんなに大きいウナギでも緩むことはないだろうと説明した。

「この谷川でのウナギ漁は、たった今俺たちが始めたばかりだ」。最後の杭を地面に打ちつけながら彼は言った。「びっしり詰まっているよ、相棒」

暗闇を戻る途中、私たちは流れに沿ってティコウカと呼ばれるニオイシュロラン〔訳注：ニュージーランド原産でマオリにより食料・繊維・薬用に広く用いられた。花がシュロに似ていて、芳香がある〕のあいだを縫う羊道を歩いた。曲がり角で、カササギの鳴き声と、夜間寝ているモリバトが羽をバタバタさせる音にびっくりした。樹間を抜け、風が吹き抜ける浜辺と森の境の段丘のほうに向かった。

歩きながら私は、タニファを見たことがあるかどうかカールに尋ねた。

「俺は、そんな迷信はどれも信じない。マオリでもパケハでも、ウナギをたくさん獲る人間はそんな伝説は相手にしない」。彼はそう言い、それなのに小道を何歩か行ってから、子どもの頃の奇妙なウナギの経験を思い出した。

ステラが修士論文のための調査をした、近くのトゥキトゥキ川の支流で魚を獲っていたときのことだ。春で、シラスウナギが勢いよく川を上っていた。

「俺は、まだ、ほんのネンネだった。瓶で、谷川からシラスウナギをすくっていた。瓶の口を水に浸けると、シラスウナギが吸いこまれる。そのとき、奇妙な感じがして周りを見回したんだ。そう感じさせるようなものは何もない。そしたら、流れの中にじっとしている透明のウナギがいて、尻尾をピンと上げているのに気がついた。ガラスのように透き通っていて、太くて、俺の脚くらいの長さだった。見えるのは頭の下の何か赤いものだけで、心臓みたいだ。小さなシラスウナギは川上に向かい、こいつは流れを下っていく。まるで、小さいのを守っているみたいだった。ウナギが自分に、流れを上ってくる赤ん坊のウナギを獲らないよう警告しようとしているような気がした。それで、獲るのをやめた」

パーティー会場に戻ると、一団は大きなテントを立て、明かりを飾っていた。二時間もそこを離れていたからカールも私も空腹で、並べられたたくさんのご馳走を目にし、匂いを嗅ぎ、幸せだった。それは、ステラの言葉に従えば、本当のハンギ、すなわち大パーティーだ。パウナ（アワビ）のフリッター（その日、目の前の海岸で集められたばかりのものだ）、ザリガニ、蒸したミドリガイ、豚肉、子羊。全部ここの海と農場から来たもので、パーティーのため特別に料理されていた。

パパ・ベアーの友人たちが立ち上がり、彼のため乾杯した。何人かが挨拶で、国民党の党首ドン・ブラッシュの、マオリに対する優遇政策を止めにしようという最近の政治演説に触れた。最も緊急の話題は、前海と海底での伝統的な漁業権に関連するものだった。マオリの血を引く人々は、ワイタンギ条約の下でその権利は一度も王権に譲り渡されたことはないと主張している。ブラッシュの演説は、現在の労働党政権に次の選挙で勝利するためニュージーランド人の両極化を図る試みとして、マオリの中に新たな怒りの波を生み出すものだった。

「しかし、われわれはここにこうしている。マオリもパケハも、この美しい場所で、一緒に」と、パパ・ベアーの友人のひとりは言った。

まだ暗い湿った朝の、何時だったのだろう、私は目を覚まし、自分が大きなテントの下の草の上で眠りこんでしまっていたのに気がついた。よろよろと自分のテントに戻り、寝袋に潜りこんだ。再び目を覚ますと、外はすっかり明るくなっていて、私のテントも太陽で暖かかった。カールとレイはすでにヒナキを引き上げていて、一晩で八匹の大きなウナギが入っていた。レイは生きたままのウナギを大きなプラスチックのバケツに入れ、まさに、ウナギを殺してぬめりを取ろうと粉の洗剤をふりかけるところだった。

ウナギを殺して処理する方法はたくさんある。私が住むコネティカットの漁師たちは、通常、頭の周囲に切り目を入れ、手袋を脱ぐように皮を剝ぐ。ウナギを薫製する人は普通皮をそのまま残しておくけれど、食欲をそそらないぬめりは塩、灰、あるいは、洗剤で取り除く。

長い人生ずっとと畜場で働いてきたレイでさえ、息を止めると同時にからだを保護するぬめりを取り除こうという自分のやり方は残酷であると認めた。[1] ウナギは乾いた洗剤の中でのたうち回って反応し、尻尾でからだだから粉を振り払おうとする。しかしそうやっても、身を焼く粉を撒き広げることにしかならない。

ウナギが死ぬと、レイは砂糖袋でウナギをこすって残ったぬめりを取り、尻尾をハサミでちょん切って血を抜き、頭を上にしてぶら下げた。何時間かぶら下げた後、シャーリーが交代し、ウナギのからだを開いて乾かす用意をした。

彼女は長い背びれの両側に沿って切り目を入れ、背骨に沿ってナイフを走らせて肉と骨とを分けた。

内臓が頭と一緒に背中側から取り出され、両側の身は腹の皮でつながっている。こうしてパーファラ〔訳注：決まった手順でウナギを処理すること〕されたウナギにたっぷり塩を振り、つり下げて乾かす。

　キャンプに居合わせた人は誰もウナギの薫製に適したマヌカの木を持ち合わせていなかったので、パパ・ベアーは、自分が何匹かのウナギをフライしようと申し出た。彼はウナギを切り分け、フライパンに牛の油を引き、皮を下にして焼いた。普段は皮も食べるけれど、それは自分でウナギを捌《さば》いたときだけだと彼は言った。他人がウナギの内臓を処理したものは信用していない。「わしは、ぬめりを取るのに粉せっけんを使うのには賛成しない。木の灰のほうが好きだ」と、彼は言った。

　何人かがフライパンの周りに集まり、ウナギのステーキが油の中で輝くきつね色になっていくのを期待を込めて見つめていた。

「皮は、ローストポークの皮みたいにパリパリに焼き上がる」と、年配のマオリの女性が舌なめずりしながら言った。

　私はパパ・ベアーに、ウナギはニュージーランドのレストランで供されているのかどうか尋ねた。

「ああ、ないね。レストランでは出されない。彼らがなぜこれを二流の魚と思っているのか、私にはわからない。多分、マオリが食べるからだろう」。そう言って彼は笑った。「その分、われわれの取り分が多くなる」

　午後の太陽の下で、赤ら顔のパケハと濃い褐色の肌のマオリが、また次の夜のパーティーの準備を始めた。私はグリルを掃除し、鍋を洗い、ビールの瓶を拾い集め、それから歯を磨き、流しの上の棚に立てかけた小さな鏡でひげを剃った。二日酔いが晴れるにつれ、前の晩ギターを弾き、歌を歌ったことをぼんやり思い出した。緑の草はテールゲートパーティー〔訳注：トラックやバンを連ね荷台に食べ物を並べたパーティーで、スポーツ観戦のときなどに行なわれる〕が終わった後の競技場みたいに踏みつけられ、テントの下にはゴミがたまり、海風は潰された緑の匂いに溢れている。まだ食べられないままのウナギが、太陽の下でひもにつり下げられていた。

ブッシュガイド・DJ

カウボーイとアメリカ先住民を合わせたように見えるマオリのブッシュガイド、ダニエル・ジョー、通称DJは、痩せて背が高く、長い鼻を持ち、のんきそうにからだを揺らして歩く。革の小物入れに懐中時計を入れ〔腕時計はブッシュで引っかかるそうだ〕、ベルトにはイノシシ狩り用のナイフと鞘《さや》が並べてつり下げられている。

DJに会うため、ステラと私は、ホークス・ベイから車で彼の住むタウポ湖の南の地域に向かった。私がDJとダブルクロッシングと呼ばれる彼の住まいについて初めて聞いたのは、友人のデイヴィッド・サイドラーからだった。デイヴィッドはDJと何年も一緒にフライフィッシング〔訳注：毛針を使った釣り〕をしている間柄で、何より、DJを通して私はステラと知り合った。私たちの旅のあいだ、このときまでたっぷりDJの話を聞かされていたから、孤独を愛し、常にアドレナリンで亢進状態にあるという彼も、タウポ・ネーピア街道にあって謎めいた名前で呼ばれるその家も、すでに神秘のオーラに包まれていた。

私は、ＤＪのその場所がダブルクロッシングと呼ばれるのは、古い西部劇スタイルの撃ち合いか何かで誰かが死んだとか、何か忌まわしいことがそこで起こったからだろうと想像していた〔訳注：ダブル＝クロッシングには「裏切り」「寝返り」といった意味がある〕。しかし、その名前は単に、ＤＪの家にたどり着くには二つの川を渡らなければならないという単純な事実に由来したものだった。最初に渡るのは小さな流れで、一年中ほとんど四輪駆動の自動車でそのまま乗りきることができる。二番目のワイプーンガ川は手強くて橋もなく、張り渡したケーブルに小さな合板の箱をつけたのに乗っていかなければならない。

ＤＪは、とうとう冷凍庫の仕事（話し言葉で、と畜場を意味していた）を見限ったとき、ダブルクロッシングに引っ越した。祖父から受け継いだ部族の小さな土地で、一九〇〇年代初期以降誰も住んでいなかった。どんな建物も設備もなかったし、ワイプーンガ川を越える設備もない。最初の年は、友だちのトラクターで引っ張って川を渡したバスで暮らした。出かけたり帰ったりするたびに、徒歩で渡るか（水が浅いときでも腰の辺りまであった）、馬で渡らなければならなかった。兄弟の誰かがやってくるときには、いつもＤＪのために何か運んできた。椅子、鏡、窓、マットレス。彼は、何匹かのマスチフ犬と一緒にナイフを使って家の背後の土地で捕らえたイノシシ、川のマスとウナギ、庭のカボチャ、レタス、クマラ（サツマイモ）で命をつないだ。

やがて小さなプレハブの家を持ちこみ、いくつか家具を整え、二段ベッドを作り、家の周りに背の高いポーンガ、すなわち木本性のシダを移植してほとんど家が見えないようにした。それから、一度に一枚ずつ、川を越えて材木を運び、自分でデザインした大きな家を建てた。プレハブ小屋は、時折り訪ねてくる人のためにそのままにしておいた。川の両側にコンクリートを打って土台にし、ケーブルを張り渡し、滑車をつけた籠にいろいろな品物を入れたり、イヌが濡れずに川を渡れるようにした。そうしたケーブルカーは、ニュージーランドではフライングフォックス、空飛ぶキツネとして知られている。こうして、ダブルクロッシングは生き返った。

フライフィッシングや急流下りの客、韓国やドイツからやってくる野生イノシシ狩りの客（「韓国人は、イノシシの胆嚢欲しさに狩りをする」と、DJは言う）をガイドしていないときには、何週間もクロッシングを離れない時期が一年に何度もある。電池で動くラジオを持っていて（電池があればだが）、彼はニュージーランド向けのBBCニュースを聴く。しかし、電気がないので、テレビも電話もない。ガールフレンドだったステラの従姉妹のニッキーがある日訪ねてきたとき、一緒に来た子どもたちが話していると彼はこう言ったそうだ。「お前ら、いったい何を長々と話しているんだ、飛行機の爆弾だって?」。二〇〇一年九月一一日のニューヨークでの出来事は、その二週間前のことだった。

ステラと私が指示された通りランギタイキ酒場に車を停めると、DJはビールを飲み、酒場の主人と軽口を叩き合っていた。私たちにも加わるよう誘い、トゥイビールを三本頼んだ。ステラをハグし、私たちは今回の旅について少し話した。

「よし来た、それじゃあ出かけよう」と、彼。

DJの車の後について、数キロ離れた彼の家に通じる道まで行った。入り口は思いがけない場所にあり、うまいこと隠されている。そこで左折し、凸凹の道を進んで、最初の川を越えた。水位はレンタカーのドアの下まである。そこから二番目の川岸まで進んで、行き止まりになった。

DJに手伝ってもらって車から荷物を降ろすと、私たちをフライングフォックスに追い立て、急なワイプーンガの流れを軽々と渡った。

「俺は、ニュージーランド航空、って呼んでいる」。飛んでいるとき、彼はそう叫んだ。

ダブルクロッシングは粗末な農場といったところで、元々のブッシュに縁取られ、川の馬蹄形の流れに抱かれるように建っている。大きな木本性のシダが家を取り囲み、背後には三〇メートルを超えるスイシスギマキの茂みがあった。はるか上の枝で大きなモリバトが鳴いている。平らな緑の原で何頭かの馬が草を食《は》み、ブルマスチフとグレイハウンドのミックス犬が三頭尻尾を振って出迎えてくれた。

「ヘイ、フットボールヘッド、ヘイ、ヌヌ、ヘイ、ブルーザー」。ＤＪがイヌに呼びかけた。

ＤＪは、ステラと私が木本性のシダとツタに隠れた来客用住居を整えるのを手伝ってくれた。中には二段ベッドがいくつか、台所、本棚、長椅子と、食事用の場所もある。棚にもカウンターの空いた場所にも、木の彫り物が飾られていた。ひとつはＤＪが彫ったもので、ウナギが身をくねらせ、自然の木の節がそのまま目や口になっている。プッシーガロアという名のネコが、午後の遅い太陽の傾いた光の中で長椅子にうずくまっていた。長椅子の上の窓の敷居には、二個のイノシシの頭骨。

ＤＪがみんなに一本ずつビールを開け、三人は農場を見渡す長椅子に腰を下ろした。

「俺は、ここの川ではあまりマスは獲らない。少し、泥臭い味がする。それでも、マヌカの木で薫製すれば大丈夫だ」と、彼は言った。「何匹か晩飯のために捕まえる、ってのはどうだ。それから、頭を餌にして、今夜ヒナキを川に沈め、ウナギがかかるかどうか見てみよう」

ステラは家に残り、ＤＪと私はフライフィッシング用の竿を持ち、歩いて上流に向かった。冷たい、白く濁った川の流れに毛針を漂わせ、一時間ほどでかなり大きなニジマスを三匹釣り上げた。私が銀色の魚の鰓《えら》に柔らかいヤナギの枝を通し、ダブルクロッシングに持ち帰った。途中、ブラックベリーの茂みで足を止め、たっぷり収獲した。エリマキミツスイの鳴き声のほうを指差しながら、ＤＪは、しばしば家の後ろの山でニュージーランドミツスイの機械的な歌を耳にすると言った。

ダブルクロッシングに戻り、私たちは水歩き用のズボンを来客用の小屋のポーチに干し、釣りの道具を片付けた。私がマスを捌き、そのあいだにＤＪは小割りにしたマヌカの木を並べ、マスを薫製する火を起こす。ステラが小屋から出てきて夕食の準備を手伝った。

「伝統的にマオリは、マヌカの木を使って魚を薫製するの」。ＤＪが木の削りくずを入れた金属の皿を準備するのを眺めながら、ステラが言った。「マヌカの花から取った蜂蜜は、国中でもてはやされているわ」

それから、ＤＪはこう教えてくれた。「魚を薫製する普通のやり方は二つある。高温の薫製と低温の薫製。低温のは、時間があるとき、高温のは急いでいるとき(2)。かつてマオリは低温のやり方で、自分の身内や敵の頭を薫製にした」

ステラはサラダを作り、来客用の小屋にあるガスストーブでジャガイモを茹でた。マスを薫製するあいだＤＪは私のグラスにワインを注ぎ、それから、その夜仕掛けるウナギ壷の穴を補修する仕事をさせた。ＤＪが言うには、穴を全部埋めておかないとウナギは逃げ出してしまう。尻尾を先にして、穴から出るのだと言う。私の補修は検査に合格した。そうこうするうちに、くすぶるマヌカ・チップの上のグリルに置いたマスができあがった。

ＤＪは、夕食前にウナギの罠を仕掛けてしまおうと言った。そうでなければ、川沿いを帰ってくるとき真っ暗になってしまう。釣ったマスの頭を木綿の袋に入れ、罠の一番奥に結びつけた。ウナギは木綿の袋の中の餌を吸うことはできても、餌そのものを取ることはできない。罠が針金で閉じられると、DJと私はそれをダブルクロッシングの上流に運び、川の中に投げ入れて岸辺の木に結びつけた。

暗くなっていた。月が昇って川岸を照らし、川面のさざ波に光を投げかけている。家に戻り、また次のワインを開け、DJはさらに何本か薪を火にくべた。私たちは、黙って火を見つめていた。

DJが棒で火を突くと、炎が彫りの深い彼の顔を照らし出す。「俺が見るところ、川にはプレーヤーが三人いる。ニジマスと、ブラウントラウトと、ウナギだ」。そう言って、彼は話し始めた。「ニジマスとブラウントラウトは、イギリスから持ちこまれた。ウナギは、地付きの文化的要素だ。みんなウナギのことを忘れている。姿が見えないからだ。姿は見えない、しかし、ウナギはそこにいて、マスを捕らえることにかけては情け容赦ない。いつも、そっと狙っている。結局のところ、ウナギこそが生き残る。ウナギは、いつだってほかの二つを排除できる。ウナギは、マスが年老いて弱るまで何年だって待っているかもしれない。ウナギ、すなわち年取ったトゥナには、時間がたっぷりある。ウナギはマスが来る前からそこにいたし、マスがいなくなった後もそこにいるだろう。われわれはそれを、モレフと呼ぶ。生き残り、っていうことだ」

「俺はこのことを、ニュージーランドの状況になぞらえる。マオリとイギリス人の関係さ。マオリの人間は、今やモレフだ。われわれは、イギリス人たちがもたらした不正を正そうと求めている。ステラや、大学で教育を受けた者たちは、俺が自分の祖父たちから言われたように、われわれは闘わなければならない、と年寄りたちに言われている。われわれの土地はわれわれの経済的拠り所で、最後の足がかりは前浜と海底だ。奴らは法律を作って、その権利をわれわれから取り上げようとしている」。DJはそこでひと息つき、もう少しワインを飲んだ。

「ステラ、そうだろう?」彼が言った。その夜、ステラの長くて黒い髪はことさら黒く見えた。

「ええ」と、ステラは物静かに答えた。

私は、一番大きなマスを見ていた。その身の、美しい黄金色。アメリカなら、このマスは表彰もので、ここでは、これくらいの大きさのマスが当たり前だ。ニュージーランドのマスの大きさは豊富な食料と穏やかな冬に帰せられるが、皮肉なことに、もうひとつそれに貢献している要素がウナギなのだ。

順化協会がウナギをマスの捕食者と考えたのは正しい。ウナギはたくさんマスを食べる。しかし、ウナギ撲滅の努力が続けられ、釣り人や協会員たちが何千匹もの大きなウナギを殺した年月のあいだに、彼らは表彰ものの自分たちのマスが変化したことに気がついた。ウナギのいない川では、マスの数は増えたけれど、しかし、平均的な大きさがうんと小さくなったのだ。

一九五〇年代、マックス・バーネットという名の生物学者がカンタベリーの河川のマスとウナギの相互関係を研究し、非難され無用に殺されているウナギこそ、じつのところ、今や世界に名高いニュージーランドのマス釣りをもたらすことに寄与していることを発見した。マスを捕食することで、すぐに増えすぎてしまうマスを刈り取り、過剰な競争を食い止めていたのだ。ウナギが川にいることで、マスは少なくなったけれど、うんと大きくなった。バーネットの研究はウナギの存在が有益であることを示し、それだけで、ウナギに対する世間の意見を覆してしまった。ウナギ殺しは中止された。

バーネットの研究に加わっていたあるひとりの若い技術者は、子どもの頃にはお金を得るためウナギを殺していたけれど、ヘビのような魚のライフサイクルに魅了され、その後、世界一知られたウナギ学者、とまでは言わないにしても、最も偉大なウナギ信奉者のひとりになった。その名は、ドン・ジェリーマン。

火は燃えさしになり、夜の寒さが増して私たちは家の中に移動し、ロウソクを灯した長いテーブルで夕食をとった。テーブルの天板からして話の種で、三メートル半以上ある一枚板だ。「この板は、自分の土地に生えていた木から取った。マタイと呼ばれるこの地域独特の木だ。それを挽《ひ》くため、ヘリコプター操縦士をしている友だちのアレックスが、組み立て式の古いパターソン鋸を運んで飛んでこなきゃならなかった。天板を家に入れるため、チェンソーで壁に穴を開けた」

私たちは、皮にこびりついたマスの身を指でむしり取るようにして食べた。マヌカの木がもたらした、軽くて甘い、スモーキーな香りがする。フットボールほどのぎょっとするような大きなイヌの頭が、私たちの横で、大きさに似合わず静かに牛の大腿骨をしゃぶっていた。DJが、再びみんなのグラスにワインを注いだ。ステラがDJに、タニファといざこざを起こしたことがあるかどうか尋ねた。DJは、平らなマッチ棒の先で歯をほじっている。

「友だちのアレックスと俺は、あるとき、イノシシを狩ろうとブッシュの奥深く入りこんだ。馬に乗って行ったので馬がいたし、イノシシ狩りをしていたので何匹かイヌがいた。俺たちは、常設の避難小屋でキャンプをした。小屋は、ずっと昔からそこにあった。長い狩りの一日で、たくさん食事を料理した。暗くなり始め、そう、今みたいな時間だ。それから、突然、ブッシュ全体が静まり返ってしまった」。そこでDJは言葉を止めた。「普段なら、夕暮れ時のブッシュはいろいろな音に溢れている。それが、シーンと静まり返ってしまったのさ。そのうち、馬がしきりに動き始め、イヌが鉄砲玉みたいに飛び出していった。子どもの頃俺たちは、『道のどん詰まりでキャンプしちゃいけない』って聞かされていた。それなのに、俺たちがしていることはまさにそれだ。ちょうど、そんな場所でキャンプしていたわけだ。俺は、何にでも何かしら理屈をつけたい質《たち》で、だからそのときもこう考えた。馬やイヌが活発になったのには何か論理的な理由があるはずだ。経験を積んだ人間が馬に乗っていて、暗くなってからも、俺たちがたどった急な尾根の道をこちらにやってくる、という可能性だってある。いつだってそんなことをする人間はいるし、可能性はある。それで俺は、誰かが馬に乗ってくるのを待っていた。でも、誰も姿を現さなかった」

　ステラはテーブルの上のローソクの火を見つめていた。

　ＤＪが続けた。「さあ、そこで俺は立ち上がってようすを見に行った。そのときだ、吠《ほ》え声が聞こえてきた。恐ろしい声だった。恐ろしいと言う以外、ほかにどうやってその音を表現すればいいかわからない。それ以降、そんな音を聞いたことはない」

　私は一瞬、冷たく暗い川底に置かれたウナギの罠のことを考え、この来客用の小屋の中が暖かく、安全であることを嬉しく思った。眠りにつく前、ウナギは罠の中に入る道を見つけただろうかと考えた。もしも見つけたとしても、それがタニファでありませんように。いつの間にかＤＪは部屋を出て、ポーンガに囲まれた家に寝に帰った。

朝の五時半、ＤＪが来客用の小屋の台所でポットをカタカタ鳴らしている音が聞こえてきた。コーヒーをいれるお湯を沸かしている。日の出前にヒナキを引き上げに行かなければならないと言って、私は起こされた。ＤＪが主張するには、太陽が昇ってからウナギ壷を引き上げに行ったのでは、ウナギは入ってきたのと同じ道をたどって外に逃げていってしまう。

寒い朝で、暗かった。夏は過ぎ去ろうとしている。三月の末になっていた。空にはまだ残りの星を見ることができる。私は水に入るためのつなぎズボンを穿き、ＤＪの後について馬の通り道を川岸に向かった。途中、前の晩むさぼり食べたブラックベリーを摘んだブッシュを通り過ぎた。早朝の白金色の光の中で、ＤＪはヒナキを結んだ岸辺の木の綱を見つけ、それを解き、罠を水から持ち上げた。中にはウナギが四匹いて、そのうちの一匹は大きい。

「大漁だ」。とＤＪ。「大きい奴は、たっぷり五キロはある、そいつは重い。両側から、ヒナキの端っこを捕まえよう」。私の目に、そのウナギは怪物みたいに見える。赤い目をしていないか、縞《しま》模様がないか、私はウナギをじっと見詰めた。夜の魚の神秘をまとった暗褐色の全身と、黒い目。筋肉質のからだを、前にも後にも同じように容易に動かしている。

馬囲いまで戻り、ＤＪはウナギを囲炉裏の灰と一緒に古い砂糖袋に入れ、きれいにする準備を始めた。灰でウナギのぬめりを取るあいだ朝食にしよう、とＤＪが言った。

ステラも起き出して私たちに加わり、ラムチョップと、缶のスパゲティと、トーストを食べた。ブルーザーとヌヌが、足元でうつらうつらしていた。

ステラはパジャマを着たまま、前の晩散らかしたままのテーブルを片付けた。ＤＪと私は巨大なマクロカルパの木の茂みの下で砂糖袋をひっくり返し、灰にまみれたウナギを草の上にぶちまけた。一番大きな奴が、白い灰を皮にこびりつけたまま草の中を動き始める。ＤＪは野生イノシシ狩り用の刀を鞘から取り出し、私に手渡して言った。

「自分でやってみな、ジェイムズ」

「頭から皮を剝くのか？」

ＤＪが頷いた。

私は、ヨーロッパのウナギ漁師がやるのを見たときのようにやった。ナイフの先端で頭の先を突き刺すだけだ。三匹の小さなウナギは突き刺したけれど、大きなウナギにかかるとき、顔を背けてしまった。

「俺にはできない。ＤＪ、あんたがやってくれ」

「だめだ、ジェイムズ、お前がやらなくちゃ、と、俺は思う」。そう言って彼は、冷たく私を見た。ナイフを手にしているのは自分のほうであるにもかかわらず、攻撃にさらされ無防備であるような震えを感じた。大きなウナギは葉っぱと埃と灰にまみれたまま、川のほうに向かって草の上を降りていく。

「俺にはできないよ、ＤＪ」。私はもう一度言い、ナイフを握り直して柄を彼のほうに差し出した。彼は受け取ろうとしない。

「だめだ、ジェイムズ。お前は、全部自分でやらなきゃ。なあ、相棒」

「でも、どうしてあんたがやらないんだ？」

ＤＪは厳しく野次るように笑った。私は、まるで、半分寝たまま夢を見ているように感じた。

「どうして？」と、再び聞く。「あんた、こんな大きいのを殺したことがあるんだろう？」

「それよりはるかに大きいのだって殺した」

「じゃあ、どうしてあんたがやらないんだ？」

彼はまた私を見、隙間だらけの歯を見せて笑みを浮かべた。友好的な微笑みではない。

「それは全部お前の仕事だって、俺は見なしている」

私はもう一度ＤＪを見た。彼は地面を見ていた。

私は草の上を歩いていって、左手で大きなウナギを捕まえた。親指と人差し指で胴体の半分しかかからない。私は胸びれをつかんで地面に押しつけ、右手に持ったイノシシ狩り用のナイフで、全力でもがき回る太い頭の丸い隆起のあいだを突き刺した。刃物をＤＪに手渡すと、彼は草で刃の血を拭い取った。

それでもまだ、ウナギは地面の上で這い続けている。

「あんたは、それで何匹くらいのイノシシを殺したんだ？」。私は、ナイフのことを尋ねた。

彼は、すぐには返答しなかった。ふたりとも、ウナギに目を据えていた。

「どうやら、もう一回突かなきゃならないようだな。今度は頭のもっと上のほうだ」

私は再びナイフを手に取り、もう一度突いた。しかし、今回は何かにぶつかる感じがあった。もっと深く頭蓋骨に突き刺すと、骨の割れる音がして、突き抜けた刃が下の砂混じりの土をこするのを感じた。

「これで、あと残った問題は、お前の神経だけだ」と、ＤＪが言った。

ステラが小屋から降りてきて、私たちは大きなウナギをＤＪの家に持っていき、重さを量った。八キロ近くあった。

「このウナギは何歳くらいだと思う、ステラ？」と、ＤＪが尋ねた。

「だいたい六〇歳」と、彼女。

それを聞いていて、気持ちが悪くなった。私がそれを殺したくないと思った理由のひとつは、ウナギは間違いなく年寄りだとわかっていたからだ。それと、強い、口に出せない迷信。DJが、私の背中を軽く叩いた。

「気にするな、これは食べ物だよ、ジェイムズ。年取って自分でヒナキを仕掛けられない、年寄り連中のところに持っていってやることにする」

ウナギがつるされているのを見ると、ぬめりと灰を拭った新聞紙の切れ端がくっついている。私は今まで、自分より年寄りのものを殺したことがない。しかし、それを殺した今、公的に認められたわけではなくとも、自分もマオリの意識の一部を共有しているような思いを抱いていた。ウナギを見つめながら、ある明快さを感じていたと断言できる。私の視界は、以前より明瞭になっていた。覚醒を感じたとしか、それを記述する言葉を知らない。

しかしなお、同時に、私のからだは後悔で火照っていた。DJが私にやらせたのは、彼の文化に私を導き入れるためだったとしても、幾分かは、イギリス人がマオリ文化に対してしたことの暗喩を演じさせようと謀ったものだと感じずにいられなかったからだ。それは複雑で、奇妙で、しかし、結局のところ、すべて説明されなければならないものでもない。

DJは、血を抜くためにウナギの尾を切った。血は、家の周りに彼が掘った掘り割りのような穴に注がれた。DJが言うには、近くの泉から水を引いてその溝を満たすつもりで、そうすれば、ブッシュで目にするシダに覆われた谷川の淵のようになるだろう。彼は家を建てたときからその考え、彼の言葉で言うならひとつのビジョンを持っていたと言う。穴を掘りながら彼は、淵にマスを入れ、それからウナギを入れることを考えていたのだ。「ウナギは忍び寄って、実際にマスを殺してしまうだろう」「ヨーロッパ人が最初に来たとき、彼らはマスを持ちこんだ。で、それから何が起こったか。マスは、ココプやカワアナゴなど元々いた小さな魚を全部食べた。それで、こう考えた。『これでよし、今やわれわれがこの場所を所有している。われわれこそ、この水の王様だ』。ところがそれから、深い水底の暗闇から地付きの文化的要素、年老いたトゥナがやってきた。巨大なウナギだ。彼は古《いにしえ》からの魚で、断じて容赦なく、執拗にマスを追いかけ回した」。そこで、ＤＪは言葉を切った。「ウナギはモレフ、すなわち、生き残りだ。奴らは最後の最後までそこにいると思う。俺たちが知っている世界の終わりまで」

ステラと一緒のニュージーランドの旅の最後になって、私は、何かについて知らないということが無知とはまったく違うことである土地に、自分は身を浸しているのだと感じた。そこでは、水の守護者の力であれ、ヒレナガウナギの産卵場所であれ、知らないということが、何かに触れられる神聖なことなのだ。名前のない、分類できない、目に見える物体と物体の裂け目。すべては具体的な証拠（決着をつけようとするその性質上、誤りであり、単純すぎるように思われる）からある距離を置いた、それ自身の次元で存在している。神秘が触知でき、知らないということが言わず語らず暗示されている場所が世界に残されているとしたら、それはニュージーランドだ。そこを離れたその日から、そこに戻るのを待ち焦がれる思いだった。

（1）ドイツの魚類学者フリードリッヒ・テッシュによると、ウナギは「実際、皮膚呼吸によって必要な酸素を取り入れることができる」。つまり、そうしなければならないときには、皮膚を通しての呼吸だけで生存することができるということだ。しかし、それは皮膚が濡れているときだけで、乾燥した粉でからだを覆うと間違いなくウナギを殺すことになる。

（2）低温の薫製は低温で保存できる状態にまで肉を薫製し、一方高温の薫製は、実際に肉を料理してしまう。低温の薫製のほうがより長期間肉を保存できるけれど、薫製に数時間、あるいは数日を要する。

第5章　淡水の最初の味

シラスウナギ獲得競争

冬も終わりの三月半ば、潮が満ちて遡る谷川の泥の岸辺にまだ薄い氷が残っている頃、赤ん坊のウナギは海からアメリカ、ニューイングランド南部の淡水への道をたどり始める(1)。ロードアイランド州リトルコンプトンからマンハッタン島まで、マッチ棒のように小さくガラスのように透明な極小の魚たちが、河口や潟湖《せきこ》を姿なく上り、塩水から淡水に移動する。

その一年かあるいは何年か前、一月と四月のあいだに、これら小さな魚はサルガッソ海で卵から孵《かえ》った。彼らは栄養豊かな海を漂いながら成長する。最初の日々はホンダワラのような海藻が厚くもつれた中に身を潜め、透明な姿に守られながら(2)。

一一月頃、西に向かう海流に乗って、最初のウナギがカリブ海の島々の河口から淡水に入りこむ。一月までに、仔魚《しぎょ》はメキシコ湾への道をたどり、フロリダの東海岸に向かう。続いてカロライナ、ヴァージニア、メリーランドの河口や湾に達し、三月、四月、五月までにはニューイングランド南部、さらにはメイン、カナダの川が天与の贈り物を受け取る。コネティカットの我が家から道を隔てた池と海とをつなぐ流れも、それに含まれている。

大海のただ中にある産卵場所は、戦略的に優れている。ある特定の海流、すなわち海の中を流れる川の先端にあって、そのことで、孵化《ふか》した魚が海岸に向かって戻るのが確実になる。若いウナギがどのように大洋の中の海流を抜け出して西に移動し、北アメリカの淡水の川に入りこむときが来たと知るのかは、いまだに謎のままだ。もしそのときを知ることがなかったら、川を流れるコルクのようにそのまま北大西洋の海流に乗り続けるだろう。また、どのようにしてあるウナギはひとつの川に入りこみ、他のウナギはそのまま移動を続けて別の川を棲家とし、多かれ少なかれ海域全体に均等に分布するに至るのかも謎である。

海から淡水に入る最初のときまでに、ウナギは木の葉のような仔魚の段階からもっと細くなっていて、しかしなお、目の二つの黒い点を除く全体は透き通っている。シラスウナギは夜、満ち潮に乗って河口に入りこみ、人間の経済活動、家々、ダム、橋のそばや下をすり抜けていくけれど、ほとんど目撃されることはない。淡水に入って数日後、透明な魚が色づき始め、薄くて黒い靴ひものようになり、この時点でクロコと呼ばれる(3)。

若いウナギは食べ物を摂って成長し、河口や川や湖の特定の場所に居着いて、種類によっては一〇年から一〇〇年間その場所に生息する。この段階では通常黄褐色からオリーブ色をしているので、時に黄ウナギと呼ばれる。再び産卵のための回遊の時期になると、生理的な変化が生じて、長い海の旅への準備が整えられる。目が大きくなり青みを帯びてきて、皮が厚く、胸びれが長くなる。多くの海の魚同様背が黒く鉄色をした回遊中のウナギは、太って強く、生物学者にも漁師にも銀ウナギと呼ばれる。[4]

かつてウナギは、ミシシッピー川を遡り、アイオワ州、オハイオ州、ミネソタ州、イリノイ州の支流に棲み、それぞれの場所の商業漁業を支えるに足るほど数が多かった。ニューイングランドの年寄りたちは、春になるとシラスウナギの「油膜」あるいは「筏《いかだ》」が潮のように谷川を動き、あまり厚くて水面にマットを敷き詰めたようだったと語っている。垂直の壁や滝といった障害物に出会うと、ウナギは自分たちのからだを組ひものように編み上げてそこを乗り越える。昔のメインの人々は、その現象を、「ロープでつなぐ」というふうに言った。最近では、中西部でのウナギの収獲はかすかなもので、かつてのようなシラスウナギのとくに大きな大移動はもはや見られないと多くの人は言う。アメリカウナギの生息域は縮小し、全体の数も減少した。ある人は生息環境の喪失と汚染が原因だと言い、ある人はアジアへのシラスウナギの商業的輸出漁業のせいだと言う。アジアへの輸出は一九七〇年代に始まり、一九九〇年代半ばにピークに達した。その出来事を、漁師も環境保護の役人たちも同じように、ウナギのゴールドラッシュという言葉で語る。

ウナギの国際取引は何十億ドルにも上る産業で、味が濃く、脂が乗った身を好む日本人の嗜好に大きく動かされている。[5] いまだに誰も経済的に採算の合うウナギ養殖の方法を見つけ出していないので、ウナギ取引は、天然のウナギの捕獲に依存したままだ。一九九〇年代にニホンウナギ（*Anguilla japonica*）の生息数が急降下し始め、ウナギの価格が法外に高騰した。アジアのディーラーは需要を満たすため方々を探し始め、同じような種類の川ウナギがヨーロッパと北アメリカにいることをすぐに発見した。ヨーロッパにはすでにウナギ漁業が存在し、ほとんどがウナギの成魚を獲り、スェーデン南部のスコーネ地域、フランス、スペインにまたがるバスク地方、イタリアのコマッキオ、アイルランドのローク湖など、すぐにでも名前が挙げられる歴史的なウナギ漁の中心地があった[6]。ウナギは、かつてはアメリカ先住民や初期の白人移住者に大事にされた後（スクアントがプリマス植民地の清教徒たちに最初に教えたことのひとつは、ウナギ釣りだった[7]）、現代のアメリカでは、ほとんど食用の魚としては無視されてきた。このことで、北アメリカは、ヨーロッパよりもっと格好の、アジアへの輸出の完璧な標的となった。ウナギは豊富にいるし、どれほどたくさん獲ろうと規制はなかった。

克服されなければならないひとつの難問は、北アメリカやヨーロッパから日本の市場に生きたままどうやってウナギを運ぶかだった。と言うのは、日本ではウナギ専門の料理屋でウナギが殺され、捌《さば》かれ、調理されることが多いからだ。輸送重量が重く費用がかさむウナギの成魚を送る方法の代わりに、ディーラーは、シラスウナギの捕獲に注目した。それなら、一〇〇万の単位で台湾や中国にある倉庫のような養魚場に送り、そこで太らせることができる。幼魚の段階からウナギを養殖する別の有利な点は、ウナギを約四五センチのちょうどいい大きさに育てることができるという点だ[8]。一匹ずつウナギを捌き、半分にし、タレをつけ、焼いてご飯の上に載せると、中を赤く塗った黒い塗り物の箱にぴったりと収まる。ウナギの蒲焼きという料理だ[9]。

当初、波止場や川岸でアメリカの漁師に支払われたシラスウナギの値段は、キロ当たり六五から九〇ドルだった。一九九七年、日本での記録的な不漁のせいで価格が高騰し、それ以降、直接漁師が受け取る値段としては当時の値段は超えられていない〔訳注：その後、二〇一〇年以降、再び値段はその四倍以上に高騰した」。漁師たちは、突然、一キロ五〇〇ドル以上ものお金を手にするようになったのだ。利にさといアジアのディーラーやアメリカの海産物卸業者は、牡蠣漁師、ロブスター漁師、タラ漁師、チェサピーク湾の船頭、大工、保険外交員、理髪師たちを訓練してシラスウナギをすくったり網で獲ったりさせた。これら臨時の漁師たちは、シラスウナギが押し寄せる長い夜のあいだ喜んで働き、何百ドル、あるいは何千ドルもの臨時収入をポケットに入れることができた。

当然、河口や支流の最良のウナギの捕獲場所を巡る競争が拡大する。漁師たちは自分の縄張りを囲いこみ、拳を振り上げ、あるいは銃を携帯してそれを守り始めた。ディーラーは漁師たちに支払う何万ドルもの現金を持ち運び、貴重な生きたシラスウナギでいっぱいの水槽付きのトラックを運転してボストンやニューヨークの飛行場に運び、アジアに向けて送り出した。漁師たちが互いの網を妨害し、競争相手の水槽に漂白剤を注ぎ、警告のために発砲し、汚い争いに入るといった事件も発生した。それまでほとんど何の価値もなかった魚が、今や東海岸で最も高価な魚になったのだ。お金と一緒に問題もやってきた。ウナギのゴールドラッシュは最盛期を迎えていた。

その当時、ウナギ漁に関して何の法律に触れる点もなかった。どんな成長段階にいようと、誰もウナギにはお構いなしのようだったし、ウナギを守るどんな規制もなかった。シラスウナギは誰の目に触れることもなく何世紀も泳いできていたのに、突然、びっくりするような数が輸出されるようになった。何千トンという数は、潜在的に、その生息数を根こそぎにするのに十分な量だ。州の生物学者や環境保護の役人たちも、とうとう自然資源の大量破壊に気がついた。これほどの漁業圧力は到底持続可能ではない。二、三年のうちに、東海岸のシラスウナギ漁とそれに関連する輸出業は禁止された。今日、サウスカロライナ州で制限付きの漁が行なわれているのを除けば、合衆国内で唯一ウナギの仔魚の輸出が許されているのはメイン州だけである。

アジア人ディーラー

メイン州でのシラスウナギ漁と、国際的なウナギ取引全般についてもっとよく知りたいと思い、私はスキップ・ズィンクという名の生物学者に連絡を取った。メイン州にある多くの河川や湖でシラスウナギの上流への移動を容易にする傾斜水路やはしご状の魚道を設計し、建設した人物だ。スキップは私に、ペマクィッド川の河口に網を持つパット・ブライアントに会うよう勧めてくれた。ペマクィッド川は、花崗岩《かこうがん》が連なり息をのむほど美しいメインの海岸線に位置している。

シラスウナギが川を上る季節に当たる五月の朝、ノーブルボロにあるパットの家に電話し、彼女を訪問し漁について学ぶことができるかどうか尋ねてみた。とても忙しいけれどやってくるのは歓迎するし、シラスウナギの水槽や輸出作業を見ていいという返事だった。質問はたくさんある。彼女は、アジアのディーラーに直接売っているのだろうか？　会って話すことができるようなディーラーを、誰か知っているだろうか？

「アジア人のディーラーですって？」。彼女はきしむような声で笑った。「何てこと、ちょうど今、我が家の長椅子で寝ているわ」

家から五時間ほど車を走らせて彼女の住居兼仕事場に着くと、彼女はちょうど日本から来ているウニのディーラーに会うためポートランドに出かけるところだった。彼女の商売の主軸はウナギだけれど、それだけ輸出しているわけではない。言葉通り、長椅子にはアジア人がいた。彼女が緊密に取引している中国からの買い付け人だ。

「ジョナサンなら、あんたの質問のいくつかには答えられるわ」と、パットが言った。

ジョナサン・ヤンは、毎日四時間か五時間、パットの納屋に置かれた酸素供給装置付き水槽で生きたまま飼われている何千キロものシラスウナギの「子守り」をして過ごしている。盗まれないよう見張り、定期的に点検して全部元気か確かめる。ただそこにいて、発電装置が止まるようなことがあれば発電機を動かし、酸素がきちんと供給されるようにするのだ。しかし、たいていは長椅子に座ってタバコを吸っていた。

私はジョナサンの向かい側に腰を下ろした。麦わらみたいなもじゃもじゃの黒い髪の毛で、鼻が広く、幅広い目をしている。黒い上着、黒いズボンに黒い靴で、絶え間なく頭をかきむしりながら小さなブヨに咬まれる不平を言っていた。

「中国から来ましたか？」

「いや、私は台湾人だ」

「ここでは、パットのところに滞在しているんですか？」

「いや、ポートランドに泊まっている」。彼のアクセントのせいで、「ポーランド」と言っているみたいに聞こえた。上手な英語を話す。しかし、途切れ途切れの、ほとんど漫画的なまでに典型的な中国人風の発音だ。タバコの煙のモヤ越しに、細い目で私を見ていた。

鞄の中に少し前のニュージーランド旅行の写真を何枚か持っていたので、ウナギに関する私の関心と旅行について例示しようとそれをジョナサンに見せた。とくにその中の一枚が、ほとんど心を奪うようにジョナサンの関心を引いた。カーフィーアでの、小さな泉の水が流れる岸辺に膝をついているステラの写真だった。ウナギが水から出てきて草の上のドッグフードを食べ、彼女が頭を撫でている。ウナギはステラの裸足の足のすぐ近くだ。

「このウナギを知っている」。彼は強い調子で言った。「でも、どこの、どの島だったか？　そう、ニュージーランドだ」。そう言って彼はタバコの灰を落とし、ゆっくり頷いた。彼はさらに詳しく写真を調べ、片目をつぶり、異常に長いピンク色の爪で写真の中の長いウナギを指差した。「台湾では、このウナギはロ・モアと呼ばれる。ほら、水から出て食べているのが見えるだろう？　こうやって動くには、強くなきゃならない。台湾に昔からいるロ・モアもほとんど同じだけれど、斑点がある。[10] 地面に上がって食べられるのはロ・モアだけだ。強い雨が降ると、地面に上がってくる。山にだって登る。しかし、台湾では、今ではこのウナギはほんの少ししかいない。全部食べてしまった」

「台湾では、大きなウナギを食べるんですか？」

「ああ、台湾の人間だけ、このウナギを食べる。中国じゃ、食べない。奥さんたちは、冬に、ロ・モアでスープを作る。旦那を強くして、自分を幸せにする。しかし、とても高い。家族や何人かの妻が一緒に市場に行き、ウナギを一匹買ってそれを分けるんだ。何時間もかけてゆっくり料理して煮汁を取り、それにショウガを加える」

ジョナサンによれば、ロ・モア（鱸鰻）という名前は、「マフィアみたいに強くて慎重である」ことを思わせるそうだ。それは、この特別なウナギの特徴、すなわち、ウナギを食べた夫に備わってほしいと妻たちが望んでいる資質を表している。台湾の男たちは、二週間のあいだ一日三回このスープを飲む。ジョナサンによると、効果は一年間も続くとか。「したいと思ったら、毎日愛し合える[11]」

ジョナサンは、ステラとウナギの写真を鋭い商売上の関心を持って眺めていた。と、同時に、ウナギの大きさと、年齢と、水から出て餌を食べる能力にも純粋に魅了されていた。

「これまでに見た一番大きなロ・モアは、台湾の市場でだった。三二キロあった。しかし、四五キロ以上のウナギの話も聞いている。大きなウナギはビニール袋に一匹ずつ、ひとかたまりの氷を詰めて送られる。皮膚を濡らしたままにして、魚を生きたまま市場に出さなきゃならない。そうじゃなきゃ、何の価値もない」。ジョナサンは、自分も昔はロ・モアを扱っていたけれど、ニュージーランドの輸出に関する法律が厳しくなったのと、台湾でも保護されるようになって、手に入れるのはむずかしくなった、と言った。

しかしながら、何年か前、友人からミクロネシアのユニークな島を訪ねた話を聞いたことがあるそうだ。その島には、周辺のどの島よりもたくさん川が流れている。ほとんど毎日、午後の二時間雨が降り、それから太陽が照ってとても暑くなる。みずみずしく緑豊かで、美しく、人間もとてもいい。そして、そこで、と、ジョナサンが言った。「彼は、たくさんの大きなウナギを見つけた。ちょうど、台湾のロ・モアのようなやつだ[12]」

その場所はポンペイ、ジョナサンの発音では「ポ・ナ・ペイ」といい、手つかずの雨林の楽園だという。小さな火山性の島で、直径二〇キロしかない。台湾からそこには、途中乗り換えのためグアムに少し寄るだけで簡単に行ける。「つまり、ロ・モアの輸送も、とても簡単ということだ」

「行ったことがありますか？」

「ああ、何度かね。そこへ行ったとき、ロ・モア釣りをしたよ。人々は私を見て立ち去ってしまった。私は言ってやったんだ、『何を怖がっている？　ただのウナギじゃないか』ってね」

ウナギがたくさんいるのは、淡水の流れが多いからというだけではない。ポンペイの先住民たちはウナギを神聖なものと見なしていて、したがってウナギを食べない、という事実もある。

「もしウナギについての本を書こうっていうなら、あんたもポンペイに行かなくちゃ。どこの村にも、ロ・モアについての違う物語がある。ある話では、ひとりの生娘が川で着物を洗っていた。ロ・モアが泳いできて彼女の中に入った」。そう言って、彼は笑った。島はとても小さく、二時間あれば隅々まで全部車で回ることができると言う。淵《ふち》がたくさんあって、人々はそこでウナギを飼い、食べ物をあげている。

ジョナサンは、一度だけポンペイからウナギを輸出した。しかし、シラスウナギの商売のほうが「はるかにいい」。それで、ほかのはやめ、シラスウナギに焦点を絞ってきたそうだ。しかし、それから彼は、友人のミスター・チェンに起こった出来事を物語ってくれた。チェンはジョナサンにポンペイを紹介してくれた人物で、ジョナサンはしぶしぶといったふうに、それが彼自身巨大ウナギの商売から手を引いた理由であることを認めた。

チェンはポンペイが大好きで、一時はそこに住み着き、オオウナギを台湾に送る積み出しを何度か手配した。しかし、ある積み出しが不幸な運命をもたらした。

チェンは九〇〇キロ以上のウナギを集め、それを送る準備をしていた。いつもの通り、寝室の窓から見える外の丸い桶にウナギを入れておいた。ウナギを台北に向けて積み出す前の晩、中の一匹、ジョナサンが言うには四〇キロほどもある一番大きなウナギが一晩中チェンの眠りを妨げた。頭を水から突き出し、人間の赤ん坊のような泣き声を上げるのだ。チェンは、気味が悪くてその夜ほとんど眠れなかった。しかし、とにかく荷物を飛行機に積みこんで出発した。

燃料を補給するため飛行機がグアムに着陸したとき、彼は、恐ろしいことにウナギが飛行機の冷たい貨物室に積みこまれ、全部凍って死んでいるのを発見した。市場では生きたウナギしか価値はなく、これは大きな損失だった。

「そんな！」。ことの意外な展開に、私まで声を上げたほどだ。

タバコに火をつけながら、ジョナサンは続けた。「台湾に帰り着いてから、ミスター・チェンは悪い夢を見た。毎晩、ウナギの夢を見る。何百というウナギの軍隊が空から飛び出してきて、彼の胸元を殴りつける」。話しながらジョナサンは、両腕を使って彼に向かって飛んでくるウナギのようすを真似してみせ、指で自分の胸をパンパン叩いた。「彼は恐ろしくなった。それで私に、『ジョナサン、俺は商売を辞めるよ』と言い、私も『そんな話を俺にしないでくれよ。すっかり恐ろしくなってしまった』と言ったんだ」

それからひと月もしないうちに、チェンは心臓マヒで死んだ。

物語の詳細をノートに記録しながら、私はニュージーランドで聞いた話、あまりにたくさん資源を取りすぎた人々に起こったことについての話が、今ジョナサンから聞いた話に非常によく似ていることに思い当たってゾッとした。もしもマオリがこの話を解釈したら、確実に、チェンは守護者のウナギからの警告を無視していたのだと結論づけるだろう。赤ん坊のように泣く怪物のウナギは、タニファにほかならない。

ジョナサンは私に、なぜウナギについて勉強しているのか尋ねた。私は、そもそもの関心はウナギの生活史に魅了されたところから来ていると話した。唯一、産卵のために淡水から大洋の真ん中に向かって旅する魚だという点で興味深いし、さらにそこから、世界の文化におけるウナギの大切さについての探求に入りこんできたのだと。ジョナサンは、自分たちは似ていると思う、と言った。ふたりとも、旅をして、興味深い人々に会うのが好きなんだ。

会話の途中、何回かジョナサンの携帯電話が鳴って、彼は中国語で話し始めた。電話は私に、シラスウナギの輸出について学ぶためメインに来たのだということを思い出させてくれた。しかしなお、ウナギの別の現実、民俗として表れたものへの魅惑から抜け出すことができなかった。

「今は忙しい季節だ。シラスウナギの最盛期だから」と、ジョナサン。「間もなく、中国に大量の荷物を送る。一〇〇〇キロを超えるウナギだ」。私は急いで計算してみた。五〇〇万匹のウナギ。

その年早く、ジョナサンは、プエルトリコ、ドミニカ共和国、ハイチ、キューバでヨーロッパウナギのシラスを買い付けた。それらの国で最初のシラスウナギが淡水に入りこむのは、一一月だ。それから一月にアジアに行き、韓国、日本、台湾の漁師からニホンウナギのシラスを買った。

私は、ジョナサンが次の荷物で送るシラスウナギの、その後のシナリオを想像してみた。そうやって送り出されることは、当のウナギのあずかり知らない回遊の一環だ。大西洋で生まれた一匹のウナギがメイン州沿岸の河口で網にかかり、ボストンから香港へ飛行機で飛び、香港に近い福建省の養魚場で育てられ、同じ場所にある工場で捌かれ、焼かれ、箱詰めされ、ついにはニューヨークの飛行場に飛び、マンハッタンの寿司屋のお皿に並べられる。アメリカで消費されるウナギの八〇パーセントは、中国で加工されたものである。もちろん、その同じウナギは、生きてであれ死んでであれ、世界中のどこか別のレストランに行き着くかもしれない。

ジョナサンは私に、日本人が食べるウナギの大半はアメリカかヨーロッパ産で、中国の養魚場で育てられたものだと言った。日本人は国産のニホンウナギを好むけれど、数が少ないからはるかに値段が高くなる。

一九九七年、ジョナサンはニホンウナギのシラスを買いに北朝鮮に行った。彼が言うには、銀行に送金すると北朝鮮の政府はお金を国内通貨に換えてしまい、そうなるとお金の価値がなくなってしまう。それで、電信送金の代わりに、車輪のついた機内持ちこみ用バッグにアメリカの一〇〇ドル紙幣一二〇万ドル分を詰めて行った。そのお金で彼は、七十数キロのシラスウナギを買った。キロ当たり一万七〇〇〇ドル。「その当時、ウナギの値段は金より高かった」と、ジョナサンは言った。

平均的な年でさえ、今やシラスウナギは世界中で最も高価な食用魚だ。

「これはとても大きな商売で、リスクも多い」と、ジョナサン。

市場のシラスウナギの値段は、ウナギの成魚の市場価格に基づいている。もしもシラスウナギを育てる一四ないし一八ヶ月のあいだにウナギの成魚の値段が下落してしまうと、ジョナサンが取り引きしている中国の養鰻業者は破産してしまうかもしれない。

「ある年、ウナギが高く売れると、養魚場ではみんなベンツを乗り回す。翌年値段が下がると、みんな自転車に乗る」

ジョナサンは、一年の大半をどこか特定の場所で過ごすわけではないと言った。アパートを借りたり、小さな家だったり、ここからまたあそこ、常に旅行の途上にある。どこにも定まった住所を持っていない。「ものを所有するのが嫌いなんだ」と、彼は言った。

ウナギの商売に入る前、ヤンは、トンガやニューカレドニアやフィジーで白檀の取引をしていた。白檀の木がなくなったとき、舟を二艘買って大きな二枚貝の漁をした。「日本では、大きな二枚貝、ムール貝を食べる。刺身にいい」。貝の商売でお金をなくした後、スープにするフカヒレを中国に売る儲けの多いビジネスに手を染めた。しかし、たまたま網にかかったイルカが長い糸のついた鉤《かぎ》針に引っかかって舟に引き上げられ、死ぬまで殴られて海に放り投げられるのを目にしてそれをやめた。「そう、イルカは泣いているんだ。涙を見ることができる」と、ヤンは言った。

自分がそうした仕事をしているのは自然が好きだからだ、と彼は言う。私には、何だか逆みたいに思われた。自然を愛する人間がその愛情を、自然を食い物にすることによって示しているみたいな。彼は、中国人は、資源は決して利用し尽くされはしないと信じていると説明した。「彼らは何だって食べる」。そう冗談を言った。しかし彼自身、個人的には、し尽くすことだってあり得ることを知っていた。

そうこうしているうちに、パットがポートランドでのウニの業者との面談から戻ってきた。ジョナサンは、また別の、バスの町に住むビル・シェルドンという卸業者に会いに行かなければならないと言う。

彼の自動車が故障していたので、私は彼を乗せていってやった。美しい五月の一日だった。

（1）一年のこの時期、ニュージーランドや南半球は秋で、親ウナギが海の産卵場所に向かって回遊を開始する。

（2）孵化のときから北アメリカの海岸に着くまでウナギの仔魚がどれくらいの時を過ごすのかは、いまだに推測の域を出ない。確かなことを知るために幼いウナギの海洋での旅を追跡することが、誰にもできないからだ。サルガッソ海からヨーロッパの海岸に仔魚が到達するには、二年から三年かかると考えられている。

（3）クロコを表す英語の「elver」という言葉は、テムズ川の漁師たちがかつて「eel fair」と名付けた五月半ばの現象を指す言葉に由来すると考えられている。一年のこの時期、五センチほどの長さの若いウナギが幅七、八センチの密集したかたまりになって、途中止まらず何キロも駆け上っていくようすが多くの人によって記述されている。この現象は、テムズ川に限らない。次に引用する文章は、一八三三年、ジェローム・V・C・スミスが『Natural History of the Fishes of Massachusetts〔マサチューセッツの魚類の自然史〕』に載せたものである。「行列は通常二日か三日続き、ほぼ時速四キロほどで進むように見えることを考慮すると、その数は膨大であると考えられる」。スミスはさらに続けて、ウナギが支流を通過するたびにどのように数を分散させていくかに関する考察を述べている。「円柱状の魚群が支流の流れの口に達すると、……魚群のある部分は岸に沿ったまま支流に入りこんで流れを遡上し、群れの主な隊列は川を横切って反対側の岸辺に行くか、あるいは、支流に入りこむ群れの流れの力に盛んに抗った後、支流の口を横切り、元々の行進の隊列を取り戻して川のこれまでと同じ側をそのまま進む」。残念ながら、先に記したような雄大な回遊の光景は、もはやテムズ川では見られない。

（4）ウナギの成長段階それぞれに現れる際立った特徴のおかげで、同じ魚にいくつかの種名がつけられた。ヨーロッパだけでも、今は単一の種、ヨーロッパウナギ（*Anguilla anguilla*）とされているものに、三〇を超える種名が与えられていた。
(5) テッシュの研究によると、一九九五年に世界中で捕獲されたり養殖されたりしたウナギの総計は二〇万五〇〇〇トン、推定市場価格三一〇万ドルに上る。養殖されたウナギの価格は、世界の全養殖魚の一二パーセントを占めている。中国広東省にある一つの養魚場では、年間八〇〇〇トンのウナギを生育、処理、蒲焼き、冷凍、包装し、そのほとんどが日本に出荷される。中国の養魚場での需要に応えるため、年間数千万匹のシラスウナギが必要とされている。
(6) 興味深いことに、バスク地方や北アイルランドなど、ウナギが今なお文化的に重要な意味を持っている場所には、同時に、その地方の民族主義的な抵抗組織が維持されている(たとえば、ETAやIRA)。非暴力的な例として、ここに、ニュージーランドのマオリを加えることもできよう。
(7) 一六二一年三月二二日、清教徒移住者たちはワンパノアグ族の首長マサソイトと和平を結んだ。翌日ワンパノアグ族の一員スクアントは、飢えていた清教徒たちに食べさせようとウナギを釣りに行った。次の文章は、同時代に書かれた『Mourt's Relation〔モーツの日記〕』の中の記述である。「金曜日(三月二二日)はとてもいい天気だった。サモセットとスクアントは、まだ、私たちと一緒にいる。お昼頃、スクアントはウナギを釣りに行った。夜になって彼は、片手で持ちきれるだけたくさんのウナギを持ち帰り、私たちを喜ばせてくれた。ウナギは太っていて、おいしかった。彼は足でウナギを踏みつけ、他にはどんな道具も使わず手でウナギを捕まえることができた」
(8) 一ポンド(二・四五キロ)缶に入れられるシラスウナギの数は、場合により大きく異なる。カナダのシラスウナギは小さく、一缶に二七〇〇匹(一キロ当たり六〇〇〇匹弱)入る。ノースカロライナのウナギもほぼ同じだけれど、サウスカロライナのウナギは大きく、平均で一缶一二〇〇匹(一キロ四一八五匹)、メインでは一缶二五〇〇匹(一キロ五五〇〇匹)入れられる。
(9) 詳しく言うと、焼いたウナギの、ご飯のつかないのが蒲焼きで、ご飯に載せたのは鰻丼とか鰻重と呼ばれる。
(10) 台湾の大きなウナギは熱帯性の川ウナギの一種、オオウナギ(*Anguilla marmorata*)だろう。それは、ニュージーランドのヒレナガウナギ（*Anguilla dieffenbachii*）に似ているけれど、前者の皮膚は大理石のような斑《まだら》模様になっている。

(11) ウナギを食べて得られる強精効果についての最も偉大な物語のひとつを、ブイヤ＝サヴァラン〔訳注：フランスの法律家・政治家〕の『美味礼賛』（原題『The Philosopher in the Kitchen〔味覚の生理学〕』一八二五）の中に見出すことができる。「ウナギの料理」という名の物語で、「スペードのエース」としてパリ中に知られたひとりの女性が、地方管区からやってきた一団の教区司祭たちにウナギの料理を出す話が語られている。おいしい料理をむさぼり食べた後で、「司祭さまたちはいつにないようすで奮い立ち、精神の問題の避けられない影響で、会話がみだらなものになり」、大学時代の突飛な行為やスキャンダラスな噂に話が及んだ。しかし彼らは、「後になって自分たちが口にしたことを恥じた」。みんな、すべてウナギ料理のせいだと思った。

(12) 台湾南部で見られるロ・モア（*Anguilla marmorata*）は、ミクロネシアからインドネシアに至る地域の淡水にも生息する。

第6章　大洋へ

ウナギが生まれる場所

現存者の中では、ジムことジェイムズ・マックリーヴは、他の誰よりも多く産卵中のウナギを求めてサルガッソ海を探索している。一九七四年、ジムは、ドイツのウナギ学者、『Der Aal〔ウナギ〕』という本の著者フリードリッヒ・テッシュに、自分にとっては初めての経験となるビスケー湾での海洋調査航海に連れていってもらった。初めてサルガッソ海に遠征したのは一九八一年で、その後、一九八三年に二回、一九八四年に二回、一九八五年に一回、一九八九年に一回行った。私は、メイン州バンゴアにある内陸漁業局の事務所で彼に会った。彼は、そこからそれほど遠くないメイン大学で漁業海洋学を教えている。

ジムは口ぶりが柔らかく、自分のウナギ研究に関して謙虚だった。日本の塚本勝巳、ニュージーランドのドン・ジェリーマン、スウェーデンのホーカン・ウィックストローム、オランダのウィレム・デッカー、カナダのジョン・カッセルマンらとともに、世界の頂点に立つウナギ研究者のひとりだ。ジムと私は、教室のような部屋の大きなテーブルに向かって座った。

「ちょうど、過去三〇年間の私の出版リストを見ていたところだ」。彼は、眼鏡の奥で海の青のような目を細くして笑った。「ほとんどが、ウナギに関するもの」

ジムは、回遊するウナギは海山といった海底の地形的特徴によってではなく、水温が変化する領域で二つの異なる温度の海水が接する前線といった、何かもっと微妙なものによって産卵場所を特定するという理論を立てた。サルガッソ海の真ん中のどこかで、貿易風によって北からの海流は南に、南からの海流は北に引き寄せられ、そうした前線がいくつも作り出され、時にはホンダワラのような海藻の大きな流れの線によって海表面でも目で見ることができる。ジムと同僚たちが極小のシラスウナギを捕らえたのはこうした海域で、最近孵化《ふか》したばかりの、したがって、親ウナギの最も近くにいるウナギということだ。

音響装置を積み、産卵するウナギの集団が発する一定の強さのエコーを探知しようと、彼らはこうした前線海域を行ったり来たり航海した。ソナーは、泳ぐときの気泡に反響するエコーによって海中の魚を探知する。

「私たちは、ときどきウナギの集団と考えられるエコーを発見した。しかし、船を旋回させ、網を下ろすときまでには、信号を失い、まったく何も捕らえることができなかった」

ジムに尋ねたい質問はたくさんあった。水中のどこでウナギは卵を産むのか？　そこにいる大きな深海魚は、卵を産むために集まったウナギを全部食べてしまうのか？　なぜ、ウナギは産卵のためそんなに遠くまで行くのだろう？

ジムは丁寧に微笑んだ。

「わからない」。そう言って笑い、それから、彼が持つ最良の科学を分け与えてくれた。

「ウナギは、二億年くらい生存してきた。多くの氷河期を含むあらゆる種類の気候変化を生き残り、大陸移動による地理的な拡散や種分化の影響を受けてきた。数万年を通し、同じ産卵場所でも確実に移動し、変化してきたから、ある時期、ウナギの産卵場所は海岸にもっと近かったという可能性もある」(1)。アメリカとヨーロッパのウナギがサルガッソ海のその場所で産卵し続けてきたのは、それが唯一、仔魚《しぎょ》が育つのに適した海水温と塩分濃度を備えた場所だったからだと、その理由を説明してくれた。「ウナギ属のすべてが、そんなに長い回遊をするわけではない。しかし、私たちが何かしら知っている種は、すべて深海の、温かい、塩分を含んだ海で産卵する」

私はさらに、ウナギに関する一連の質問をした。質問のたびに、腕を組んで考えこんでいる。頭を捻り、自分に言い聞かせるように「私たちにはわからない」と言い、それから、「私たちはこう考えた……」とか「私たちはこうやってみた……」とかいうふうに詳しく解説してくれるのだった。海洋で、あるいは淡水の生息域でこの魅惑的な魚を何年間も研究してきて、結局のところ自分にとっては、彼らが産卵のためどこに行くのかを知ることはおそらくそんなに重要なことではないと、ジムは認めた。

「その理由の一端は、誰も彼もがその秘密を解き明かしたいと願っているからだ。オランダにウィレム・デッカーという人物がいて、国際海洋探求会議のウナギに関する研究グループの長を務めている。彼は、ウナギの個体数変動に関する研究など、あらゆることを研究してきた。一度も海の上で研究した

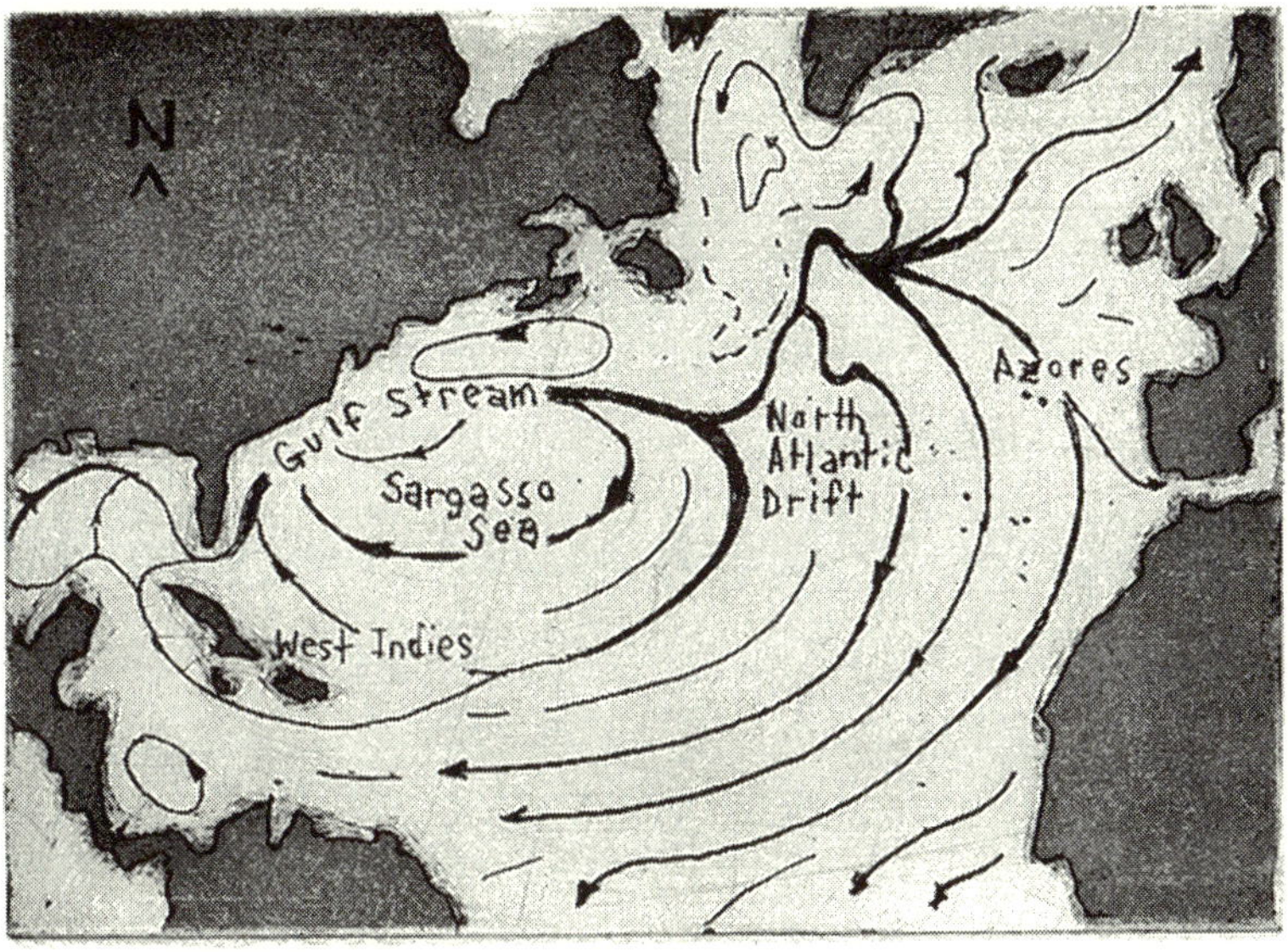

メキシコ湾流・北大西洋海流・カナリア海流・大西洋北赤道海流が渦を巻く、サルガッソ海の海流図

ことがないけれど、彼にとっても、最も熱い課題はサルガッソ海で産卵するヨーロッパウナギの成魚を見つけることなんだ。それで、私はいつもこう言ってやる。『ウィレム、そうだろう、私たちはそこに小さな仔魚がいることを知っているのだから、君が実際親ウナギを一匹捕まえたとしてどんな違いがあるだろう?』。すると、彼はこう言う。『でも、われわれは依然としてウナギのライフサイクルを完成していないのだ』」

とは言え、ジムはこう付け加えた。「もし私たちが産卵場所を知っていたら、多分、ウナギの数がどうしてこれほど深刻な減少にあるのか知ることができていたかもしれない。減少は、ダムや乱獲といった陸地でウナギの生息数に影響している事柄ではなく、仔魚の移動や仔魚の生き残りに影響を与える、何か海の中の要素に起因しているかもしれないんだ。海の中で何が起こっているのか知らない限り、何を言うのもむずかしい」

その日の午後遅く、私はメイン州海洋資源局に、ジムとサルガッソ海への探索を何度かともにしたジムの同僚ゲイル・ウィッペルハウザーを訪ねた。探査船は通常二月の初旬にマイアミを発ち、数週間細かい網を引いて仔魚を探す。彼女はサルガッソ海を「巨大な温度勾配といくつもの中間潮流を持つ場所」と表現した。

ゲイルは、ヨハネス・シュミットに始まるサルガッソ海探査の歴史を語ってくれた。数十年間にわたって仔魚を集めた後、シュミットは論文の中で、アメリカウナギもヨーロッパウナギも、ともに同一の場所、サルガッソ海で産卵すると結論づけた。しかし、ジムが『Eel Biology〔ウナギ生物学〕』に寄せた論文の中で指摘するように、シュミットの主張は「公表された、限られた数のデータ」に依ったものだ。サルガッソ海の仮説がそれほど強力に維持されたのは、その仮説が論駁《ろんばく》できないものであったからではなく、シュミットが「その所見を熱烈に提示したゆえに、彼の考えが広く受け入れられた」からで、「今日でも受け入れられている」(2)。

ジムやほかの学者たちは、シュミットのデータは一九三五年に発表した大きな結論的言明、すなわち、「サルガッソ海で新たに孵化したウナギの仔魚が発見され、また、漁獲の試みから得られた数多くの断片からも、われわれはその分布を確定し、仔魚はセント・トーマス島の東北海域からバミューダの南東海域のあいだで発見され、それ以外のところではないと、断定的に結論づけることができた」という主張を支持するには十分ではないと強く主張した。「それ以外のところではない」という文章の難点は、産卵場所と想定した領域の外側、とくに、北緯二〇度以南で、シュミットはウナギの仔魚のサンプル収集をほとんどしていないという点にあった。他の場所で実際に探していない限り、ウナギが他の場所で産卵しないとどうして確言できただろう？

人生の初期、一九二二年、より謙虚でまだ若く、自己の遺産確保にそれほどこだわっていなかった頃のシュミットはこう書いている。「どんな問題も、何であれ満足できる仕方で解決されるとしたら、最も幼い仔魚がどこで発見されるかだけではなく、どこでは発見されないかを確かめることが必要なことを、私は理解している。海のすべての部分で、さまざまな大きさの仔魚の分布と密度に関する包括的な調査結果が得られるまで、我がヨーロッパ大陸のウナギの起源に関して確定的な結論を立てることはほとんどできない」

シュミット以降、フリードリッヒ・テッシュが最初の調査旅行を行なった一九七九年まで、サルガッソ海に行ったウナギ研究者はいなかった。テッシュ以降、一九八一年から八九年までジムが何度か調査に赴いたが、これらの調査はすべて、ウナギ類の仔魚が豊富な、すでに知られた産卵海域で実施された。そして今日なお、謎の網の目に絡みとられた科学者たちのほとんどは、既知の産卵域以外の場所でウナギの仔魚を探す包括的な調査はいまだになされていない、と言明するだろう。大西洋には、産卵場所としてどこかひとつの場所があるのか、あるいはいくつか別々の場所があるのか、あるいは重なり合う場所があるのかという問いへの唯一本当の答えは、「わからない」というものだ。

ゲイルは、彼女とジムは、ビールを何本か空けながらどうやって産卵するウナギを見つけるかいろいろ馬鹿な考えを交わし合ったものだと話してくれた。「回遊するウナギに風船を結びつけ、ある時間経ったらそれが膨らんでウナギを水の表面に浮き上がらせる、なんてことも考えた」

ゲイルは、親ウナギを探すのに彼らが用いたひとつの方法を語ってくれた。「私たちは、人工飼育したメスのウナギを飼い、ホルモン注射をして産卵できるほど成熟させた。その大きなウナギを囮《おとり》として籠に入れ、オスのウナギを引きつけるかもしれないと期待して浮きにつなげたの。でも、見失ってしまった。大洋では何でもすぐに消えてしまう」。ゲイルはそれを回収できなかった。「とても腹が立ったわ。自分で全部注射したんですもの。ジムと私は、性的な成熟を促す注射をするため、一週間に三度、車で二時間半から三時間かけて交代でダーリング海洋実験所へ通った。サルガッソ海に持っていってオスのウナギを引きつける囮にするはずの、何百匹ものウナギを用意した。でも、船に乗りこむマイアミに着くまでに、ほとんどが死んでしまった。そして、サルガッソ海に着いたときにはたった五匹しか残っていなかった。私たちは、レーダーで浮きを見つめていた。ジムと私は交代で追跡した。それから……消えてしまったのよ。どれほど腹が立ったことか！　自動車で通った成果が全部台無し」

彼女は笑い、その後水中音波探査の専門家スティーヴ・ブラントとサルガッソ海に行った特別な旅について話を続けた。「私たちは、ウナギかもしれないと思われる大きな集団をソナーで捉えた。五回か六回網を入れたけれど、一匹も見つからなかった」

ゲイルは親ウナギが自分の生まれた場所に戻り、産卵して死んでいくこと、その後、新たに孵化した仔魚が産卵海域から大陸に向かって漂っていく話をしてくれた。「海流はとても強いから、仔魚は一切行く先をコントロールできない。メキシコ湾流に流されるまま」。ゲイルは、どのように大量の仔魚が広範な領域にわたって分散し淡水の生息域を占めるに至るのかは、説明してくれなかった。どのように、ある者はミシシッピー川を、ある者はデラウェア川、ある者はハドソン川、ある者はセントローレンス川を泳ぎ上るときだと知るのだろう？　若いウナギが両親が育ったのと同じ川、あるいは、少なくとも同じ地域に戻るという可能性はあるかゲイルに尋ねた。[3]その声にどんな不明確さも交えずに彼女が言った。「いいえ。若いウナギは、どんな特定の川も故郷としていません。親ウナギにとっては、サケと同じように生まれたところが自分の故郷。生まれたその場所は、ウナギから見たらどうかは別にして、広大な開けた大洋の中の、ほとんどどんな特徴もない場所なのよ[4]」

ゲイルは、もしもジムと彼女がサルガッソ海に親ウナギを捕まえに戻るとしたら、普通に売られている釣具を持っていくと言った。それから、「海軍はウナギがどこに行くかわかっているって、私たちはいつも考えたわ」と付け加えた。「それは、プエルトリコ海溝の近くのとても深いところ。海軍は、きっとその辺りで潜水艦のテストをするに違いない。海軍以外、誰が最新の、最も優れたおもちゃを持っているっていうわけ？」

ゲイルもジムも、ウナギの産卵場所の謎が明かされるのは時間の問題であることに同意した。『Eal Biology』の論文の中でジムは、「いつかそのうち、より小型のテレメーター（遠隔測定装置）が、大陸中に広がるヨーロッパウナギとアメリカウナギがそれぞれ異なる場所から回遊して向かう産卵場所と時期を、直接決定することを可能にしてくれるだろう」と書いている。

もしも、私が生きていて、新聞でそれを報じる見出しを目にすることがあるとしたら、それは、甘くほろ苦い日となるだろう。

（1）たとえば、北米大陸とヨーロッパ大陸がより接近し、そのあいだの海がもっと狭かった時代、ウナギはそれほど遠くまで行かなくてもよかったかもしれない。しかし、大陸プレートが移動し両大陸の距離が離れるにつれ、最適の条件を備えた同じ産卵海域に行くためウナギは以前より遠くまで移動しなければならなかっただろう。

（2）K. Aida, K. Tsukamoto, and K. Yamauchi, *Eel Biology*〔ウナギ生物学〕(Tokyo, Springer-Japan, 2003) 参照。

（3）すべてのウナギがサルガッソ海に回遊し、集団内で無作為に交配相手を決めるというパンミクシア仮説は、『ネイチャー』誌の二〇〇一年一月号に載せられた論文「ヨーロッパウナギのパンミクシアを否定する遺伝学的証拠」において反論された。著者のティエリー・ワースとルイ・ベルナンチェスは、ヨーロッパウナギの北（バルチック海）と南（地中海）に生息する集団は遺伝学的に二つに区別され、したがって、別々の集団として再生産されていると論じた。そのことは、南のグループが産卵のため回遊する際、北のグループとは混合せず、生まれた子どもは両親がやってきたのと同じ場所に帰ることを意味している。しかし、この説は後に誤りであることが証明された。ヨーロッパウナギは、実際、全体が一緒に産卵し、生まれた子どもは全領域の淡水にランダムに分散するように見える。

（４）ウナギの再生産戦略は、淡水と塩水のあいだを回遊する他の魚と非常に異なっている。川で産卵し、自分が生まれた故郷の川に戻るサケは、数千年にわたって別々の河川域で孤立して繁殖を繰り返し、わずかずつ異なる多様な形に進化してきた。遺伝的に異なる種と見なすには十分ではないけれど、それぞれの川が独特の生息集団を持っている（この点は、種の保存を考える際考慮されなければならない。たとえば、ニューイングランド南部のコネティカット川で絶滅に瀕しているサケに代えてカナダから大西洋サケを導入しても、繁栄を期待することはできない）。これに対しウナギは、毎年成魚全体が大西洋で混じり合い、全体がより均質な集団として一緒に再生産を続けている。

第7章　ウナギの死に場所

ウナギと日本人

「築地」という地名は、「埋め立て地」を意味する。かつては隅田川三角州の湿地だった場所に建てられた、世界一大きな海産物市場だ。内側は魚取引の不思議の場所、外側には食堂や、刺身包丁からTシャツまで、さまざまなものを売る店がずらりと並んでいる。築地の外側の賑わいは、私たちが到着した朝の四時半よりはるか前に始まっていた。世界の隅々、最も遠い場所から魚を満載した飛行機が成田に着陸し、トラックが出入りし、マグロの競りが始まり、発泡スチロールの箱の蓋が開けられると、生きているものも死んでいるものも、想像できる限りあらゆる形と大きさと色の新鮮な魚がキラキラ光る。

私の同行者、門脇邦夫（日本人の仲介人兼通訳）とデイヴィッド・デュビレ（写真家）のふたりは、『ナショナル・ジオグラフィック』のさまざまな仕事で、多くの時間を築地で過ごしてきた。私は初めてで、そこに足を踏み入れるのが楽しみだった。

邦夫とデイヴィッドが一緒に挑んだ最初の仕事は、一九七八年のクロマグロの記事だった。それまでの三〇年間で、われわれの海の状況は大きく変わっていた。ひとつに、遠洋に棲む大型の魚、マグロ、メカジキ、マカジキなどの数と大きさが劇的に減少した。大洋の健全さの指標となるクロマグロの生息数は、絶滅に瀕していた。減少の主要な原因は、魚の需要の増加と無制限な供給を賄う過剰な漁獲と目された。ウナギの生息数も、それよりましなわけではない。

新鮮な魚の匂いに満ちた蒸し暑い朝の空気の中に立ち、時差ボケの残る観光客たちが通ったのと同じ門を通って築地に入った。入口はじめじめした暗い通路に続き、その先に冷凍のクロマグロが置かれたいくつもの部屋が開けている。きちんと列に並べられたマグロはどれも尾を切り落とされ、白い霜をまとい、湯気の立ち上るからだの海を作っていた。それらのあるものは、遠くオーストラリア、地中海、ノバスコシアやケープコッド湾から来たのかもしれない。

「市場の王様は今でもマグロだ」。写真を撮るためライカを持ち上げながら、デイヴィッドが言った。

午前五時頃、マグロの競売が始まる。男たちが叫び、何人かは身のサンプルを取るのに使う芯抜きの道具を持ち、入札し、ノートをとり、一匹また一匹と引きずっていく。二〇〇一年、二二〇キロほどの一匹のマグロが、築地の競売で約一七万三〇〇〇ドルで競り落とされた。

競売の部屋の向こうには、海の香りがする何ヘクタールもの空間にいくつもの狭い通路と仕切りがあって、そこでは競り落とされたマグロが鋸と長く鋭い包丁で半分に、さらに四分の一にされていく。マグロの部分部分が氷解するにつれ、銀色の皮をまとい、あばら骨がついたその身から、きれいな縞《しま》模様の美しいカボチャのようなオレンジとマンゴーレッドの色彩が現れる。

「どうやって、海が、これをすべて支えられるんだろう?」。私は、居並ぶ魚の豊富さに畏れを抱きながらデイヴィッドに尋ねた。

「支えられない」と、彼は言った。

今私たちが立っている洞窟のような部屋には、生きている魚、死んでいる魚が入った水槽と木箱が置かれ、そのあいだを狭い通路が走っている。まるで自然史博物館の収蔵室の中にいるようで、ただし、通称や学名を告げてくれるラベルはない。タコ、二枚貝、イガイ、エビ、サケ、タツノオトシゴ、ウニ、イカ、タラ、ウナギ、フエダイ、ハタ、ガンギエイ、カレイ、メカジキ、サバ、カニ、ロブスターと、私がおおまかに見分けることができるものを入れた籠や包みや箱がそこらじゅうに重ねられていた。もちろん掲示やポスターや段ボールの張り紙には日本語の文字が書かれていて、想像するに、中身が何であるか書かれているのだろう。この世界には、ここ独自の語彙、ここ独自の取引言語さえあった。

私たちは、三人の男が生きたウナギを捌《さば》いている台のところにやってきた。デイヴィッドは、矢継ぎ早にシャッターを切っていた。


私たちは、ウナギがたどる道の最後を詳細に記録するためやってきていた。夏の真っ盛り、ことさら大量のウナギが築地を通過する。ウナギは、年間を通して見ると、築地への輸入量のうちで六番目に大きい。しかし今、最盛期のこの時期、輸入量は三番目で、マグロとエビがそれを上回るに過ぎない。日本では年間一三万トンのウナギが消費され、たいていは蒲焼きと呼ばれる直火焼きの形で供される。日本人は、他のどの季節よりも真夏にウナギを食べる。ウナギは、情け容赦ない暑さの中で、夏バテと呼ばれる夏場の疲労を解き放つスタミナを与えてくれると信じられているからだ。

ウナギの消費は、七月末から八月、土用のウナギの日に頂点に達する。特定のその日、太字のカラフルなしるしや幟《のぼり》やポスターが行事を思い起こさせ、あらゆるスーパーマーケットや街のコンビニでウナギが売られる。この年のウナギの日は私たちの旅行も終わりに近い七月二八日に当たり、街はそれにふさわしく暑かった。

夏にウナギを食べる習慣は、ひとつの市場戦略として始まった。実際、人々がウナギを食べる日は、正しくはウナギの日ではなく土用の丑の日と呼ばれる。この物語は、テオドル・ベスターの本『築地』にうまく書かれている。「一八世紀の江戸の一軒の鰻屋が、『今日は丑の日』ということを示す簡単な張り紙を有名な書家に注文して書いてもらうというすばらしいアイデアを思いついた。書家の名声が、そこを通りがかった人に張り紙のしるしと鰻屋に気づかせ、思惑通りその日と鰻には何か特別な関係があるのだろうと思わせるのにあずかった。いったん打ち立てられると、その関係はそのまま保たれた」

邦夫は私に、そうした賢いマーケティングこそ、日本の伝統なのだと言った。そして、最近の例を教えてくれた。「三〇年前、日本ではあまりチョコレートを食べなかった。その後、抜け目ない戦略家が、バレンタインデーに女性が男性にチョコレートを買って贈る流行を広めた。今や、二月のチョコレート販売量は莫大なものだ」。そして彼は、「あんたたちが感謝祭の日に七面鳥を食べるようなものさ」と、付け加えた。(1)

真夏にウナギを食べることは、抜け目ない市場戦略によって広まってきたのかもしれない。しかし、ウナギが夏の疲労に打ち克たせてくれると信じるには、何か実質的な理由があっただろう。ウナギに健康増進の特性があることは、よく知られている。[2] ビタミンAとビタミンEが豊富で、チーズの四倍、卵の八倍のAと、チーズの六倍、卵の三倍のEを含んでいる。ビタミンAは、人間の皮膚にいい。ビタミンEは、老化を防いでくれる。ウナギには、免疫組織を強化し病気と闘う助けとなる抗酸化油脂も豊富だ。オメガ3脂肪酸を高濃度に含むため、2型の糖尿病を防ぐ働きがあることが知られている。京都生まれの邦夫はこう言った。「京都には格言があって、『京都の女性はウナギを食べるお陰で肌が美しい』」

ウナギは通常家で料理されず、習慣的にウナギ専門店で食べられる。理由の一端は、扱いにくい魚をなだめすかして捌くのがむずかしいからだ。[3] また、ウナギの臓物を取る際、血が傷口や目に入らないよう注意しなければならないからでもある。ウナギの血には神経毒が含まれ、ウサギに注射すると一ミリリットル以下の量で直ちに痙攣を引き起こして死亡する。[4] この理由で、ウナギが生の刺身で供されることは決してなく、熱を加えて調理されるか、温燻され、それによって毒性が中和される（噂によれば、ルネッサンス期イタリアのボルジア家では、中空の指輪に秘密の毒を隠し持ち、食事のあいだに敵の飲み物に滴を垂らした。その毒の主成分はウナギの血だったという）。

築地の薄明かりの中で、私はカメラを下ろし、その場の色彩豊かなざわめきに見入った。生きたウナギが入った手桶や水槽を見ていると、氷混じりの冷たい水の中でウナギの代謝が低下していく。私は、メイン州のペマクィッド川でパット・ブライアントの網にかかり、ジョナサン・ヤンの手で売られたシラスウナギが中国の養魚場で育てられここにやってきたのだろうか、と考えずにいられなかった。これらのウナギがサルガッソ海で生まれ、メイン州で獲られたシラスウナギだという確率は、およそ四〇パーセント。残りはほとんどフランスとスペインにまたがるバスク地方から来ていて、それも、同じくサ

日本の「ウナギの日」の張り紙

ルガッソ海で生まれたものだ。

邦夫は六三歳、好々爺といった感じで人なつこい。黒いメッシュのカメラマン用ベストを着込み、小さなノートと、アドレス帳と、カメラとペンの入ったポーチを持っている。「私は、あんたの盲導犬だよ」。邦夫は、細いワイヤー枠の眼鏡を直しながらそう言うのを好んだ。「私がいないと、日本の中であんたは盲人のようなもんだ」

その日の残り、私は盲導犬に従って東京を歩き回り、小さな公園や路地を抜け、こっちの壁の後、あっちの川の畔、まるで人目につかないような町の一角を出たり入ったりした。街は、自動車と自転車と光と看板がひどい暑さに溶け出し全部混じり合っているようで、眩《まぶ》しかった。電子機器が溢れるハイパーな街、秋葉原（タイムズスクエアにラスベガスを掛け合わせた光景を思い描いてほしい）の裏道で、私たちは角を曲がり、鉢植えのカエデと竹が街の重たい空気と狂乱から解放してくれるような幻想を抱かせる、静かな狭い小路に入りこんだ。何の変哲もない戸口を入ると、こじんまりした久保田という鰻屋で、テーブルが六つ置いてある。

一二〇年続く鰻屋の主人兼調理人、久保田正一郎（父親は、天皇裕仁にウナギを供したことがある調理人だった）が、戸口で出迎えてくれた。店のメニューはウナギだけ、とくに、蒲焼き専門。邦夫が言うには、「われわれ日本人がウナギ料理という場合、九九パーセントは蒲焼きの意味だ」。

邦夫の計らいで、私たちは普段は入れない厨房に入れてもらった。どの店も、焼いたウナギにつけるみりん（甘いお米のお酒）と醤油で作る秘伝の甘いタレを持っている。

「四〇年前まで、私らは日本産のウナギしか出さなかった。近くの江戸川で、天然物がたくさん獲れた。しかし、すっかり少なくなってしまった。今じゃ、店で出しているウナギはほとんど養殖ものだ」と、久保田は言った。日本で食べられているウナギの八〇パーセントはヨーロッパかアメリカ産のシラスウナギを育てたものだということを認めるのが、久保田は不本意そうだった。

「アメリカ産のウナギは味がよくない。フランス産のウナギだって、同じようによくない。アメリカ産のサクランボみたいなもんだ。われわれには、国産が好ましい」[5]

日本人は、日本産のウナギには、アメリカ産やヨーロッパ産のウナギに払うより一〇倍以上のお金でも払うだろう。牛肉も、桃も、メロンも同じ。創業三〇〇年を超える三越デパートでは、日本産のメロン一個が二五〇ドル以上で売れる。オーストラリア生まれの牛が生涯最後の半年を日本で育てられ、そうすれば「和牛」と呼んでもかまわなくなる。邦夫によると、北朝鮮産のアサリがいかに不法に高級国産アサリとして売られているかという新聞記事が出たそうだ。政府は厳しく罰金を課した。「ほとんどのアメリカ人は、質より量だ。ほとんどの日本人は、いいものが欲しい」と、彼は言った。

ある日遅く、東京の別の場所にある小林という会社で、私は一一人の男女が三つのテーブルに分かれ、平均、一匹二分半という早さでウナギのハラワタを洗うのを見た。職工長がたびたび回ってきては、従業員たちに栄養ドリンクを配っている。ウナギの加工場では、決してペースが落ちることはない。一匹また一匹と生きたウナギが水槽から取り出され、金属の鋲《びょう》で頭を木のまな板の穴にとめられ、捌かれる。鋲を外し、身は皮でつながったまま左右対称の切り身にする。ジョン・レノンの『ビューティフル・ボーイ』の歌が、ラジオの弱い電波の中で聴こえていた。ウナギの背骨、皮のついた身、頭、内臓がすべて別々のバケツに入れられ、からだから切り離された頭がまだ動いている。別の部屋では三人の男が切り身それぞれに三本ずつ竹串を刺し、それをベルトコンベヤーに置くと、ウナギは機械で焼かれ、蒲焼きソースをつけられる。職工長は、一日平均四〇〇〇匹のウナギを捌き、串に刺して焼くのだと話してくれた。

塚本教授の発見と疑問

ウナギの加工場を出て、ニホンウナギの産卵場所を発見した塚本勝巳教授に会うため、東京大学海洋研究所に向かった。彼の実験室は、ウナギに関する海洋研究を活発に行なっている世界で唯一の機関だ。海洋生命科学部門の勝巳教授の下で研究しているマイク・ミラーは、それ以前の電話での会話の中で、「日本ではウナギが文化的に重要であるからこそ、私たちは研究をすることができる」と、言っていた。「食べ物が科学を支えている。もしも日本人がウナギを食べていなかったら、私がここにいることもなかっただろう」

私が勝巳とマイクを陸地で捕まえられたのは幸運だった。通常、一年のこの時期、彼らは夏の航海に出て、新たに孵化《ふか》したウナギの仔魚《しぎょ》を求めて海洋でサンプルを集めている。最も最近の航海は一二月から三月までの調査で、東京からニュージーランド、さらに南極海を回って戻るというものだった。

ほとんど毎年、海洋研究所のチームは、降河性のウナギのライフヒストリーをより明らかにしてくれる手掛かりを求めて、インド太平洋海域を航海する。最低一日一万ドルという調査船を動かす莫大な費用は、政府が引き受けている。マイクが言ったように、ウナギに対する日本の渇望が研究を動機づけている。どこで、どのような条件の下でウナギが再生産されるのか知ることができれば、人工的に、費用効率が高い方法で孵化させ、育てることができるだろうと考えてのことだ。それができれば、天然ウナギへの漁獲圧力を和らげ、ウナギをもっと手に入りやすくすることができるし、日本の文化遺産の重要な部分を保存することにつながるだろう。

海洋研究所に入り、廊下ですれ違った若い女性にマイク・ミラーの居場所を尋ねた。間もなく私は、背が高く、肩幅が広い、ヒゲを短く切り揃え、格子縞のシャツを着た男性と握手を交わしていた。まるで木樵《きこり》のように見える。研究室に案内され、ふたりは机に向かって座った。コンピュータの隣りに、前回の航海の調査チームの写真が額に入れて置かれている。彼は、彼よりうんと小さい仲間たちの横で、痛めた親指のように突き出ていた〔訳注：ひどく目立つことを言う英語の慣用表現〕。

マイクはオクラホマ州出身で、メイン州オロノのメイン大学で、ジェイムズ・マックリーヴ教授（ジム）を通してウナギ研究に入りこんだ。マイクは一九八九年のサルガッソ海への航海でジムに同行し、産卵場所で親ウナギを捕獲するという目的を果たすことはできなかったけれど、海洋のただ中にいるということはどんなことかを初めて味わった。

「そこは、ほとんどの人が存在さえ知らない、純粋な自然のひとつの形だ」と、彼は言った。

ジムが東京の海洋研究所の塚本勝巳にマイクを紹介し、勝巳は一九九一年、学術研究船白鳳丸での太平洋航海にマイクを招待した。彼は、喜んでそれに応じた。勝巳は目の細かい網でウナギの仔魚を求めて大洋を航海し、その当時まだ知られていなかったニホンウナギの産卵場所の特定を試みていた。

それは、ニホンウナギを求める白鳳丸での勝巳の五回目の航海だった。それまでニホンウナギの仔魚は全部で一〇〇匹くらいしか捕獲されていなかったし、産卵場所を示すには密度が足りず、数も不十分だった。しかし、一九九一年のその航海で、調査も終わりに近いある晩、勝巳、マイクを含む乗組員たちは、グアム島とマリアナ諸島の西側の海域で、初めて、ニホンウナギのきわめて小さい仔魚を捕獲した。チームが「最も長い夜」と呼ぶようになった晩のことで、夜明け前、六ミリ以下の小さな仔魚を九〇〇匹以上採集し、処理したのだ。

ニホンウナギ共通の産卵海域発見は、雑誌『ネイチャー』と『サイエンス・ニュース』の表紙を飾る記事になった。日本の新聞では、昨今の日本の歴史における偉大な出来事のひとつとして報道され、また、たまたま土用の丑の日に近い七月のことだったので、めでたい物語ともなった。その航海の成功のおかげもあって、マイクは日本に移り、ニホンウナギだけではなく淡水性、海水性、すべての種を含むウナギの仔魚研究に的を絞り、勝巳と一緒に研究することにした。

自分の席に座り、マイクは前回の探検で採集した五、六匹ほどの極々小さい仔魚の保存標本が入ったガラス瓶を手渡してくれた。たとえ死んでいても、実際にウナギの仔魚を見るのは初めてだ。杉綾模様の骨組みがわずかに見え、透き通った柳の葉のようで美しい。私は保存液の中のレプトセファルスを、渦巻きを巻くように振ってみた。瓶をマイクの机に戻すとき、それらは一瞬針先ほどの頭の上で踊り、私は、スノードームの中の薄片のようにそれらが鎮まっていくのを眺めていた。

忍耐と、海の潮流、塩分濃度、温度フロント〔訳注：異なる温度の海水が接するところ〕についての知識と、幸運とが結びつき、勝巳のチームは一九九一年以来孵化後一日しか経っていない、あるいは孵化後数時間だけの仔魚の捕獲を成し遂げてきている。しかし、罠、底引き網、多様な漁獲技術をいくつか試してみたにもかかわらず、卵を産む成熟した親ウナギの捕獲には至っていなかった。

私の訪問もこの頃には午後遅い時間になっていて、マイクは小さな冷蔵庫から冷えたキリンビールを出して勧めてくれた。汗まみれの一日の終わりには、おおいにありがたい。

「海洋は、まったく別の剝き出しの自然だ」。ビールを一息に飲みながらマイクが言った。「ポケット状に、生命があちらにポツリ、こちらにポツリあるだけの、空と雲と水。美しい」。彼は、大海原の空っぽさを呼び起こそうとしていた。「成魚を捕まえようと試みてきた。しかし、相手は大きな海だ。五〇メートル離れたところにいるかもしれない。縮尺の問題で、開けた海は巨大なんだ。ウナギが産卵しているところに行き会うなんて、ほとんど不可能さ。とてつもない幸運でもなければ。五〇メートル間違った側に罠をしかけたり、網を引いたりしたら、それだけですれ違ってしまう」

それを一層困難にしているのは、海洋が無定形でダイナミックなことだ。産卵場所は、決して毎年ぴったり同じ場所ではないだろう。それでも科学者たちは、正しい資料と粘り強さがあれば、秘密は明かされるだろうと確信している。マイクと話し始めるまで、私は、彼らがいかに近くまで問題に迫っているか気づいていなかった。最近の発見の、すべてが公開されるわけではない。ウナギについての新しい情報は、海洋航海だけではなく実験室でも連日刈り集められ、収集されている。国立研究開発法人水産総合研究センター増養殖研究所の田中秀樹博士と同僚たちは、飼育下でウナギを孵化させ育てることに大きな進展を見せている、とマイクは語ってくれた。

マイクは、あらゆる降河性のウナギの仔魚にも海のウナギの仔魚にも興味を持っている。しかし、このところ第一の関心は、ニュージーランドのヒレナガウナギの産卵場所を発見することだと言う。「ヒレナガウナギは、われわれが何の知識も持っていない数少ないウナギ属のひとつだ。これまで、ヒレナガウナギの仔魚は一度も確認されたことがない」。その発見を考えて、マイクは大きく目を見開いた。「ドン・ジェリーマンがヒレナガウナギにポップアップ・タグを装着して行なった研究は、勝巳が資金を提供した。いくらかの情報は得られたけれど、明確な結果は得られなかった。秘密は解き明かされなかったんだ」

ビールを空けた後、マイクは勝巳に会いに連れていってくれた。彼は指導教授の邪魔にならないか遠慮しているようだったけれど、勝巳は研究室で温かく迎えてくれた。優しい物腰で、顔は日に焼け、目は濃い茶色、黒い髪にところどころ白いものが混じっている。勝巳は、彼が集めた絵馬に描かれたウナギの図像を見せてくれた。日本におけるウナギは、多産と安産の象徴のひとつだと、彼は説明してくれた。

研究経歴の初期、彼は魚の回遊の研究に興味を持つようになった。彼が開いた最初の突破口は、英語でスウィートフィッシュ、甘い魚と呼ばれ、日本ではことさら賞揚されている魚、アユの不思議なライフヒストリーを明らかにしたことだった。[6] 勝巳のチームは、アユが淡水で産卵し、仔魚が海に出て、春になるとまた淡水に戻ってくることを発見した。必ずしも産卵の目的ではなくとも、淡水と塩水のあいだを回遊する魚は両側回遊魚と呼ばれる。「われわれが、それを明らかにしたんだ。それでも、ウナギに比べればアユは簡単だ。ウナギはとてもむずかしい。研究に時間がかかる。われわれのチームは最も先に進んでいる。非常に近いところまで来ている」と、勝巳は言った。

勝巳は太平洋のとても広い範囲を航海し、ポリネシア、ミクロネシア、フィリピン、インドネシアなどウナギの仔魚を探して数えきれない島々を訪問した。彼は、ミクロネシアにある特別興味深い島を訪ねたことに言及した。そこには、ウナギをトーテムとしている人々の氏族があるという。

「ポンペイ?」。私はぼんやりつぶやいた。

「そうだ、その島。どうして知っている?」

それは、私がメイン州で会ったウナギ・ディーラー、ジョナサン・ヤンが話していた島だ。勝巳は、そこには苦労してでも行く価値がある、美しい手つかずの自然で、山とたくさんの川がある、と言った。

私は自分のノートに、ポンペイのことを書きこんだ。

勝巳は、三人でちょっと食事に出ようと誘ってくれた。そして、研究室を出る前に、『グランパシフィコ航海記』という題の、白鳳丸での航海の写真を収めた色彩豊かな彼の本にサインしてくれた。その本には、数ヶ月間にわたる研究船上での海の生活の多様性と美しさに関する自分の考えが収められている、と勝巳は言った。本に、ウナギに関して彼が書いた詩が載っていた。大きな声で読みながら、彼は翻訳を試みてくれた。

「なぜ彼らは、そんなに遠くまで行くのだろう?」。彼は言い、「なぜそんなに遠くまで、なぜ?」と、自分自身に向かって繰り返した。「なぜ、彼らはこんな困難な生涯を選ぶのか？　なぜ、生きている生き物は、生き、なぜ、生きている生きものは、死ぬのか?」

研究室を出て通りを行く途中、彼は喜びに沸き立つふうだった。まるで私の訪問と質問が、彼に自分の旅と成功を思い起こさせたかのように感じられた。

東京大学の学部生だったころ勝巳がよく来たという小さな飲み屋でビールを二本空け、それから、桜屋という名の料理屋に夕食を食べに行った。彼は、イトマキエイの性交儀礼について詩的な口調で語ってくれた。

「彼らは、お腹とお腹を合わせて繁殖する！」。びっくりしたというふうに言い、その顔には子どもっぽい驚嘆が溢れている。そのとき、私はこう思った。最良の科学者とは、決して成長しない人々のことだ。

マイクと勝巳は、ウナギやら何やらの寿司と刺身を注文した。私は酒を飲み、さらにビールを飲んだ。勝巳は再び、ウナギの不思議な回遊について語った。海の上の長い船旅は自分を哲学的にしてきた、と、彼は言う。「なぜ卵を産み、なぜ死ぬのか？　なぜ、なぜ？　ウナギはとても恥ずかしがり屋で、とても神経質だ。しかし、タフでもある。理解が非常にむずかしい、とても強力で……広範な、予測できない性格を備えている」。そう言って彼は両手で頭を抱えた。「それは、生まれたところに戻る。どうやって、わかるのだろう？」

それが、私がその夜書いた日記の中で読み取ることができた最後の文章だ。殴り書きが、ウナギのような筆跡になってしまっている。思い出すことができるのは、テーブルの周りに、温かい感情の共有と、大きな微笑み、笑い、決して知られないだろう事柄が確かにあるのだという相互の承認があったことだけ。

なぜ死ぬ？　なぜ生きる？

大回遊のあと　親ウナギは産卵し
そして——命尽きる
生まれたレプトセファルスは　また
遠く東アジアの川をめざしてマリアナを旅立つ
親が旅し　子が旅し——
旅を通じて　命の受け渡し
何千万年もの間
繰り返し　繰り返し　行われてきた生命の営み

あまりにも過酷
あまりにも厳しい生
こうまでして　なぜ回遊するのか？
どうして　こんな激しい生き様を選んだのか？
そもそも生きものは——なぜ生きるのか？

そして——

生きものは　なぜ死ぬのだろうか？

塚本勝巳『グランパシフィコ航海記』（東海大学出版会、二〇〇四）

日本のウナギ養殖

東京の南、緑茶の栽培で知られる静岡県吉田町で、デイヴィッドと邦夫と私は丸榛《まるはい》吉田うなぎ漁業協同組合の組合長、白石嘉男が所有する大きなウナギ養殖場を訪ねた。ここでは、黒いテントの下に置かれた大きなコンクリートの水槽の、ウナギが好む比較的暗い中で、ニホンウナギが魚粉のペーストを与えられて暮らしている。テントの中は四三℃といううだるような暑さで、しかしそのおかげで水温が最適の三二℃に保たれている。

「暑ければ暑いほど、ウナギは早く育つ」と、白石は言った。

今では政府は、海外からシラスウナギを輸入して日本で養殖することを許可していない。たとえ許したとしても、アメリカやヨーロッパのシラスウナギには酸素を豊富に含んだ冷たい水が必要なので、条件が整っていない。日本のシラスウナギのほとんどは、冬から春の初め、およそ一二月から四月のあいだに捕獲される。天然のシラスウナギが養殖場に運びこまれると、最初の仕事は、イカを基本とする粉末を食べさせ、幼いウナギを水槽生活に慣れさせることだ。白石は、養殖場でウナギが蒲焼きの大きさに育つには六ヶ月から二年かかると言った。「小さなものは、人間と同じで、育つのにもっと年数がかかる」

二〇〇三年の日本でのシラスウナギの価格は、一キロ当たり一九〇〇〇ドルだった。二〇〇四年にはそれが二四〇〇〇ドル、私がそこを訪れた二〇〇五年には七九〇〇ドルになっていた。価格がそれほど高かったのは、「その年は収獲量が少なかった」からだと、白石は言った。この養殖場では、現在一五万匹くらいのウナギを養殖している。それぞれのタンクに約一万七〇〇〇匹の大人のウナギが入る。私は白石に、アメリカのウナギは日本のウナギと同じ味かどうか尋ねた。彼は、もしも同じ餌で育てられたら、違いを言うのはむずかしいだろうと言った。

われわれが次に訪ねる予定の場所は、いつかはこの養殖場に人工繁殖させたシラスウナギを提供することになるかもしれない研究所だ。

三重県南伊勢町の水産総合研究センター増養殖研究所の門に着いたとき、初めて、邦夫はどうしてその日のその時刻、つまり、金曜の午前一一時にそこを訪問するよう取り計らったのか説明してくれた。毎週その時刻、田中秀樹博士と同僚たちは成熟したメスのウナギから卵を絞り出し、受精させる。

痩せて穏やかな口調の田中が建物の横の戸口で出迎え、研究所の中を気さくに案内してくれた。どの部屋もどの部屋も、透明のアクリルで作った水槽で溢れている。さまざまな形と大きさがあるけれど、ほとんどは円柱形で、紫色の蛍光色の光を浴びている。田中の説明によると、海面下一〇〇メートルほどの光の条件に似せているそうだ。水槽では生後七日から二〇〇日まで、日齢の違うウナギの仔魚が泳いでいた。これは、最も間近から海の中でのウナギの生活の始まりの瞬間を目にしているようなものだ。

田中は私たちに、数百の小さな透明なウナギの仔魚が不規則に踊っている円筒の中を覗いてみるよう促した。多くは頭を水槽の底につけ、明らかに底にある何かを食べている。フィルター、明かり、塩分濃度と温度を維持する器具といったその部屋の装置は、見たところいかにも簡単だ。これらウナギの仔魚は、一九七〇年代以降一貫して進められてきた飽くなき研究の実りなのだ。

ウナギを飼育下で産卵させて育てる単純な方式を打ち立てることに対する研究所への圧力は、巨大なものだった。この圧力は、天然のウナギの生息数が減少するのにつれて強まった。田中の論文のひとつが、問題を明快に述べている。「天然のシラスウナギ資源を維持し、養殖のためにシラスウナギを安定的に供給するため、人工的な出産育成方法の開発が強く求められている」

ニホンウナギの卵は、一九七三年、北海道大学において初めて人工的に受精、孵化させることに成功した。[7] しかしながら、新しく孵化したプレレプトセファルス幼生は最初の二、三日しか生き続けることができなかった。自らの卵黄嚢（生の最初の期間、魚の生命を保つ栄養貯蔵）を使い尽くした後、魚が自分で食べ物を摂るようにさせられなかったのだ。

困難は、何なら養殖された仔魚が食べるか見つけ出すことだった。とくに、自然状態の仔魚が海で何を食べているのかという研究が何もない時代、むずかしかった。「私たちは何だって試しました」と、田中は言った。試された食べ物をちょっと挙げてみるだけでも、動物プランクトン、他の魚の卵、ワムシ、エビ、クラゲ、ムラサキイガイの生殖腺、等々。ついに、二〇〇一年、田中と彼のチームは凍結乾燥したサメの卵の粉末で作った懸濁液（スラリー）タイプの食事をウナギの仔魚が実際に消化することを発見した。この食餌で、仔魚を一八日間生き伸びさせることができたのだ。その当時の新記録だった。

その後、サメの卵の粉末と大豆ペプチド、オキアミエキス、いくつかのビタミンやミネラルを混ぜ合わせ、生存期間をさらに延ばすことに成功した。孵化仔魚が生後二五〇日、長さ五センチになったとき、とうとう科学者たちは、葉っぱのような形の仔魚がシラスウナギに変態するのを目撃した。

田中の実験室に私たちが足を踏み入れたその年、彼らは初めてウナギを普段ウナギ養殖所で見られる大きさ、およそ四、五〇センチにまで育てていた。部屋の左側の水槽の中にそうしたウナギが二匹いて、ポリ塩化ビニルのチューブの中に隠れていた(8)。頭が変形し、胸びれがすり減っている。名前は付けたのか尋ねると、「いいえ」と彼。「番号だけです」

研究所が事業を続けていくには年間一八〇〇万ドルのお金が必要で、そのうち三分の二はウナギの再生産に関連している、と田中は言った。また、それまで有意義な成功を収めてきたとはいえ、孵化した卵が成魚に達する割合は、市場環境の中で利益をもたらすまでには到底及んでいない。孵化後五〇日の生存率はわずか四パーセント、一〇〇日では一パーセントにまで減少する。二五〇日間生き残るのはほんの数えるほどしかいないとのことだった。

実験室での高い死亡率と遅い成長率は、多くの要素に起因するだろう。しかも、海の中でのウナギのライフサイクルに関してほとんど何も知られていないことを考えると、簡単には決定することができない。オスとメスの成熟を促すために注射されるホルモンは、子どもの奇形の原因になる。研究所で育てられるウナギは、マイク・ミラーや勝巳が海で捕らえた仔魚に似ていない。頭が変形し、泳ぐのにも難題を抱えているように見える(9)。

田中はデイヴィッドと邦夫と私を、成熟したメスから卵を搾り取る、小さな、これといった特徴のない白い壁の部屋に連れていってくれた。ウナギの養殖場では、ほとんどの魚はオスだ。田中は、「なぜなのか、誰にもわからない」と、言った。[10] 研究所では、繁殖目的のメスを作り出すため、シラスウナギにエストロゲン（女性ホルモンの一種）を餌として与える。

私たちの目の前に、その週卵を取ることになっている三匹のメスの親ウナギのうちの一匹、番号二四番がいた。今しがたバケツから実験用テーブルに移されたところで、麻酔状態にある。滑らかな、約九〇センチほどのウナギで、しかし、からだの真ん中全体が卵で膨らんでいた。ウナギはゆっくり喘ぎ、確かに生きている。ひとりの技術者がウナギを押さえ、もうひとりがお腹を押すと、黄色いネバネバした卵のかたまりが肛門から零れ出てビーカーの口の中に流れこんだ。

自然の状態では一匹のメスが一〇〇〇万から二〇〇〇万個の卵を産むことも珍しくないけれど、飼育下では一〇〇万個も得られれば幸運だと田中は言った。一個一個の卵は直径一ミリ（ピンの頭より小さい）で、裸眼で識別でき、一グラムに約二〇〇〇個ある。私は田中に、自然の中の親ウナギは産卵の後死ぬと思うかどうか尋ねた。彼は、卵を取ったメスのウナギを指差した。ウナギは死んでいる。「これと、ほぼ同じだと思います。ウナギにとっては力を使い尽くすほど大変ですから、おそらく死ぬでしょう」。目の前のこのメスは、わずか三歳、一方自然の中で産卵する成魚の平均は、一〇歳か二〇歳だ。卵は別の部屋に持っていかれ、そこでオスから取った白子で受精させる。邦夫が言っていたようにもしも日本がウナギがたどり着く最終点だとしても、田中の研究所は、少なくとも、奇妙な形での始まりの場所だった。[11]

研究所訪問の後、私は邦夫と一緒に彼の故郷京都に行き、ホテルに身を落ち着かせた。ホテルからは、主要な寺院や庭のほとんどに行くことができる。二日後の七月二八日、土用の丑の日に、その日を祝う遅い昼食のため落ち合うことにした。

その当日、祇園（祇園は、日本で芸者を見る最も有名な場所だ）の浜松屋という鰻屋に入りながら、「どうやって日本人がウナギを食べるのか、観察するんだな」と、邦夫は言った。入り口で履物を脱ぎ、スリッパに履き替える。

木のカウンターの向こう側で、スタッフが料理するウナギを準備していた。一匹ずつ次々にウナギがプラスチックの水槽から取り出され、頭を目打ち針で刺され、まな板の穴にとめられる。サッと素早く包丁が動くと、ウナギは二枚に開かれ、背骨と肛門と胸びれが取り除かれる。魚全体は、皮でつながったままだ[12]。

「日本の食べ物は非常にデリケートで、注文を受けてから作る」と、邦夫は注意した。「調理して、すぐに食べる。折り詰めにして家に持ち帰る場合も、すぐに食べる。そうでなければ、前日のパンのようなものだ」

ウナギの内臓とひれを取り除いた後、頭を取り除き、魚は同じ長さの二つの部分に切り分けられる。白身に竹串を四、五本打ち、水を張った鉢に入れる。数秒後、串刺しのウナギを取り出し、炭火の上の金属製の焼き網の上に並べる。身と皮の脂がゆっくり溶けるにつれ、ジュージュー、パチパチ音を立てる。身を蒸すため、数回水に浸され、また火に戻された。調理人は一度に一〇匹以上のウナギを焼き網の上に載せ、位置を入れ替え、ひっくり返し、団扇で扇ぎ、それから身に醤油とみりんと砂糖の甘いタレを塗り、それに山椒をふりかける。

シェフが炭をかき混ぜると、くぐもった風鈴のような音を立てる。邦夫は、炭には樫の木のような、中国から輸入した堅い木を使うと言った。シェフがどうしてそんな熱い火に耐えられるのかなかなか理解できなかったけれど、しかし、炭からの乾いた熱は、街路のべとつくような蒸し暑さからの解放とも言えた。

ウナギのどの部分も無駄にされない。背骨は唐揚げし、骨煎餅といってクラッカーのように食べる。内臓、すなわちウナギの肝臓は串を刺して焼く。「ガッツがなければ栄光はない」と、邦夫はひと口味見しながら言った〔訳注：ガッツは、まさしく内臓の意味〕。ウナギの肝臓はスープでも食べる。ウナギは、一日のうちで一番暑い時間、単品でそれだけ昼食に出されるのが一般的だ。邦夫は、日本人は、ウナギのようなくどくて重い食べものは夕食に食べない傾向がある、と言った。くどいものを食べると、長く歩くとか、何かする必要があるように感じるそうだ。「日本人は脂っこい食べ物が好きだけれど、ほんの少し食べるだけだ。神戸牛のような霜降りの肉を好むけれど、二、三切れだけ。それに、いつもご飯と一緒に食べる。そのほうがバランスがとれている」

ウナギは、皮はカリッとしていて、肉は柔らかい。味が濃くて香りがよく、ほんのりバターのようで、パテのように滑らかだった(13)。

邦夫との食事の後、私は別れを告げて祇園の道をたどりながら、今が春なら道は満開の桜でピンク色に染まり、着物姿の芸者など、人々がウナギのように長く連なって溢れているのだろうと想像した。暑さにもかかわらず、少しエネルギーが加わったように感じる。さっき食べたウナギのせいだろうか、それとも、美しい都会の中の無名のひとりでいることの高揚感だったろうか？

（1）ある意味で、彼は正しい。歴史家は、マサチューセッツ州プリマス植民地での最初の感謝祭の食卓に七面鳥が載ったことに同意している。しかし、食事はほとんど、海岸の町であることから予想されるように、ウナギを含む海産物から構成されていた。

（2）アイルランドでは、ウナギの脂肪はリウマチを治すと言われてきた。アメリカ、イリノイ州の田舎では、腰の周りにウナギの皮を巻くことで腰痛が治ることが知られていた。一七世紀イタリアの天文学者モンタナーリは、ウナギの肝臓は出産を楽にすると信じていた。

（3）有名なフランスの料理百科事典『Larousse Gastronomique〔ラルース料理大事典〕』のウナギの項は、どうやってウナギを殺すかという説明から始まる。曰く、「頭を石に打ちつけて気絶させなさい」。

（4）レオン・ベルタン『Eels: A Biological Study〔ウナギ——生物学的研究〕』参照。

（5）東京の鰻屋で出される国産ウナギのあるものは、シラスウナギから育てたものではなく、首都圏で実際に捕獲された親ウナギである。ある日私たちは、伝統的な竹の罠を使って漁をする高齢のウナギ漁師と江戸川でともに過ごした。罠は三片の竹板を、節の部分にキリで穴を開け麻ひもで結び合わせたもので、餌もウナギを身動きできなくする仕掛けもなく、暗くて細長い場所があると思って入りこむウナギの性質を利用しただけのものだ。

（6）アユを獲る伝統的な方法に、鵜を使う方法がある。飼いならされた鵜が水に潜って魚を捕り、素嚢の中に魚を蓄え、漁師のところに持ってくる。

（7）ニホンウナギのメスには、サケの脳下垂体ホルモンを、オスには、人間の絨毛《じゅうもう》膜にある生殖腺刺激ホルモンを注射することで、人工的な性的成熟を促す。

（8）普段目にする竹製のウナギ罠のようにではなく、三本のポリ塩化ビニルチューブがピラミッド型に組み合わされていた。

(9) 数年後私は、ウナギを人工孵化させて育てる試みをしているニュージーランドの研究所(マフランギ技術研究所)を訪問し、タグリード・クルウィーというイラン人主任研究者と一日を過ごした。「私たちは、何百万という単位で卵を孵化させています」と、タグリードは言った。しかし、ウナギの仔魚に食べさせることができたかどうかは、言おうとしなかった。恥ずかしそうに、「誰でも、いつでも買えるようなもののいくつかは、食料として大丈夫だと信じています」と言っただけだった。私が日本の研究所で目にした仔魚に見られる奇形に言及すると、大きな、心得顔の表情が広がった。「私たちは、彼らの技術に欠陥があることを知っていました。彼らは複数回ホルモン注射をします。私たちは、注射はウナギにとってよくないし、奇形の仔魚を作り出すと信じています。ウナギにホルモンを過剰に処方すると、必ず奇形が生じるでしょう。私たちが達成した突破口のひとつは、注射の回数を二〇回から二回に減らしたことでした」と、彼女は言った。

(10) ウナギがどのように雌雄に分化するのか、水温、塩分濃度、食物の種類や量とともに、河口、湖、川の水系内のシラスウナギの生息密度によると考えられてはいるが、依然謎である。一般的に言って、野生では、水系の上流に棲むウナギは雌、河流や河口にいるウナギは雄であることが多い。

(11) この分野の科学者も実験室の研究者も、自然の魚資源の現在のような一方的利用は持続できないことに同意している。もしも将来も魚を食べたいと思うなら、おそらく、作り出さなければならないだろう。

(12) ここ京都でウナギを捌くやり方と、私が東京のウナギ加工場で準備するのを見たやり方には、ひとつの重要な違いがある。大阪や京都では、ウナギは腹の側から切り裂かれるのに対し、東京では、背中の側から包丁を入れる。背中から切るのは、腹に刀を入れる侍の切腹の儀式に似るのを避けるためだ。邦夫は、東京は侍の中心都市であり、「より名誉を重んじるのだ」と説明してくれた。

(13) 私は、自分自身ウナギが好きなことを認めなければならない。私は、レイ・ターナーの薫製のウナギを食べたし、ニュージーランドで焼いたウナギを、イタリアでは焼いて酢漬けにしたものを、セルビア・モンテネグロでは蒸したものを、スウェーデンではシチューを食べた。ジョナサン・ヤンに会うため春にメイン州を訪れたときには六〇グラム足らずのシラスウナギを六〇ドルで買い、我が家に持ち帰り、家の近くのスペイン料理屋に持っていってバスク式のやり方で調理してもらった。沸騰したお湯で湯がき、たくさんニンニクを入れてソテーする。ウナギの子ども（バスクでは、angulasと呼ばれる）は、ブクブク泡の立つ熱いエクストラバージン・オリーブオイルに入れ、蓋が付いた陶器のスープ鉢で出される。灰色の背のついた白いウナギが、薄く切ったニンニクと一緒にトロトロ煮られている。習慣として、木のフォークで食べる（金属のフォークだと舌をやけどするからだ）。味は濃く、おいしかった。食感は滑らかで、わずかに魚の風味があった。自分が食べてみるまで、ウナギに関してどんな気のもめる問題があるのか、私は知らなかった。世界中、とくにヨーロッパにおけるウナギ生息数の急落は、多くの伝統的なウナギ料理の将来を脅かす脅威になっている。

第8章　ウナギ簗の窪

簗を築いて待つ

グリーンフラットと、ウナギ簗《やな》を仕掛けるウェイルホロー（簗窪）の夏は、美しい季節だ。川の水位は低く、水は澄んでいて泳ぐのにいいし、簗は冬の氷と春の洪水に打ち砕かれた状態から再び形を取り戻そうとしている。

一年のこの時期、レイの家は活気に満ちている。注意深く栽培された野生の花やブッシュ――アラゲハンゴンソウ、アメリカマンサク、スパイスブッシュ、ギボウシ、アイリス、バラ、ツリフネソウ、トウワタ、マムシグサ、シダ。家の壁から突き出した石の棚に、ハーブを入れた小さな壷がいくつか置かれている。冬のあいだ家を暖め薫製室に熱を送るのに使い尽くされてしまった薪山が再び大きくなり、庭にあった洪水の瓦礫は片付けられ、冷蔵室には薫製されたウナギが詰まっている。

暖かい陽気で、レイはたいてい夏のユニフォーム、白いTシャツと膝の辺りで切ったジーンズという姿だ。川の水位が十分低いとき、彼は簗の石壁を積み直し始める。たいていはひとりで積むけれど、時には手伝ってもらうこともある。とくに、友だちが川辺にやってきて彼の地所にキャンプし、食べ、飲み、物語を語り合い、アトラトルと呼ばれる古代の投げ槍器具を競い合う七月末のお祭りを主催するあいだはそうだ。レイの計算では、毎年簗を築くのに四五〇時間分の労働が必要で、そのうち三〇時間分は誰かに貢献してもらう。一日八時間の割合でいくと、石を積み、砂利を押し、小さな丸石を転がすのにおよそ五六日かかる。

石が壁の然るべき場所に戻されるのと並行して、レイは渦巻く水の中に設置する木製の罠や簀棚《すだな》を作り始める。一番最初の部分は、誰か友人に手助けしてもらう。構造物を止める鋲《びょう》は長くて扱いにくく、川に足場を設置するには入念な大工仕事が要るからだ。レイは、水の中で釘を打つ腕前が自慢だった。罠と簀棚を組み立てる鋲と羽目板、床底のための格子といった部品を地下室の倉庫から運び出し、レイが二艘のカヌーをひもでつなぎ合わせて作った臨時の筏《いかだ》舟の上に載せて水の上を現場まで運ぶ。簀棚が築かれる場所の上流に石を大きく積み重ね、その石の山が流れを作業現場の両側に分ける防水堰の役目を果たす。最初に設置する簀棚の部分は、水が通り抜ける二・五センチの隙間を空け、約三〇センチずつずらしながら重ね合わせた六枚の簀子《すのこ》からできている。格子状のこの斜道は、一番上流の水中部分が低く、真横から見ると細長い直角三角形の形で、後方、すなわち下流の方向に向かって次第に高くなっていく。格子の床は両側の壁で支えられ、壁の基礎はさらに多くの石で支えられている。壁自体、水が抜けるよう、ところどころ格子状になっている。

最終的にできあがる簗の構造は、ほぼ幅二メートル足らず、長さ六メートルで、おおよそ小型のバスほどの大きさになる。洪水になっても罠が下流に押し流されないよう設計されてはいるけれど、水嵩が高いと水は一番下流、一番高い斜道の上を流れていってしまう。何度も繰り返されたレイの決まり文句は、「俺たちはウナギを捕まえるためここにいるのであって、川を塞き止めるためじゃない」というものだった。水がこの高さになるほどの洪水がウナギの大移動のあいだに起こると、ウナギは罠の上を通り越していってしまう。しかし通常なら、大移動のあいだ下から二番目か三番目の斜道の上を水が流れ、上側の三つ、あるいは四つは乾いたままだ。ウナギは上下の格子の中に捕らえられ、そこから外に出られなくなる。

ヨーロッパ人が到着するずっと以前、これに似た簗が、ひとりの人間によってではなくアメリカ先住民集落全体、あるいは複数の人間によって作られていた。秋のウナギの回遊に備え、川辺に臨時のキャンプが設置された。大移動に先立つ数週間、あるいは数ヶ月間、部族の人々は簗を修理し、ウナギを溜めておいたり時には塩漬けにしたりするための穴を掘り、乾燥のための棚を建て、奔流に置かれた簗の口にぴったり合うようデザインされた罠を作るのに忙しかったことだろう。[1] その罠は、レイの罠とは違いもっと魚壷のような形に近い。

夏の終わり、ウナギの大移動が始まりそうな気配が薄々感じられるかどうか尋ねるため、レイに電話をかけ始めた。私は、ハンコックから三時間のところに住んでいる。だから、間もなく大移動が引き起こされそうな条件が整ったように見えたら自動車に跳び乗って走り出すだけ、そうすれば、回遊するウナギがレイの罠に溢れるのを見るのに間に合うだろうと思っていた。ところが、実際、そんなに簡単でないことを思い知らされた。

九月の半ば頃、カロライナ州沿岸部を強烈な力で襲ったハリケーン・イザベルの余波がキャッツキル山地に風と雨をもたらした。それでも、ウナギを急き立てるには不十分だった。続いて西からやってきた低気圧は回遊を呼び起こすに十分の雨を降らせたように思われたけれど、今度はあまりに強く、しかも短時間に降ったので、デラウェア川東流はすぐに洪水段階に達してしまった。

「水が多すぎる」と、電話でレイが言った。「簀棚のところに偵察に行くのさえ、水が収まるのを待たなきゃならない」。彼にできるのは待つことだけ。罠を打ち砕き、あるいは、すべてのウナギが罠の上を越えて通り過ぎてしまうほど川の水嵩が高くならないよう願うのみだ。

翌朝、車でレイのところに行った。雨はすでに上がっていた。しかし、夜のあいだに水量は頂点に達し、ほとんど簗全体を覆うほどの水嵩になった。その次の日の午後になって、やっと、カヌーを漕いで簗まで被害を調べていくことができるまでに川の水嵩が減った。大量の水にもかかわらず、立派に作られた簀棚は無傷だった。しかし、レイがこの簗で仕事をしてきた二〇年間で初めて、大移動のあいだにウナギを捕獲することがまったくできなかった。ウナギの側の勝利だ。雨が降る前に、何匹かのウナギは捕まえていた。冬に備えて簀棚を取り除く前に、もう少し捕まえることができるかもしれない。しかし、大半のウナギは、素通りして行ってしまった。

それからまた一年後、九月の初め、嵐の到来前にレイに電話した。

「今週だろうか？」と、私が尋ねる。

「多分」

「雨は、ウナギを下らせるだろうか？」

「多分」

しかし、私がレイに会いに行くため起き出した時間には、すでに彼は、地下室に一五センチも溜まった水を汲み出していた。
二、三日前の夜、ハリケーン・イワンがもたらしたおびただしい湿気がキャッツキル山地に達した。誰もがそれまでの生涯目にした最悪の洪水で、高速道路局はハンコックへ至る国道一七号線の閉鎖に追いこまれたほどだ。
「罠を点検しに行くつもりか？」。私はレイに尋ねた。九月一八日、土曜日の朝だ。嵐は通り過ぎ、空は晴れている。しかし、川の水嵩はまだまだ増え続けていた。「川は時速五〇キロで流れている。誰も近くに行くべきではない」と、レイは言った。

家の地下室にまで水が入りこんだのは、この三〇年で二度目のことだと言う。「最初のは一九九六年の、一〇〇年洪水と言われたときだ。今回のはもっとひどい。俺は朝方ずっと窓から外を見ていた。雨があまり激しくて、川の表面は雨粒で霜が降りたみたいだった。樹木、ピクニックベンチ、冷蔵庫、いろんな人間のゴミが流れていった。しかし、俺たちふたりで、水がすっかり高くなる前にカヌーは救うことができた」

一緒にクリス・パパスがいた。痩せて、みすぼらしいヒゲをはやした、レイとともに育った男だ。彼は、これは一九七二年以来自分が目にした最悪の洪水だと言った。七二年のときは村の上流に氷のダムができ、お陰で川が逆流してしまったそうだ。

レイは、嵐がやってきた晩は一一時半まで罠のところにいた、と言った。「たった一匹ウナギを見ただけだ。そのときまでは、雷がやつらを水底に押しとどめていた」

「ウナギは雷が嫌いなのか？」

「俺の経験から言えば、嫌いだ」

ウナギとの勝負でもしもウナギに賭けていたら、二年連続で勝っただろう。洪水は、ウナギにとっては海に至る最善で最も安全な方法なのだ。水の量が多くなればなるほど回遊する魚が障害物を乗り越えていく効率が高まり、産卵場所への旅のためのエネルギーをよりたくさん蓄えておくことができる。川が氾濫するまでの二週間で、レイは六五〇匹のウナギを捕まえていた。内臓を取ったり薫製したり、しばらく忙しくしているには十分の量だ。


そのまた翌年の四月初め、レイがどうやって冬を乗りきったか見ようとキャッツキル山地を車で訪れた。レイは町までトラックを受け取りに行くため、泥んこに氷が残る引きこみ道の入り口で、青い目にポニーテールの友だち、クリス・パパスが、自分を拾いに来てくれるのを待っていた。

「トラックのドライブシャフトが吹き飛んでしまった。とても高くつく」と、レイ。

レイは私に会えて嬉しそうで、家の後に付け足したばかりのデッキと、網戸を張ったポーチに案内してくれた。町の老人ホームが処分したのをもらってきた家具が置かれている。「大赤字だ」。剝き出しのままの断熱材を押しながらレイが言い、ポケットから丸めた一ドル紙幣を引っ張り出した。「これだけしか残っちゃいない」

レイが熱いココアを勧めてくれて、ふたりは台所のストーブの横のテーブルに座った。会話は早口で、文章が短い。長くて寒い冬のあいだ、あまり人と話さなかったせいだろうか。

「むずかしい冬だった。イヌが死んだ。辛かった」。タバコに火をつけながら彼が言った。

一瞬間をおいて私が尋ねた。「子犬を手に入れるつもりか?」

「いんや。まだダメだ。夏を越すまではな。六月から九月まで、簀棚と簗を造る」


六月遅く、私はオリヴェリアの村で開かれた友人の結婚式に出席するためキャッツキル山地に来ていた。美しくて肌寒い夜が明け、その日は心地良く暖かい日になった。私はパーティーを抜け出し、山越えしてハンコックへ行ってみることにした。

レイの家に着くと、不意の訪問客に宛てた手書きのメモが薫製小屋の戸口に貼られていた。「水際に来て、手を振ってくれ」

私は家の横を降りてグリーンフラットに行き、川岸でシャツを脱いでデラウェア川に踏みこんだ。流れに身を沈め、最初はゆっくり下流に向かって漂い、それから大きく平らな丸石のところで立ち上がって上流を眺めた。レイはその丸石をアヒル岩、背後の大きな渦巻きをアヒル岩渦と呼んでいる。そこから見ると、梁が、壮大な渓谷の山々に縁取られ、はるか遠くにある。簗の上流の水の中に痩せた人影が見えて、レイだとわかった。

レイは時計を持ち歩かない。しかし、簗のそばに日時計がしつらえられている。ウナギの簀棚の水平な一片に、釘をまっすぐ打ちつけたものだ。もっとも、水の上で誰かに時間を尋ねられたら、夏時間だ、と答えるだろう。

すり切れたTシャツに、膝までのジーンズ。顔も腕も日に焼け、直接太陽に攻められているようすだ。彼は指の爪を見せてくれた。「隙間を埋めている」。砂利を手ですくって簗の内側に積み上げているところで、すっかり磨り減ってしまったのだ。この夏彼は、しばしば自分の「秘密兵器」、一八歳になったジェイミーと一緒に働いていた。「彼は今年、本当の兵隊みたいに働いた」と、レイは言った。

レイは軍隊でいい経験をしてきたというわけではないのに、軍隊用語を身につけ、敵陣偵察、兵隊、前線といった言葉を使う。しばしば、ミズーリ州レオナード・ウッド陸軍駐屯地での基本訓練や、パナマで爆弾を炸裂させせた話をしてくれた。気温四〇℃の中、水なしでさんざん兵隊たちを働かせた軍曹との戦い、禁制品持ちこみで捕まり、名誉の除隊となった経緯など。レイの典型的なキャッツキル流ユーモアが発揮され、除隊証明書はトイレの上にぶら下げられていた。彼は、軍隊で学んだ工学技術を毎日の仕事に用いた。彼にとって、自然は技術者で溢れている。巣を作る鳥、ダムを築くビーバー、砂と絹で蛹《さなぎ》の巣を作るトビケラなどで、彼自身単にもうひとりの仲間に過ぎない。

「俺はずっと、なぜブルドーザーを持ってこないんだ、ってみんなに尋ねられた。そんなやり方は、この仕事の要点にまったく反している。俺自身、あるいは俺の友だちが、壁になるすべての石ひとつひとつに触れている、そのことが重要なんだ」

レイは言葉を切って太陽を見上げ、川の水で濡れているシャツと肩を見た。

「少し落ちこんでいるところなんだ、ジミー。古い友人が昨日亡くなった。俺は朝の六時まで起きていて、一時間しか寝ていないし、昼飯を食っていない」

私は彼についてカヌーまで行った。そこに、食べ物を入れたクーラーバッグが置いてある。彼はアルミ箔からほんの一切れ薫製のウナギを取り出し、包みを開け、むしって私にくれてから、自分も食べた。スイカズラのように甘く、指が脂でベトベトになった。

夏の太陽で肩を暖めながら、私たちは簀棚に座って薫製のウナギを少しずつ齧《かじ》った。私はレイに、この四月コネティカット州オールドライムで開かれた、北アメリカのウナギ生息数の現状を論じ合う大西洋沿岸州海洋漁業委員会（ＡＳＭＦＣ）主催の公聴会に出席したことを話した。レイも、四月に、彼の家から約二時間ほどのニューヨーク州ナロウズバーグで開かれた似たようなＡＳＭＦＣの会議に出席したと言った。川ウナギを絶滅危惧種として絶滅危惧種に関する法律（ＥＳＡ）のリストに加えてほしいという市民の請願に急き立てられ、そうした会議がヴァージニア州からメイン州に至る東海岸のあちこちで開かれていた。リストへの追加申請は、ウナギの急激な減少に懸念を募らせたダグ・ワッツとティム・ワッツというマサチューセッツ州の兄弟によって起草されたものだ。商業的なウナギ水揚げ量は最低を記録していた。北アメリカだけではなく、世界中で。

レイには、ウナギ生息数の減少よりもっと緊急の心配事があった。家の補修、薫製のための薪割り、トラックの修理、自分の健康、秋のシーズンのための簗と簀棚の建造、それに、洪水が三年連続で漁を損なってしまわないようにという願い。生活を維持するもっと容易な手段もあっただろう。しかし私は、ウナギが姿を見せようと見せまいと、彼には簗の仕事をし続けてほしいと感じていた。

その日私は、レイが鉄の棒を梃子にしていくつか大きい石を移動させ、傾け、転がし、しかるべき場所に収めるのを手伝った。夏のあいだ簀棚に引っかかって死んだ何匹かのシャッドが、願い事をするため井戸に投げ入れられたコインのように底に散らばっていた。[2] 二羽のハクトウワシが辛抱強く頭上の木に止まり、私たちが辺りを片付けた途端シャッドを持ち去ろうと機会をうかがっている。ふと、オリヴェリアの友人の結婚式に戻ったほうがよかっただろうか、という考えが浮かんだ。

その夏遅く、彼は自分が簗に施した仕事を自信ありげに語った。美的にも機能的にも、これまでの中で最もすばらしい出来映えだ。

「簗は、もうすぐ全部終わりそうなところまできている。もう心配はいらない。今やそこへ行って、しばらく見とれ、ちょっと手直しするだけでいい」と、レイは電話で言った。

簗の壁の外側の傾斜面には、大きく平らな「敷石」が隙間なく収まっていた。壁の内側の小さな玉石ほどの砂利、「埋め石」も収まり、さらに川を流れてくるイタドリの葉っぱで隙間が埋められていた。ビーバーが齧ったイタドリで、「黒い天然のプラスチック」とレイは呼んでいる。二つの凸面の壁のカーブはこれまでで最高の出来で、突端の罠にうまくウナギを誘い入れるちょうどいい水の流れを形作っている。[3]

木製の簀棚にも改良が加えられていた。今でもウナギは、細長い斜道の板と板とあいだの隙間で捕まるようになっている。通常なら、夜のあいだ中、彼は凹んだ場所に立って、捕まえたウナギを網ですくってはカヌーに移す。その凹んだ場所に新たにポリ塩化ビニルチューブの通路を設置し、そこからウナギを蓋のついた大きな籠に導くようになっていた。こうすれば、大移動が終わって朝になってから、夜の収獲を明るい日の光の下で取り出すことができる。とすれば、簀棚への負担を軽くすることができるし、ワシやサギやミサゴやクマなど彼の目を盗んで魚を奪い取る略奪者から守ることもできる。

簗の美しい状態と自分の作品に対するレイの誇りは、豊かな漁を約束しているかに見えた。今や必要なのは、天候の協力だけだ。

嵐とウナギの大移動

八月遅く、大きな熱帯性の嵐がカリブ海で形成され、ついには強力なハリケーンに変容した。八月二九日の朝、レイに電話した。お客さんに対するいつもの挨拶が聞こえた。「はい、薫製所」

「ヘイ、レイ、ジェイムズだ」

「どうしたんだ、ジミー？」

「あのお、嵐が来そうなんで、チェックインしたいんだけど」

「ペンシルベニア州の中央からユカタン半島まで、帯状に雨が降っている。俺の経験から言えば、明日の夜のために長靴を履いておいたほうがいい」と、レイが言った。

私は自動車に飛び乗り、ハンコックに向かった。

天気予報は、嵐の通り道に関してはあやふやだった。今やハリケーンはカテゴリー四に達し、カトリーナと名付けられていた。ハリケーンは大量の水を含み、東海岸のすべての主要な川でドミノのように南から北に向かって順番にウナギの大移動の引き金を引くのに十分だった。最初の雨粒が落ちてくる一週間前、ハリケーンがいまだ湾岸州に達していないうちに、デラウェア川のウナギは動き始めていた。レイが前衛ウナギと呼ぶ、初期のウナギだ。八月二九日までに、九二六匹のウナギを捕まえた。それに近かったのは二〇〇〇年の八四〇匹という数があるだけで、その頃までとしては、今までにない数だ。「この数だけでも見てみろ。嵐は何百キロも先にあるというのに、彼らには来ることがわかっている」。彼の居間で、片目で漁の記録、片目で気象図を見ながらレイが言った。

雨が降り始め、夜通し続いた。しかし、川の水嵩は、夜明けまでにほんのわずか上がっただけだった。すっかり乾燥しきった土地が水を吸収し、上流の貯水池も最大収容量以下だった。

私たちは一日中準備で過ごした。カヌーを掃除し、バケツに塩を入れ、ウナギの水槽の水を空けて新鮮な水と取り替える。

夜が訪れる頃、夕食をとりにレイの家に戻った。オートミールとコーンと、小麦粉、ビスクイックガラス瓶で、オレンジジュースと水を半分ずつ混ぜて缶のジンジャエールを混ぜた飲み物を飲んでいる。〔訳注：パンケーキミックス〕、レーズンを入れた「パンケーキ」。彼は私にビールを勧め、自分は蓋付きの

夕食の後、彼は火のそばの椅子に座り、口にタバコをくわえながら足の爪を切っていた。それから膝にお皿を置き、上流へ向かう旅用にタバコを二本巻いた。

私たちは、カヌーをつないである岸辺まで歩いた。一艘ずつに乗り、上流に向かって漕ぐ。暖かく、暗い夜だった。あと三日で新月を迎える。水の上に、霧が低く立ちこめていた。日中の光の中で見ると木々はほんのわずか色づき始めたばかりなのに、大気には、秋の初めの湿っぽい匂いが満ちていた。水が流れる音は、依然おとなしい。それでも、軽い雨が降り続き、ある時点になったら川の水嵩が上がる

だろう、それも多すぎないほどに、という希望を大いに抱かせた。

簗の壁沿いに歩くうちに、彼の仕事の見事な美しさを見極められるほど目が慣れてきた。簀棚の基礎近くの壁は、三メートルもの厚さがある。彼は、その夏ずっと手伝ってくれた若者ジェイミーを讃えて、野球帽の端をちょっと手で叩いた。「ジェイミーはこれを、本当に兵隊みたいなやり方でやった」。壁の細かな構造を指差しながらレイが言った。

私たちは、ウナギが実際に罠にかかる、濡れて滑りやすい細長い板の斜道に登った。上流を見ると、簗から伸びる二つの腕とそのV型のさらに上流に、川の滑らかな表面がはっきり見える。川の流れの糸が、漏斗で注ぐように、レイが「滑り落とし」と呼ぶものに入り足元の簀棚の中に注ぎこむ柔らかい雷のような音を立てていた。

棒や絡みついた葉っぱなどゴミのかたまりをきれいにするのを手伝い、それから、ウナギを待つあいだ濡れないよう彼が用意した雨よけの帆布を被って簀棚の上に腰を下ろした。レイは帽子の中に入れてあったタバコを一本取り出して火をつけ、ひと口煙を吹かし、それから遠くの山を眺めた。

「ここには、夜中までいられる。そしたら、全部経験したことになる」と、レイ。

彼はタバコを私に回してくれた。ネズミを飲みこんだヘビのような形をしている。私は、頭上の防水布に当たる雨の音と簀棚が作り出す滝の持続する低い唸り声で、催眠術にかかったようだった。

「俺は天国に行ったことがある。これがそうだ」と、レイが言った。レイは以前、彼の描く理想的な死に方は川で溺れることだと語ってくれたことがある。

「みんな、どこへ行くんだろう？」。しばらく間をおいて、私が言った。

簗の上でウナギを待つレイ

「どこかへ行く」と、レイ。

暖かいそよ風が簀棚を渡っていた。

レイはもう一口タバコを吹かした。「髪を切ったとき、その髪を取っておくか?」と、彼が尋ねた。

「いいや」と、私。

小糠雨《こぬかあめ》が、頭上の雨よけの布を叩いている。

「俺は取っておく」。しばらく経って彼が言った。「俺は、一九六九年以来髪を切っていない。髪をクシで梳くとき、いつも抜けた髪を取っておく。切った手足の爪も取っておく。自分のDNAがそこいら中にさまよい出ていくのが嫌だからだ。俺が死んだら、全部俺と一緒に行く」

髪の毛に対するこのパラノイアは、奇妙ではあるけれど、しかしなおなじみ深いものだ。レイの習慣は、ステラや彼女の妹ウィキから学んだ儀式をよく似た形で踏襲したものであることに、私は気がついた。マオリは習慣的に、精霊が持ち去ることを恐れ、夜髪を切らない。また、髪や指の爪を切ったときは、誰かがそれを手に入れて、呪い、すなわちマクトゥをかけないよう埋めてしまう。レイが髪の毛を取っておくという事実は、自然に基礎を置く信仰を抱く人々のあいだでは基本的な事柄のようで、私にはそれほど風変わりに思われなかった。

簗について話していて、レイが言った。「あれは、母なる自然の似姿じゃないか? 夕べ、あの丘の前に霧がかかっていて、年老いた女性の陰部の膨らみみたいに見えた。簗の壁を見てみろ。あれは母なる自然の脚で、俺たちは喜びの中心に座っている。そうじゃないとでも言うのか。この簗ほど、自然の母性が描写されているところはない。俺たちは、多産の構造の中にいる。考えてみろ、それはとても女性的なものだ。俺は強くそう感じる」

私も同様に感じた。数千の精子のようにウナギがその中に泳ぎこむとき、母なる自然のこの地形的表現がさらに効果的になると考えることは、奇異ではなかった。

「今夜、彼女は元気そうだ。あの滑り落としを越えて水が来るのを見てみろ。完璧な形だ。暗闇の中で、今夜の彼女は若く見える」と、レイは言った。

真夜中までの何時間か、ウナギは一匹も罠に来なかった。私はそれから、ピースエディーの川向かいにある友人の家に行って泊まり、翌朝またレイの家に戻った。


八時頃、ウナギ漁の決まりきった手順が始まった。彼自身の言い方に従うなら、「コーヒーを作る、エミューに餌をやる、水槽のウナギをチェックする、タバコを吸う、クソをする、天気予報を見る」。

その日は一日中川で過ごした。午前中いっぱい雨が降り、それから上がった。目の前で、澄んだ川面が高くなり、それから色づき始めた。濁って青みがかった緑色の前奏曲に続き、泥の褐色になり始める。その夜ウナギの大移動が始まること、少なくとも相当数の魚が前衛として押し寄せることを、レイはほとんど疑わなかった。

レイと私は、暗くなってから簗を点検しに上流に向かった。九時頃になると、前の晩の同じ時刻より明らかにたくさんの水が、滑り落としを通って簀棚に流れこんでいた。簀棚の木の構造の中に立つと、水嵩を増した川が足下で轟音を立てていた。

川の水が斜めの簀棚にぶつかり、暗闇に白く泡立ちながら落ちる滝のような流れの中で、突然、かすかに光る黒と銀色の魚が震えながら木の細長い板を上り、罠の中に転がり落ちるのが目に入った。また別のが斜道に来て、それから次々に続いた。それこそ、私がここに見に来たものだ。始まったのだ。ウナギの大移動。私は簀棚の上から、ウナギが越えてくる滑りやすい場所に降り始めた。ところが、水が落ちるところに来る前に、レイが向きを変えて戻るよう駆り立てた。

「さあ、戻ろう！」と、彼が言う。

私は驚き、混乱した。もちろんこれはレイの簗だ。もし彼がいなかったら、どうしてここにいられただろう？　しかし、私は自然のこの不思議を見るためにやってきたのだ。何年ものあいだ、どんなふうなのだろうと想像していた川の中の生命のうねり。私は、水際に行くのをやめた。さらにたくさんのウナギが簀棚を越えてやってきて、落ちる滝の力に打ち勝てず、頭の上の木の棚に邪魔されて戻ることができないでいる。

「朝になったらジェイミーに電話して、ウナギを移すのを手伝ってもらおう」

「ここにいたくないのか？」。何か言わなければと思って私は尋ねた。

「いる理由がない。朝になったらウナギは全部捕獲籠の中に入っているだろう。お前も寝る必要がある。明日になれば、ウナギを家まで運ぶのに半日かかり、それから、バケツで一杯ずつ何百回も丘を昇ってグリーンフラットから水槽まで運ばなきゃならない。それに、今のままだと水槽は魚で溢れてしまう。通気装置を利用して別の水槽を急いで作らなきゃならないし、電気がなくならないよう祈るだけだ。その後で、もしもまだ時間があれば、さらにウナギを入れる場所を作るためウナギを捌《さば》き始める」

私は無力感を感じた。これはすべて、ただのビジネスなのか、軍隊の作戦だというのか？　次の日の仕事に備えて休むため、簗を離れるほうが効率が上がると言うのか？　あるいは、別の何かだろうか？　レイは、大移動の矛先がベールで隠されたままでいるよう望んでいるのだろうか、そしてそれは、彼が母なる自然と呼ぶものの神聖さに関わるようなことなのだろうか――私は不思議に思わずにいられなかった。それでも、彼の意向を尊重し、それ以上彼の決心に質問を差し挟まなかった。

若いジェイミー・ガリエッタがレイと一緒に仕事をしてきた四年間で、これは彼が初めて目撃するウナギの大移動だった。これに先立つ二シーズン、罠は吹き飛ばされてしまったし、その前の時代、彼はまだ学校に通っていた。レイは寛大で社交的で、私が最初に想像したような単なる風変わりな世捨て人ではなかった。その彼の友人の中で、レイはジェイミーのことを一番たくさん口にした。私が会うのは今回が初めてだ。彼は謙虚で物静かな若い力持ちで、頭を剃り上げ、ハンサムな外見をしている。

「どんな条件が整ったら、これは大移動と見なされるの？」と、その朝、私は尋ねた。

「もしも一〇〇〇に近くなったら、それは大移動だ」

私たちは期待を胸に、簗への道のりをたどった。レイとジェイミーがふたりで一艘のカヌーを漕ぎ、私は罠のところで落ち合うため、高い水をかき分けながら川岸を歩いていった。簀棚にカヌーをつないだ後、レイは木の骨組みに登った。ジェイミーと私がそれに続く。

「これが見えるか？」。水が隙間をどっと流れている木製の格子に手を走らせながら、レイが言った。「ウナギの粘液だ」。それから彼は、濡れた木についた目につく引っかき傷を指差した。「そしてこれは、ハクトウワシ野郎がウナギを獲ろうとした跡」

簀棚の木の上の爪跡は、その朝つけられたものだ。上流で、がっちりした白い頭の犯人が木に止まって私たちを見ている。「彼には、これらの魚が見える。多分、少しは獲っただろう。奴らの視力は信じられないほどだ」と、レイは言った。

レイは籠の蓋を開け、すくい網を底に降ろした。ジェイミーと私でカヌーがぐらつかないよう押さえ、レイが網の頭をあちらこちら動かすのを眺めていた。とうとうレイは、把っ手を持って網を引き上げた。美しい銀色のウナギが詰まっている。

「たくさんいるぜ！」。レイは水の奔流の上で叫び、ウナギをカヌーに空けた。「よく見ろ。籠の底は奴らの背中で真っ黒だ」

レイは、舟底が見えなくなるまでカヌーに魚を積みこんだ。ウナギは船体を叩いてガタガタいわせ、くねくねと舟の縁をよじ登ろうとするけれど、出ることはできない。

私たち三人は川岸に沿って水をかき分けて歩き、注意深くカヌーいっぱいのウナギをグリーンフラットに引いていった。帰り着くと、レイが命令を発した。彼は川岸のカヌーのところにとどまり、バケツにウナギを入れる。私はバケツを薫製小屋まで運び、ジェイミーがそれを水槽に空けながらウナギの数を一匹ずつ数える。

簗までの往復を何度か繰り返し、午前中ほぼいっぱいかかってすべてのウナギを薫製小屋に運んだ。七四七匹のウナギがそれまでの一〇時間かそこらのあいだに罠にかかり、一晩で、ここ二年間の合計より多かった。この年は、すでにそれまでに一七五八匹のウナギを捕まえ、すべて生きたまま薫製小屋の外の木の水槽に入れられていた。水槽からはネバネバが滴り、苔《こけ》で覆われていた(4)。

「また今夜、同じくらいたくさんのウナギが獲れるだろう」と、レイは言った。彼は、それを入れておく場所がなくなるのが心配で、その日の午後、もっとたくさん場所を空けるためジェイミーとふたりでウナギを捌いてきれいにする仕事に取りかかった。

塩の入った大きな桶に六〇から八〇匹ずつ生きたまま四五分間入れておくと、ウナギは基本的には窒息して死ぬ。それから、ウナギを小石を入れた古いセメントミキサーの中で攪拌し、回るにつれて皮のぬめりがとれる(5)。いったん粘液を取り除くと、ナイフでウナギの腹を切り開き、スプーンを背骨に沿って走らせて腎臓や体内の臓器を全部取り除く。きれいにされたウナギは皮が半透明のすみれ色で、冷凍庫の中に張ったひもに頭からつり下げられる。レイによると、凍ることで「細胞が破壊され」、薫製の際、身の中の余分な脂肪が滴り落ちるのだという。冷凍の後、ウナギを二日間、塩とブラウンシュガーと色の濃い秋の蜂蜜を混ぜた液の中に漬け、最終的には手斧で割ったリンゴの木を燃やす樽型のストーブとパイプでつながれたコンクリートの部屋の中で、七〇℃から八〇℃くらいの温度で薫製する。

レイとジェイミーは、薫製小屋の中で並んでウナギを処理していった。

「ウナギを捌く手伝いをしてくれた人間全部の中で、ジェイミーより早くウナギを切り開く奴はいない」と、レイ。

ジェイミーが静かに微笑んだ。

一瞬の間をおいて、レイが彼に尋ねた。「今日は、誰が試合に勝った?」

「何の試合?」と、ジェイミー。

「USオープンさ、テニスの」
それからふたりはしばらく黙って仕事を続け、彼らが熱中している仕事のカタンとかコトンとかいう音のほか何も聞こえなかった。

それから後も、折に触れ私はレイを訪ねた。当初は大移動を見たかったのが理由で、目的のものがやってきてそれが果たされた後も、気がつくと私は、やはりグリーンフラットに舞い戻っていた。おそらく、私が格別の興味を持ったのは、ウナギではなくレイのほうだったのだろう。あるいは、多分、彼こそが大移動だったのだ。何が起ころうとも、人生の障害物に直面しながら人生を生きる根気、壁を再建する粘り強さ。私はときどき、学ぶべきもの、考えて理解するべきものなど何もなく、本当は会得するものがあるだけだと感じた。私は一度レイに、自分はレイの生き方を賞賛していると告げたことがある。「俺を見上げちゃいけない」と、レイは言った。「俺と一緒に見るだけだ」。川で彼の横に立ち、石を持ち上げながら彼の口から言葉が出てくるのを聞いたときほど、彼の自家製の格言が意味を持ったことはなかっただろう。「それは、旅じゃない、道だ」とか、「芸術は、釣り合いを欠いた自然だ」とか。
六月のある日、私はがらくたを片付けるのを手伝い、夕方になって車で町に行きピザを買ってきた。レイはその持てなしを喜んでくれた。そして、ビールを出してくれた。
「どうして飲むのを止めたんだ？」と、私が聞いた。[6]
「そうだなあ。俺たちが雪の中でトラックの後にトボガン〔訳注：底面全体で滑る細長い橇《そり》〕を曳いていて、道を外れて木にぶつかったときだったたろうか？　それとも、いつもいつも車で衝突しては逃げ出していたときだったろうか？　それとも、真夜中に目を覚まし、自分がどこにいるのかわからなくなってベッドから落ち――いいか、よく聞け、俺のベッドは地上三メートルのところにあったんだ――鏡のついた箪笥の角であわや目をえぐり取られそうになったときだったろうか？　俺はこの一九年、酒を飲んでいない」

ある日私は、ピースエディー・ロードに住んでいる、ケン・メイソンという名のレイの子どもの頃の友人に出会った。ケンについては、「本を読むため毎日森に入っていく思想家」と聞かされていた。自分がずっとレイのところを訪ねていることをケンに話すと、彼はレイの人生に関する洞察を分け与えてくれた。

「私の妹のジャネットは、七〇年代の終わりに三年間、レイと一緒にグリーンフラットで暮らしていた。畑の世話をし、裸足で暮らす。ヒッピーという奴だ」

私はケンに、なぜレイはあそこにひとりで住んでいるのだと思うか尋ねた。

「ピースエディーの近くの川の湾局部に、ビーバーがやってくる。彼らは毎年ダムを造る。そして、毎年、氷と春の洪水がそれを洗い流してしまう」と、ケンは言った。私はその比喩で何を言おうとしているのかわかった。

「なぜ、彼は来る年も来る年も簗を築き続けるのだろう？　何が、彼にエネルギーを与えているのだろう？」

ケンが答えた。「純粋で単純。自由だよ」

（1）構造や形に関しては基本的に同じ原理に基づき、時として違った材料で作られたこの種の罠が、回遊する魚を捕らえるため世界中で作られた。歴史学者デイヴィッド・R・ワグナーによると、アメリカ先住民によって作られたウナギ獲りの罠の遺構が、今でもニューイングランドに残っているという。しかし、それは五〇〇年間以上使われてこなかった。「それぞれの簗を築き、働かせ、維持するには、大規模な集団的な努力が求められる」と、ワグナーは書いている。エルスドン・ベストは、一九二九年の『Fishing Methods and Devices of the Maori〔マオリの漁労方法と仕掛け〕』の中で、ウナギを罠にかけるためマオリによって用いられた簗（パ・トゥナと呼ばれる）に関し、「古い時代には二つの形式の簗があった。V型あるいは二重のV型と、真っすぐな壁が一面だけある簗で、後者はファナヌイ渓谷で採用され、私の知る限り、他の地域では見られない」と書いている。

（2）法律により、レイはバイオマス〔訳注：一定の空間を占める生物体の総量。通常、質量やエネルギー量で表されることが多い〕に戻すためシャッドを川に放り投げなければならない。しばしば彼は、魚を壁自体の中に埋めこんだ。何か機能的な意味があるのか（匂いはウナギを引きつけるかもしれない）、精神的なものなのか、私にはわからない。

（3）長年の経験で、レイは、真っすぐの壁はカーブした壁ほど効果的ではないことを学んでいた。

（4）水槽は大きな樽を半分に切ったような形で、レイによると、ニューヨーク州ユナディラのサイロ会社で作られ、古いマス孵化《ふか》場で使われていたものだそうだ。

（5）これは、レイが編み出したユニークな新機軸だ。他の人たちは皮のぬめりを取るのに灰や洗剤を使う。日本人はウナギの皮をそのまま残し、ぬめりを取る手間をかけない。また、他の人たちは、調理する前にウナギの皮を剝ぐ。

（6）彼に会ってから数年して、初めて私は、彼の人生に関わるそうした質問をするようになった。

第9章　ウーのラシアラップ

ポンペイ島へ

　ポンペイ島は五〇〇万年前にできた火山の島で、熱帯雨林に覆われ、珊瑚環礁と、青い、青い海に取り囲まれている。直径二〇キロ、標高七六二メートル、雲霧林の生物環境を有するに足るほど高く、一三の固有の鳥類と一〇〇を超える固有の植物を支えている。世界のどこにも引けを取らないほど湿度が高く、年間平均降雨量は一〇〇〇〇ミリを超え、その地域のどの島よりもたくさん川がある。熱帯で、暑い。

　ジョナサン・ヤンが話してくれた島の巨大ウナギと、彼の友人ミスター・チェンを破滅させた台湾へのウナギ輸送の失敗談を聞いて以来、そこへ行きたかった。しかし、ニュージーランドでステラが果たしてくれたような案内人がいなければ、無駄に時間を過ごすだけになってしまうだろうとも感じていた。そんな折、エクアドルのキトで開かれた自然保護の国際会議の場で、思いがけなくある人物に出会った。

彼は会議で、ミクロネシアの岩礁と雨林の崩壊に関する発表をした。私は彼に、ポンペイに行ったことがあるかどうか尋ねた。彼は、島のことならよく知っている、人生の半分以上をそこで過ごしてきたからね、と言った。彼は現地の言葉を流暢に話し、身分の高い首長の娘と結婚していた。

色白で背の高いビル・レイノールはカリフォルニア州ロディの出身で、ウナギに関する自分の知識は限られている、しかし、ポンペイの人間、とくにウー地区のラシアップの人々にとってウナギはとても重要であると、それまでの私の情報を肯定してくれた。ラシアップの人々にとって、川ウナギは一種のトーテムなのだ。

彼の専門領域はポンペイ原産の植物相と伝統的なアグロフォレストリー〔訳注：森林農業ともいわれ、樹間を利用して農作物や家畜を栽培・飼育する農法〕で、しかし、島の植物に関する研究においてさえ、ウナギの重要性を避けて通ることはできない。

「ウナギは島の水文学の重要な一部だ。ポンペイ人たちは、川が滞りなく自由に流れるのをウナギが助けていると信じている。もしも川からウナギを取り除いてしまったら、川は流れるのを止めてしまうだろう」と、ビルは言った。

もしもそこに行こうと思っているのなら、研究が容易になるよう手引きをしてあげようとも言ってくれた。

ハワイでの一二時間の乗り継ぎ待ち合わせの後で、とうとう飛行機はミクロネシアに向けて飛び立ち、私は幸せだった。マジュロ、クワジェリン、コスラエなどいくつかの島に立ち寄り、最終的にポンペイ

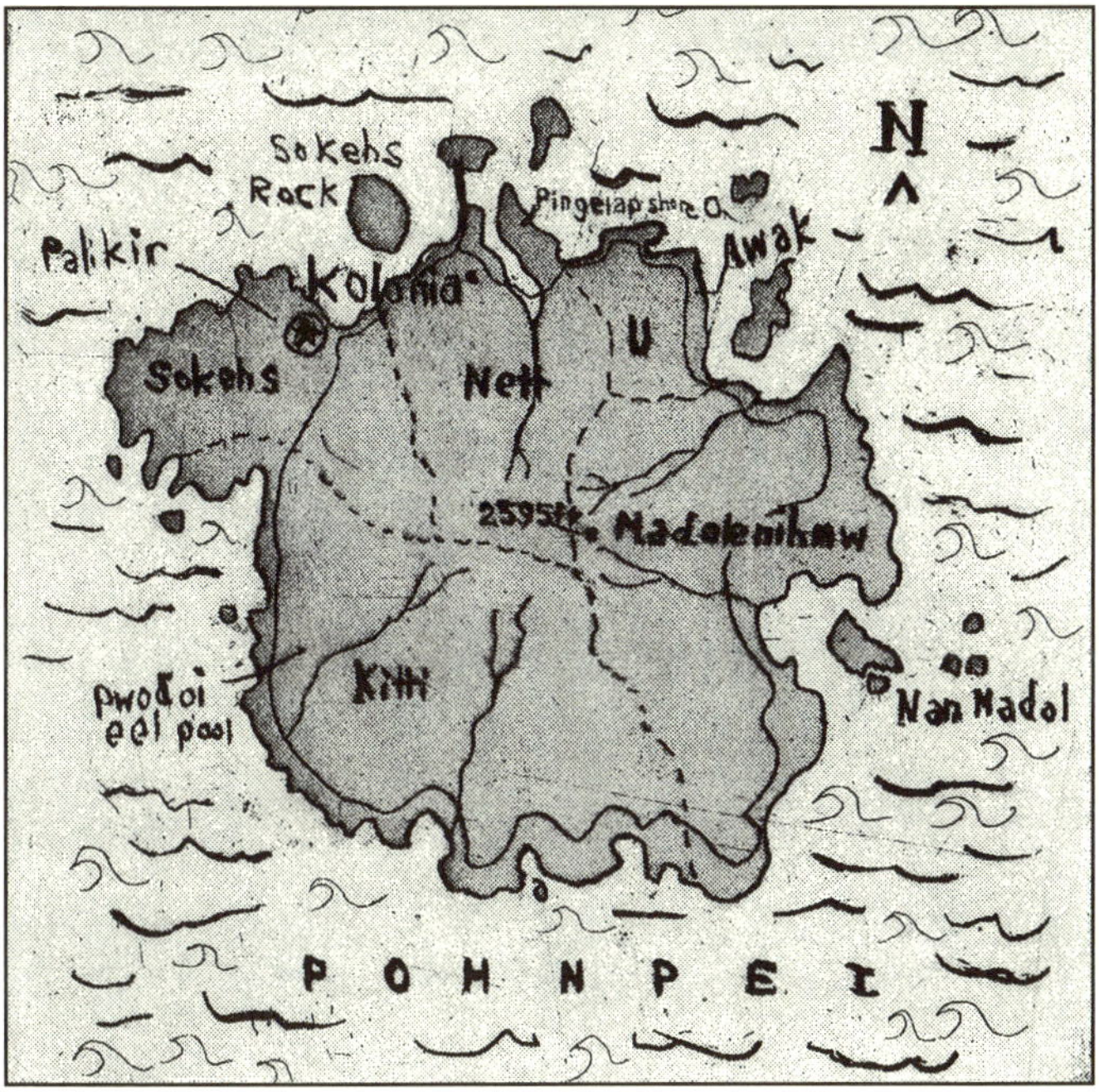

西太平洋に浮かぶ火山の島、ポンペイ島

の環礁の上で降下した。

ポンペイ国際空港に着陸するとビルが出迎え、オンボロ四輪駆動車で町に連れていってくれた。半ズボンを穿き、穴の開いたTシャツを裾を出して着ている。彼は、暑さと雨には逆らわず身を任すよう忠告してくれた。

「いつでも、濡れて、泥だらけ、汗だらけで汚くなるのを覚悟しているように」

彼は私を、コロニアの町のイヴォンヌという小さなホテルで降ろした。一階の各部屋の外のフックに、宿泊客が食べるようたくさんのバナナの房がぶら下げられている。イヴォンヌからは町中どこにでも歩いて行けるし、戸外のロビーではいつでも雑多な国籍の宿泊客がうろうろ動き回っている、と、彼は言った。


断続的にスコールがやってきて、強烈な太陽がそれに続く。雨がやってくると、まるで誰かが水門を開き、それからまた突然水門を閉めたかのようだ。にわか雨の後、しばしば虹が出て、時にはその二つが同時に出現する。島固有の、全身がえび茶色で翼にうっすらと緑と黄色がついたポンペイインコ〔訳注：和名、エビチャインコ〕の群れが、空港に通じる土手道の上をけたたましく鳴きながら飛んでいくのを目にすることができる。またそこからは、玄武岩がどっしり地上にそそり立つソケースロックをはっきり見ることができた。ポンペイの景色の中で最もよく知られ、地形の上に記されたポンペイの署名と言ってもいい。朝一番の日の光とともに、岩礁で暮らす色とりどりの魚が海沿いの道のマーケットに並べられる。魚の多様さは信じられないほどだ。真っ青なイシダイ、ピンクとオレンジ色のフエダイ、赤い縞《しま》模様のベラ、さまざまな黄色、さまざまな緑。

イヴォンヌに長期滞在している人のひとりに、ウィスコンシン州から来たキャレン・ネルソンという名のアメリカ人がいた。ミクロネシア短期大学（COM、コミュニティーカレッジで、最も近い大学はグアムにある）で英語を教えている。朝のコーヒーを手にして私は足を止め、彼女に話しかけた。白い肌で目の下にイチジク色の隈があり、とても疲れているように見える。学校へ連れていってくれるタクシーを待っているところだった。しばしば、タクシーが来るのはとても遅い。

「どこにもない場所の真ん中にどこかがあるとしたら、それはここね」と、ポンペイについて彼女は言った。「観光事業はない。と言うのも、ひとつには、コンチネンタル航空が路線を独占していて、好きなだけ料金を吹っかけることができるから〔訳注：今はユナイテッド航空が就航し、東京からも十数時間で行くことができる〕。それと、どこからにせよここに来ようと思ったら、丸二日はかかるから」。そう言ってから彼女は、もっとも、ポンペイの学生たちはそっちのほうが好きみたいだけど、と、付け加えた。観光客が神聖な場所を歩き回ると考えるだけで、彼らを怖じ気づかせてしまう。

タクシーが来てキャレンが出かけ、入れ違いにキューバシャツのような上着に口ひげをはやした男がロビーに入ってくると、コーヒーを飲むため私のそばに座った。私たちは、色鮮やかな長椅子と椅子に座って雨を眺めていた。彼は、近くのコスラエ州の島から来た外交官で、私がどこから来たのか尋ね、私がノートをとったり、ロビーから海を眺めながらスケッチしたりするのを観察している。私が島に来たばかりだとわかると、ミクロネシア文化に対する彼の見解を披露してくれた。

彼曰く、ミクロネシアでは、尊重に値する人格は、個人が成し遂げたことによってではなく、慎み深さ、謙虚さ、家庭にちゃんとした居場所を持っていることによって評価される。人より先に進もうとすることは眉をひそめさせる。「一番背の高い木は雷に打たれる」というのが、人気のある格言だ。隣人の家より大きい家を建てようとするのではなく、人々は、自分の家をより小さくしようと努める。

そうした謙虚さは怠惰の隠れ蓑になり得る、とコスラエ州人は警告した。目立たないようにしようという社会的姿勢は、何もしないことの言い訳になってきたというのだ。そして、すでに無気力である態度は、絶え間ない暑さと湿度によって増幅されただけではなく、人々に人気のあるサカウと呼ばれる麻薬性の飲み物（太平洋の他の場所ではカヴァとして知られている）によって増幅されてきた。たいていのポンペイ人は、サカウを島の美点のひとつと見なしている。サカウを飲むことに関して異論は出ない。しかし、ある人々は、それがポンペイの進歩を妨げていると感じている。神経中枢を鈍化させるからだ。

コスラエ州人はコーヒーポットをつかみ、ふたりのカップに注いだ。その目がキラリと光り、身を乗り出すとこう言った。

「私は、あなたがウナギについて話しているのを耳にした。いいですか、コスラエでは、われわれはウナギを食べない」

「ウナギを食べるって……」と、言いかけると、彼は身をかがめ、ささやくように言った。

「シーッ、フロントデスクで働いているあの女性を怒らせたくはない。彼女はラシアラップ、つまり、ウナギ氏族の人間だ」

それから身を起こし、コーヒーに砂糖を入れてかき混ぜた。

「個人的に、私はウナギが好物だ。しかし、彼女にとっては人間を食べるようなものだ。ラシアラップ人は、ウナギは人間だって信じているんでね」

コスラエではウナギをどう料理するのか尋ねると、彼はペロリと唇を嘗《な》めた。

「コスラエでのやり方は、ウナギを熱湯に入れてぬめりを取り、それからウムと呼ぶ土のオーブンで料理する。ウナギを特別な木の葉で包むと、身に味がつく。食べ始めたら止まらない。本当においしい」


コロニアはポンペイで一番大きな都会で、それでもとても小さい。交通渋滞はなく、したがって信号もない。ストップサインでも見ようものなら、ひどく緊張してしまうだろう。いろいろな店が、混じり合って並んでいる。「金歯サービス」を提供する店（歯医者のことだ）があるかと思うと、隣りにはモルモン教の布教所。別の店ではアイボリーナッツを彫った品物を売っていて、タイマイの甲羅（これは、法律的には島の外に持ち出せない）で作ったブレスレットの店、金物屋、コピー屋といった具合に続く。しばらく時間を潰す場所も少しはあるし、島を占領していた文化、すなわち、ドイツ、日本、アメリカの料理を提供するレストランもいくつかある。

旅行案内所は、七・三ヘクタールを占める農業局の敷地の一角にあった。敷地には銀行風の建物が並び、巨大なパンノキが木陰を落としている。旅行案内所の前に錆びついた標識が立っていて、矢印が世界の主要な都市の方角を示していた。ニューヨーク、一万三一〇〇キロ、パリ、一万六六〇〇キロ、ケープタウン、一万六四〇〇キロ、メルボルン、八五〇〇キロ。

中に入ると、ひと組の夫婦が黒真珠を売る男と値段の交渉をしていた。後ろの壁には、歯科衛生に関するあらゆること、「ビンロウジ（*Areca catechu*）を嚙む習慣は、多くのポンペイ人の歯を破壊してきました」というものから、「カロチンをたくさん含んだ地元の食品、バナナ、タロイモ、パンノキ、パンダナスを摂りましょう」というものまで、いろいろな推進ポスターが貼られている[1]。

私は床をモップ掛けしていた女性に、どこに行ったらエドガーに会えるか尋ねた。彼女がドアから入っていくと、すぐに男が現れた。皮膚と髪の毛の色が濃く、ライトブルーのボタンダウンのシャツに灰色の長ズボンを穿いている。

「ビルに、あなたなら助けになってくれるかもしれないと言われまして……私は調査をしているのですが……」。私が言いかけると、眼鏡をいじくりまわしながら彼が言った。

「そうそう、ビルが君のことを話していた。私は、今とても忙しい。ウナギの物語は知っているけれど、そんなに詳しいわけじゃない。もっとよく知っている人たちがいる。君は、ラシアラップの大首長を訪ねなきゃ。彼のクリスチャン名は、エルター・ジョン。ウー地区の指導者、つまり、ナーンムワルキだ」

「彼に、紹介してもらえますか?」

「さあ、そんなに簡単じゃない。そう、誰かに正式に連れていってもらう必要がある。肩書きがある人物で、サカウ儀礼をしなきゃならないし。私が君をナーンムワルキのところに連れていってもダメなんだ。私は首長でもないし、ラシアラップでもない。それに、誰かが君に正しいエチケットを教えなきゃならない。たとえば、頭をナーンムワルキの頭より決して高くしてはいけないとか……。多分、ビルはすでに、手助けしてもらえるかどうかアデリーノ・ロレンスに頼んでいると思う。教会の助祭で、農業大臣だ。アデリーノは、ラシアップ氏族の中でも身分が高い」

「何かウナギの物語を知っていたら、聞かせてもらえますか？」。私が尋ねると、直截さに驚いて微笑んだ。

「どうやってウナギがポンペイにやってきたかという物語がある。この物語の中では、ホシムクドリ、つまりスロアークが、別の島から一粒の種を運んできて、その種が、私たちがケミシックと呼んでいる最初のウナギになった。差し当たり、私に話せるのはそこまでだ。もう、会議に遅れそうなので」

歩き去りながら彼が言った。「忠告をいくつか。ポンペイには、うまくやっていくために必要な鍵がたくさんあるわけじゃない。しかし、サカウは、君が探していることすべてを開く鍵だ」

私は、ミクロネシアの森や鳥についてのポスターを見るため足を止めた。ミツスイ、地元のハト、カワセミ、オウギビタキなどに混じってミクロネシアホシムクドリがいる。ウナギをポンペイに運んできた鳥だ。黒くて、黄色い目をしていた。

サカウを飲む

午後早く、ビルがイヴォンヌに迎えに来てくれて、海のほうに歩いてポンペイ自然保護協会（ＣＳＰ）の事務所に向かった。一九九八年に、ビルも一役買って設立されたＮＧＯだ。島で最初の環境保護団体で、ミクロネシアでも最も初期にできたもののひとつである。

ＣＳＰの主要目的のひとつは、島のこれ以上の森林の後退を食い止めることだった。グアム、スペイン、ハワイ、カンザスシティー（そこには、大きなポンペイ人居住地区がある）向け商業輸出のためのサカウ栽培が広がり、地元の消費のためだけに小規模に育てられていた時代には決して生じなかった生態学的な不均衡が出現した。一九八〇年代半ばからほとんどサカウ栽培のために樹木が伐採され、ポンペイの森林の三分の二以上がなくなり、島の面積のわずか一五パーセントにまで減少してしまったのだ。荒廃と闘うため、CSPのスタッフはすでに森林が後退してしまっている低地でのサカウ耕作を勧めるキャンペーンを率先して行なった。むずかしいのは、農民たちは高地にサカウを植えたがるという点だ。高地のほうが土地が肥沃で、作物はより大きく、早く育つからだ。しかし、何十、何百ヘクタールもの険しい斜面の森林を伐採したせいで、自分で作った作物までダメにしてしまう侵食や地崩れが引き起こされた。また、水分を保持する水源の樹木や木陰や根がなくなり、流れが干上がってしまった。そのことが、地元のウナギの生息数を含む淡水の生態系に悪影響を及ぼしていた。(2)

干潟や環状岩礁のすばらしい景色を望むCSPの事務所で、ビルは一〇人を超える若いスタッフを呼び集めた。そして、部屋に丸く居並ぶ彼らに私を紹介してくれた。「こちらはジェイムズ。合衆国からポンペイのウナギについて学ぶためにやってきた。私が思うに、彼がここで過ごす時間は、われわれにとっても淡水の生態系を考慮するよい機会だと思う。私たちも、それについてすっかり知っているわけではない」。ビルはさらに、英語からポンペイの言葉に切り替えて話を続けた。彼が話していると、スタッフメンバーたちが頷き、私のほうを見て微笑んだ。

最後にCSP職員のひとり、ニクソンが言った。「よし、それじゃ、マルシアーノと私が、キチ行政区にあるプウォドイの村に連れていってあげよう。谷川に淵《ふち》があって、そこで地元の子どもたちがウナギに餌を与え、一緒に泳いでいる」

一九八六年に完成した島を一周する一本道は、断続的に続く衝撃的なほど美しい太平洋の景色を眺望しながら、青々と茂った森を曲がりくねっていく。道は、歩く人と車双方の主要な通り道で、貧弱な道路状況とも相まって、コロニアからどこへ行くにも随分時間がかかる。しかし、誰も、それほど急いでいるようすはない。

町から数キロ東でニクソンは車を道端に停め、木々のあいだの道を歩いて行った。遠くからパンク・ペンク・パンク・ペンクという二つの調子の一種の打楽器の音楽が聞こえてくる。やがて、開けた場所に出た。一羽の雄鶏と何羽かの雌鶏が、残り火の煙の中で地面を突き回っていた。黒ずんだヤカンが沸騰し、穴から湯気が吹き出ている。木本性シダの固い幹で支えられた茅葺き屋根の下で、ふたりの男が広くて平らな溶岩石の板に向かって座っていた。シャツを脱ぎ、強健な暗褐色の上半身を剥き出しにして、石板の上で丸い石を転がして何か作業をし、遠くから聞こえていた空《うつ》ろで金属的な音を立てている。彼らは、*Piper methysticum*、すなわち、サカウとして知られる植物の根を潰しているところだった。

メデューサの髪の毛のように絡みついた美しいサカウの根は、地面から掘り出され、水とブラシで土を落とされて細かく刻まれる。サカウの根は、ものによっては一個二〇〇キロを超える。刻まれた根はペイテールと呼ばれる溶岩の板の上に置かれ、川底から拾ってきた丸石で潰される。水をゆっくり加えると、ふやけたパルプ状のものになる。根が十分水を吸って柔らかくなったら、ハイビスカスの木の幹から剝ぎ取ったばかりのぬるぬるした樹皮を細長く裂いて敷き、その上に並べる。ひとりの男がハイビスカスの繊維を束ねて捻り合わせ、潰された根をスッポリ包みこむ。濡れたタオルを絞るようにして液を絞り出すと、もう片方の男が、半分に割ったココナッツの殻でそれを受ける。サカウが絞り出されるとき、ハイビスカスの樹皮のぬるぬるが根に含まれる油を乳化し、おかげで飲んでいるあいだ液が均一に保たれる。その潰された根の部分に、麻薬性の成分が含まれているのだ。

サカウの最初の一杯はニクソンに手渡された。彼はひと口飲み、カップを半分回してそれをマルシアーノに渡した。マルシアーノも飲み、再びカップを反転させて私に渡してくれた。

「飲むときは目をつぶることになっています。おそらく、あまり食欲をそそるようには見えないからでしょう」と、彼は言った。

液が私の喉をすべり落ちた。粘液状で、ぬるぬるしている。もう一度カップが満たされ、もう一度回された。そこを立ち去る前に、ニクソンは男に何ドルか手渡した。それから車に戻り、キチに向かった。ニクソンはのんきに話したり笑ったりしながら、前よりさらにゆっくり運転している。同行のふたりは、事務所を離れた午後を楽しんでいるみたいだった。

サカウは元々、ネズミがその根を齧った後フラフラ、ぐったりしているのを人々が目にしたとき、飲み物となった。サカウの効果は、気持ちを落ち着かせる、あるいは、麻痺させるというふうにしばしば記述される。その植物についていくつか論文を発表したビル・レイノールは、『Dangerous Harvest: Drug Plants and the Transformation of Indigenous Landscapes〔危険な収獲——麻薬植物と土着の景観の変容〕』という本の中で、「カヴァ（サカウ）の向精神効果は、通常穏やかな麻薬効果を持った催眠性、利尿促進、筋肉弛緩である」と書いている。キャプテン・クックの乗組員が記述した、アヘンのような幻覚を起こさせるものではない。

サカウを絞るのにハイビスカスの樹皮が使われるようになる前は、若い処女がその長い髪の毛でサカウを絞った。大首長が少女の足元にひざまずき、液が滑らかな褐色の脚を伝って落ちてくるのを飲んだのだ。カトリックの宣教師たちが近くのコスラエ島に初めてやってきたとき、彼らはサカウを飲むことを禁止した。サカウの根は女性の膣の中に入れて密かにポンペイに持ちこまれたと、広く信じられている。少なくとも、新しい植物の出発にはふさわしい物語だ。(3)

私はマルシアーノに、ポンペイではなぜその飲み物が生き長らえたのか尋ねた。宣教師たちは、ここでも同じように禁止しようとはしたのではなかったのか？「ポンペイの人間はもっと頑固なんですよ」と、彼。しかし、全般的に言ってポンペイ人が初期の伝統を近隣の島々よりよく保持してきたのは、天然痘で死ななかった人間が他より多かったからだ。

ニューイングランドのクジラ漁師たちが最初にその死病を持ちこんだとき、コスラエ島の人口はほとんど一掃された。生き残ったのはわずかに二〇〇人ほどで、コスラエ人の文化は殲滅《せんめつ》されてしまった。しかし、何らかの理由でポンペイ島では約二〇〇〇人が生き残り（全人口の二〇パーセントに当たる）、習慣を維持し、荒廃のすぐ後に到着したスペイン人宣教師たちの進攻にも抵抗することができた。

マルシアーノは、ほとんどのポンペイ人はカトリックで、しかし、現地の信仰とカトリックの信仰を合体させた一種のハイブリッドの精神文化を実践していると言った。ビル・レイノールも、当初はイエズス会のボランティアとしてポンペイにやってきた。しかし、すぐに、先住民の信仰は頑強なツタのように教会と絡み合うだけで決して消え去りはしないことを学んだ。彼は、今回の旅の後半に、「誰であれ、西洋スタイルのキリスト教だけですんなり育った人間は島に足を踏み入れるべきではない」と、私に語った。そんな融合した文化が、ウナギにも生き場を与えた。エデンの園におけるヘビの形象と容易に同化することもできたからだ。

とうとう私たちはキチ行政地区に着き、プウォドイのウナギの淵に到着した。谷川の上の道ばたに小さなスタンドがあって、少年たちがビンロウジを売っていた。地元ではプウと呼ばれる楕円形のヤシの種を、カプウォヒと呼ばれるコショウ科の植物キンマ（*Piper betel*）の葉で包み、石灰（通常は砕いたサンゴ）と一緒に嚙むと、緩やかな興奮効果がある。同時に、明るい朱色の液が出る。[4]

ニクソンとマルシアーノはビンロウジをいくつか買い、売っていた若者が私たちを下の谷川に連れていってくれた。淵の縁に立つと、水が暗渠を通って道の下を流れている。ひとりの少年がサバの缶詰を持っていて、ナイフで缶の頭に穴を開け、魚の汁を水の中に滴らせた。いくつかの大きな姿が小川に覆い被さった広い葉っぱの群れの下から現れ、明るい砂をかき混ぜながら水底を横切って太陽光線の中に入ってきた。私は、初めて、熱帯の淡水に棲むウナギ、オオウナギ（*Anguilla marmorata*）の美しい金色と褐色の斑紋を目にした。[5]

少年のひとりが小川に入り、その手をとくに大きいウナギの腹の下に差し入れた。ウナギは少年の背丈より長く、ニクソンやマルシアーノさえ、いささか怖じ気づいてしまったほどだ。しかし、大きなウナギは、からだのほとんどを水の外に持ち上げられたときでさえ、少年がからだを軽く撫でるのを許している。ポンペイの人々は、ラシアラップ氏族の者だけが安全に大きなウナギを抱えることができると断言する。他の者がそうしようとすれば噛まれてしまうだろう。最初にこのことを聞いたとき、私は懐疑的だった。と言うのも、私は大きなウナギに触り、撫でたり、ニュージーランドでは一緒に潜りさえしたけれど、噛まれたことはまったくなかったからだ。驚くべきなのは、どうやって少年は魚の抵抗もほとんど受けず、そんなに長いあいだウナギを水の外に出して抱えていられるのかということだ。後に私も試してみたけれど、できなかった。そこには、これらの人々とウナギとのあいだの関係に関わる、何か特別なものがあった。(6)

物語の断片

翌朝ビルは、私がアデリーノ・ロレンスに会えるよう手はずを整えてくれた。彼は農業大臣というだけではなく、慣例上の高い称号、スリック・アン・ディアンソを有するウナギ氏族の大首長で、同時にカトリック教会の助祭だった。

ビルとアデリーノは、ポンペイの在来植物の同定と保護の仕事、地元の果物や野菜を食べる利点を宣伝促進する島の食品コミュニティー計画の仕事で身近に接してきた。ふたりは、絶滅の危機にあったものも含め四〇以上の異なる土着バナナを同定してきたし、ポスターを作り、最も健康にいいバナナを人々が自分で見極めるのを助けてきた。

アデリーノの事務所は、農業局の中の、観光案内所のちょうど後ろにあった。私を迎えてくれた彼は五〇代後半、ハンサムで、穏やかに話し、白髪を短く刈り上げ、微笑みが優しい。私たちは長いテーブルで向かい合って座った。しばしのあいだ、激しい雨が屋根で大きな音を立てていた。

「私はサーンゴロと連絡を取り合ってきた。ウー行政区とウナギ氏族の大首長だ」と、アデリーノは言った。「しかし、サーンゴロは、タウク、つまりラシアラップの第三首長のレシオ・モーゼスに話を回した。レシオはミクロネシア議会の上院議員で、とても忙しい人物だ。あなたの滞在中に会うことはできないだろう、と言っていた。しかし、エスター・アレックスという名の老婦人に会うよう勧めてくれたよ」

それから、長い沈黙があった。暖かいそよ風が私たちが座った部屋を抜けていく。突然現れた太陽の下、地面の湿り気から湯気が立ち上っていた。

「ふたりとも忙しいということですか、それとも、単に私には会いたくないということですか？」と、私は直裁にアデリーノに尋ねた。

アデリーノは頭を一方に傾け、私の質問を考えている。

「思うに、ある人々は別の人たちのほうがもっとよく知っていると確信していて、それで、その人たちに譲ったのだろう」。アデリーノは静かに言った。「しかし、また、承知の通りポンペイでは、人々は伝統的な知識を他の人たちに分け与えるのを嫌がる。もしも用意が整えば、家族の誰かに自分が知っている情報すべてを伝え渡すのが慣例だ。用意が整ったというのは、死が近づいてきたら、ということだ」

アデリーノは私に、ポンペイ人は、もしも全部の物語を最初から最後まですっかり語ったら自分たちは死ぬと信じている、と言った。知識というのは一種のエネルギーで、からだから流れ出ていき、それをもし全部分け与えたら自分が弱くなってしまう。それが、なぜ人々が通常、自分たちが死のうとしているときにしかすべての知識を分け与えようとしないのかの理由なのだ。

それからアデリーノは、今度は励ますような調子で言った。「しかし、あなたがウナギについての物語の断片を得ることには何の問題もないはずだ。そしたらその後で、自分でその断片をつなぎ合わせればいい」

私は、自分の調査のやり方がいかにも僭越なものであることに気がついた。村の中に入りこみ、誰かに伝統的な物語を聞かせてほしいと頼むことは、大工の棟梁か誰かの仕事場に入りこみ、彼の、あるいは彼女の職業上の秘密を全部教えてほしいと頼むようなものなのだ。しかし、それでもなお、私の情熱や決意はくじかれなかった。

私は助祭としての役割をもったアデリーノに、ポンペイへのキリスト教の到来は土着の信仰を変えたり弱めたりしたか尋ねてみた。

「教会は、たくさんの伝統的な知識を活用している。人々に浸透するためには、それがなければならない。たとえば、一年に二回、クリスマスの前と復活祭の後、カトリック教会でサカウを使う。他にももっとある。教会の内でも外でも、信条は一緒に存在している。ラシアラップはキリスト教徒だけれど、今でもウナギを人間の祖先と見なしている」

純粋なポンペイの宗教を実践していた最後の人物は、一九五〇年代に亡くなった。しかし、ビルとアデリーノによれば、人々は今でも古い宗教を適合させている。植物の呪術も依然実践されていて、CSPの職員のひとりヴァレンティンは、マドレニムウにある教会の助祭で、同時に植物の使用、とくに子どもの薬のエキスパートでもある。ポンペイの言語では、すべての植物が一般的な名前とともに、スピリチュアルな名前とされるもうひとつの名前を持っている。スピリチュアルな名前はほんの数人にしか知られておらず、その名前が、植物の癒しの力に影響力を与えているのだ。

その日の午後、自然保護協会の事務所長サーリーンが、彼女の自動車で、島の考古学者であり歴史家でもあるルフィーノ・マウリシオに会いにパリキールに連れていってくれた。サーリーンは柔和で可愛らしく、ゴーギャンの絵に出てくるようなオリーブがかった褐色の肌をしている。運転する途中、彼女はおばさんの農場とそこにいるすべての動物の話、そこのイノシシ、健康なイノシシで作ったおいしい薫製ベーコンの話をしてくれた。

「私は、全部の中でイヌの味が一番好き」。彼女は眉毛をピクピク上下させながら言った。肯定を示すポンペイのやり方で、頭を頷くように上下させるのがその反対だ。「イノシシよりもっと好き。イヌは本当においしい。私たちはペットとしてイヌを飼っているけれど、普段、自分自身のイヌは食べない。イヌを食べるのは、近所の人たちのイヌ」。嬉しそうにそう言って、彼女はまた笑った。「もしもイヌが誰かを噛んだり傷つけたりしたら、そのときは食べるけれど」

「ウナギは食べたことがある?」

「まさか!」。単なる示唆にさえ衝撃を受け、そう言ってから彼女は、私のほうを見て笑った。

ミクロネシア連邦の首都パリキールは、まったく都会ではないし、町とも言えない。構内に政府の建物が並んでいるだけで、太平洋における唯一有名な石の遺跡ナン・マドールの玄武岩の丸太を模し、それらしく見えるよう色付けされたコンクリートの円柱で囲まれている。

マウリシオとは文書歴史局で会い、二階の小さな図書館に連れていかれ、そこでテーブルを挟んで向かい合って座った。寛大にも時間を割いてくれていて、急いでいるようには見えなかった。「ウナギは海から島の岩礁に流れ着いた植物の種に入ってポンペイにやってきて、そこから川を遡り、山を越えていった」。マウリシオが話し始めたけれど、私には少々漠然としている。「旅をしながら、それはラシアラップ氏族の系統樹を描き、異なる支氏族を誕生させた」

マウリシオは、氏族の歴史は典型的にはひとつの動物のライフヒストリーを巡って紡ぎ出される、と言った。いかにしてこの魚が人々にとって重要になったのか、あれこれ推測することには関心がないようだ。ともかく、途中のどこかで氏族のメンバーはウナギと非常に近しくなった。「そして、もしも間違っていなければ、実際彼らはウナギの世話をしたと私は思う。彼らはウナギを自分たちのトーテムと見なした、と言うことができるだろう」

ポンペイにはウナギに関する伝統的な物語を記した本はない、しかしそうした話が存在していることは確かだと、マウリシオは請け合った。こうした物語を収集することは、彼にとってさえむずかしい。物語がしっかり防御されているからだけではなく、消えつつあるからだ。若い世代は、口承の物語よりテレビ、ラジオ、インターネットといったメディアにすっかり気をとられてしまっている。「それは、私たちの事務所が立ち向かおうとしている問題だ。今日のミクロネシアのどことも同じく、ポンペイも急激な変化を経験しつつある。賢明な考え方においても、態度においても」。ひとつの明るい話題が、ＣＳＰの出現と若い職員たちだった。彼らは島の原生的な自然と、同時に現地の動植物に関する伝統的知識の保全に心を砕いている。

マウリシオは、ポンペイ人は常に注意深く島の面倒を見る人々だったと感じていた。人々がナン・マドールの遺跡を島本体ではなく岩礁に建てたのは、彼らにとって土地は神聖で犯してはならなかったからだ、と彼は信じていた。それはまた、人々が海の魚を食べてもウナギは食べなかった理由であるとも言った。「ポンペイのほとんどの場所で、私たちはウナギにそれほど手数をかけたりしない。ただ、それが生きるがままにしておくだけだ。人々はいつも言う、川が一年中流れていたらそこにはウナギがいるに違いない、ってね」

サーリーンと私が去る前に、マウリシオはあと一片、ウナギの話を教えてくれた。

「物語のひとつで、こう聞いている。海の水と川の水が交わる水路にウナギが自分の場所を持っていて、村人がカヌーで漁に行くと彼女が現れてこう尋ねた。『このカヌーには何人乗っているの？』。そこで彼らが何人いるか答えると、ウナギは、その中のひとりを通行料として落としておくれ、そしたらここを通ってもいい、と言った。この手の物語は、マドレニムウで伝えられている」

「他にもそんな物語を知っていますか？」と私。

「もうひとつ、これは私が自分で見たものだ。ときどき、雨が降るとき、激しい雨だ、小道を歩いていくと何匹かの小さなウナギに行き会うことがある。そんなとき、人々は多分ウナギは天から落ちてきたのだと信じたものだ。私は、おそらく川の水位が上がり、ウナギが流れ出て立ち往生してしまったのだろうと思う。川から遠く離れた木々の根元で、そんなウナギを見たことがある」

彼はさらに続けた。「そう、何年か前、ひとりの若い女性がいた。家は、流れのすぐ脇にあった。人々は、彼女はがんを患っていて、間もなく死ぬだろうということを知っていた。人々はこんな噂話を広げたものだ。『朝、ウナギがその女性と一緒にいるのを見た。ウナギは死んでいた』。この話の要点は、私にはわからない。しかし、折に触れ、誰もがこんな物語をする」

サカウバー

翌日私は、ニクソンとマルシアーノに挨拶しにCSPの事務所に立ち寄った。彼らは外出中だったけれど、レインソンという名の別の職員が自己紹介し、レーン・メシ川にあるサーワルチックという名の、島で一番高い滝に案内しようと申し出てくれた。その後、キチにある彼の村アンペインに行ってサカウを飲むことができるだろうし、喜んでウナギの話をしてくれる人を探してみようと言う。「私は面白いと思っていますよ、あなたがしようとしていることは。多分、力になれると思います」と、彼は言った。

サーワルチックの滝は、レインソンの村に近い島の西側にある。そこに行くには、海岸線を走る周回道路から逸れ、小さな埃っぽい道を山の方向に上らなければならなかった。高く上るにつれ、道はどんどん狭く、ジャングルは深くなる。小さなコロニアの街と比べてさえ、別世界のような感じだ。

自動車を停め、私たちは急斜面を一歩一歩木の枝やツタにつかまりながら下った。レーン・メシ川は巨大なウナギのからだで地面から掘り出されてきたのだと、レインソンは言った。谷間の底から、流れが石の上を転げ落ちていく音が聞こえてきた。

足で木の葉をのけ、豊かな黒土が見えるようにしながらレインソンは、自分たちは「農地」の中を歩いているのだと示してくれた。私はまったく気づいていなかった。サカウ、ヤムイモ、タロイモなどの作物が、森の小さく開けた場所に植えこまれている。訓練されていない目にはまったく栽培とは認識できないけれど、アグロフォレストリーとしてビルが話してくれたものだ。

今度は小道のはるか上のほうに、サーワルチック滝の砕ける音が聞こえてきて、近づくにつれ、湿った森の空気を押し破る冷たい霧を感じ、それから、水が落ちる高い流れが見えた。レインソンはシャツを脱ぎ、三〇メートルほどの滝の真下にある深い水の淵に飛びこんだ。私も続き、ひと泳ぎしてから淵に近い岩の上に腰を下ろした。そして、冷たい水しぶきを浴びながら、黒いアジサシのような鳥が誰にともなく呼びかけながら大きく円を描いて水の上を飛ぶのを眺めていた。海にいる鳥を淡水の流れで目にするのは奇妙な感じがしたけれど、思い出してみたら、海はそれほど遠く離れているわけではない。

四時近くになり、レインソンはサカウバーに行きたくてウズウズしている。私たちは滝を離れ、崖の小道を自動車のところに向かった。

歩きながらレインソンは、ポンペイの文化におけるサカウの重要性を何度も繰り返した。

「もしも悲劇が起こったら、たとえば、あなたが車を運転していて道で誰かの子どもに衝突し死なせてしまうとかしたら、その子の家族に会い、サカウを飲みます。それが、許しを得る唯一の方法です。もしもあなたが、誰か結婚したい人に出会ったら、サカウを飲みながら家族全員に許可を求めます。もしもあなたが大切な物語を誰かと共有するとしたら、それはサカウを飲みながらなされます」

海へ向かう道の途中、アンペインという場所でサカウバーに立ち寄った。その村出身だったので、レインソンはペイテールの脇の茅葺き屋根の小屋に集まったすべての男女を知っていた。彼は、私を村の長、ハーバート・マイケルに紹介してくれた。以前はミクロネシア議会の上院議員だったという。レインソンはマイケルに、私がポンペイに来た理由や、私がアメリカから来たことなど話した。マイケルはアメリカのどこだと尋ね、私がコネティカットと答えると、頷いてあごを撫でている。彼はポンペイの言葉で、レインソンに、自分には東コネティカット州立大学で教えている兄弟がいると伝えるように言った。女たちがみんな笑っている。マイケルは完璧な英語を話したけれど、レインソンが私のために通訳することに慣れてほしいと思っていた。もしもレイソンがウナギについての物語を話してくれそうな老人たちのところに私を連れていこうとしているなら、技術を磨いておかなければならないというわけだ。マイケルはレインソンに、リップウェンチアックという名の川についてのちょっとした物語を語った。

「ウナギが川を上っていき、腰にたくさん鳥をつけた人間ウナギに出会った。彼女は怖くなって回れ右をし、川に丸い穴を掘った」

それだけだ。みんなは笑い、サカウがいっぱい入ったココナッツの殻を回していた。ペイテールの向こう側で、ふたりの男がハイビスカスの樹皮を裂いていた。もうふたりが、ペイテールでサカウを絞っている。マイケルが私にひと口勧めてくれた。アンペインのサカウは、とくにゼリー状でドロドロしている。レインソンの説明によると、飲み物を作るのにほかよりたくさんハイビスカスの樹皮を使うからだ。人々はかなり酔ってきているようすで、男も女も笑い、さらに笑ってばかりいる。私はそれまで、文献に書いてあるような、額や背骨がしびれてくるほど飲んだことはなかった。

心の片隅で、オウムが鳴くのを耳にしたような感じがした。振り向くと、美しい少女が立っていて、腕に明るい黄色い嘴《くちばし》の、深い藤色の鳥が止まっていた。オウムが彼女の耳に話しかけている。もしもあなたが熱心な愛鳥家だったら、何も知らずにこの光景に出くわしたとしても、すぐにここがポンペイ島であることがわかるだろう。と言うのは、ポンペイインコは他ならぬここにしか棲んでいないからだ。少女とオウムの姿には何か魔術的なものがあった。その場所に特別な、それからの何日間か私たちが耳にすることになる物語のような。

やがて、レインソンと私は首長に別れを告げた。私には、その夜コロニアでビルと一緒に食事をし、それからサカウを飲む約束があった。レインソンとは、日曜日の午後早く、アンペインで再び落ち会うことにした。

「何人かに、ウナギの話について尋ねておくことにします」と、彼が言った。

「どうやって君を見つければいい？」と、私。彼はコンピュータも携帯電話も持っていないし、家には回線電話だってない。遠くから彼が、頭上で手を振りながら答えた。「とても小さい村で、お互いにみんな知っていますよ。車で来て、レインソン・ネスって尋ねるだけでいい」

彼は歩いて森の中に入っていき、私は車を運転してコロニアに戻った。

町に帰り着くのが遅くなった。私は自然保護協会の事務所に立ち寄って、ビルを拾った。もしもサカウバーに行くつもりなら、座って食事をしている時間はないと言う。それで、途中でフライドチキンを少しつまんだ。サカウバーに行くには、いささか急ぐ必要があるそうだ。なぜなら、一番絞りが最も効くからだ。夜が更けるにつれて根は繰り返し何度も潰され、絞られ、少しずつ水も加えられ、飲み物は薄く、弱くなってくる。

サカウバーで、トニーという名のビルの友だちに行き会った。ビルが一九七〇年代にイエズス会のボランティアとして最初にこの島に到着したときからの古い知り合いだ。同じ小さな島に住み、かつては親友同士だったというのに、ふたりはもう何年間も会っていないと言う。私たちは、地元の人たちに混じって長いテーブルについた。太陽が沈むにつれてサカウを入れたカップが回され、満たされ、また回される。いろいろな話が飛び出し、長いテーブルの一方からまた一方に打ち返されている。

ビルは昔わがままな子どもで、できるだけ家から遠く離れていたかった。すでに二歳の頃には、自分はどこか別のところに行って暮らすようになるだろうとわかっていた、と彼は言う。カリフォルニアからポンペイに移った最初、マドレニムウにある高校で先生として働き始めた頃、島を一周する道路はまだ造られていなかった。コロニアからマドレニムウに行くには、舟に乗らなければならなかった。電話番号はわずか三桁。彼はたくさん飲み、たくさんの女性と寝、彼のボス、今は亡きゴスティガン神父と悶着を引き起こした。数ヶ月が過ぎ、数年経つうちに、彼はこの土地と人間に恋をした。とくに、農業の生き方に。彼は、人々は海の近くで暮らしてはいても、船乗りではなく、何より陸の人々だということを学んだ。自称「農的人間」で、故郷ではアーティチョークとカボチャ栽培農家で働いていたビルは、ポンペイ人が持っている、ものを育てる才能と地産の薬用植物に関する知識に魅了された。「この地で最も誉め称えられる人物とは、一番大きなヤムイモを育てることができる人間だ。それが、私だった」と、ビルは言った。

彼はハワイ大学でポンペイ固有の放任受粉植物を研究し、修士号を得た。研究の過程で、低地から六〇〇メートルを超える雲霧林まで、島のほとんどの場所を歩いた。木の下で眠り、珍しい病気にかかり

（象皮病も含まれている）、みんなの葬式に行き、すべてのヤムイモを数え、すべての木々を計測し、すべての植物を同定した。言葉を学び、地元の少女（高位の首長の娘だ）と結婚し、自分の両親を訪ねたときと自然保護の用件以外で、カリフォルニアに戻ったことはない。

「彼は島の中ですべてのパンノキとバナナの種類、特産のヤシとシナモンの名前を知っている人物だ」と、トニーは友人のビルを評した。

「それこそ、私が『ソウ・マダウ』、つまり、考えと計画の達人、という肩書きをもらった理由なんだ。大きなヤムイモを育てることでね」と、ビルは誇らしげに言った。

トニーは、サカウの効果を高めるために安物のウィスキーのビンを回した。ココナッツの殻が回されるにつれ、談話が川のように流れていく。時には絡まった渦の罠に落ちこみ、時には洪水に引き裂かれながら、しかし、元いた場所には決して戻らない。

「ココナッツの殻が持っているサカウのカップとしての美点は、全部それを飲み干すまで下に置けないってことだ」。殻の下側の丸い部分に触れながら、ビルが言った。

私の心は内側に向かい、もはやそれ以上話すことはできなかった。この場所、この島にやってきたクジラ漁師、宣教師、海賊、入れ墨をしたアイルランド人、スペイン人、ドイツ人、日本人のことを考えていた。数千年前、ポンペイ人たちはナン・マドールの不思議な石のお城を建設した。その人々（少なくとも彼らの遺伝子）が今でもここにいて、死んだ皮膚を脱ぎ捨てるように植民の波を弾き返している。

ラシアラップの老女の話

次の朝、私は少々のろ臭く、すべてが四分の一のスピードで動いていた。部屋の外側のバルコニーに座り、塩気を含んだ湿った空気を深く吸いこみ、オアヤシの種子、コバンノアシ〔訳注：*Barringtonia asiatica*、熱帯のマングローブの後方に群生するサガリバナ科の常緑小高木〕の葉っぱ、カラタと呼ばれるくすんだオレンジ色の皮の地元のバナナなど、それまで採集したいくつかのものをスケッチした。油っこいポンペイのドーナツを食べ、何杯かコーヒーを飲んだ。依然けだるい感じがする。故郷のことは忘れてしまっていた。自分自身、その土地の人間になったような感じだった。

ビルは、前の晩の痛飲でかなりひどい状態だった。職員採用のため何人かに面接しなければならなかったのに、気が進まない。それでも、ウナギ戦線でいくつかいいニュースがあると言う。アデリーノがその日の午後、彼の村アワクに私を連れていってくれるつもりだし、彼の息子アレンが、エスター・アレックスに会いに一緒に行ってくれる。ウナギの物語を知っている人物として、前に名前を示された年配の女性だ。私はいまだに、バラバラの断片以上の物語を聞いていなかった。

私はとうとう、ポンペイでは日中は物語を語るにはまったく向かない、という事実を甘んじて受け入れていた。それで、水際の市場をぶらつき、魚が入ってくるのを眺めることにした。キワダマグロの丸く膨らんだからだと天球のようにまん丸い目の中には、海を読み取ることができる。魚屋がマグロの内臓を抜き、いくつかの頭と内臓を道端の排水溝に投げ入れた。通り過ぎるとき、水が跳ね、ムチで打つような不思議な音が聞こえてくる。私は、鉄の格子の下の暗闇を覗き見ずにいられなかった。道端の溝の中のほんのわずかに動く水の中に、ウナギがいた。大きな奴だ。

手工芸品やいろいろ珍奇なものを楽しみながら、ずっとコロニアの道路を行ったり来たりし続け、気がつくと、農業局にアデリーノを訪ねる時間になっていた。

アデリーノの部下のひとりが車を出してくれて、一緒にコロニアからアワクまで二〇分間の道程を走った。島の東側を周る道は、キチに行く島の西側の道路よりもっと直接海に面している。

アワクは海風が吹きつける村で、広い視界の中にマングローブの小島が見える。私たちは、風化した青と白のスペイン風の教会の砂の敷地に車を乗り入れた。アデリーノが助祭を務めている教会だ。私は、運転者にガソリン代を払うと主張した。ガソリンは島では高価だ。アデリーノは私の申し出を、とても気前よい振る舞いと感謝してくれた。

教会の背後には美しい谷川が山から流れ下り、教会が建つ小さな島を抱くように二本の支流に別れて両側を流れている。私たちは教会の片側の橋に立ち、流れを見下ろした。アデリーノが土手の何本かのコンクリートの杭を指差すと、怪物のようなウナギが杭のあいだに真っすぐ静かに横たわっていた。

「私が子どもの頃、古い教会があそこにあった、あの杭の上に。礼拝のあいだ、木の床の下の川の音を聞くことができた。ウナギはいつも近くにいた」と、アデリーノ。

今ある教会は背の高いヤシの木に囲まれ、壁の白い色が黒紫色をした不穏な嵐の雲に向かってキラリと光っている。背後の海には、青く三角波が立っていた。

鞄を教会の駐車場に置き、私はアデリーノについて川の横に住む老人の家に向かった。名前はマニュエル・アモール。彼は、ここの川ケピン・アワクには潮の満ち引きがあって、大きなウナギは好きなときに行ったり来たりできると教えてくれた。本当に大きくなったとき、ウナギは海に出ていって決して帰ってこない、とも言った。ウナギは大きなサメに食われてしまうのだろうと信じていた。彼は、食器を洗った水を鉢に入れ、少し魚の身を浮かせてそれを川に注いだ。すると、何匹かの幅の広い頭、長い鼻孔、強い筋肉質のからだをした大きなウナギが水の両側や底から現れた。何人かの村の子どもたちが家の背後から姿を現し、水際に立っていた。私は水中で写真を撮るためのカメラケースを持っていたので、ウナギが集まる水面のすぐ下に入れ、何枚か写真を撮った。ウナギはカメラに興味を示し、ケースと私の手に鼻を押しつけてくる。私は、もしもその中の一匹が私の手をしゃぶって離さなかったら、痛いとは言わないまでも何だかとても当惑してしまいそうで、カメラを引き上げ水から何歩か後退した。

アデリーノは次に、彼の家に連れていってくれた。自分は、日曜日の礼拝の準備と、加えて、翌日は訪問中の大司教をもてなさなければならないのでとても忙しいと言う。しかし、それでもなお彼は親切だった。私たちは、半分ジャングルに隠れた家の玄関前の階段に腰を下ろした。息子のアレンが間もなくやってきて、教会から歩いて一緒にエスター・アレックスを訪ねてくれるそうだ。

アデリーノは身を乗り出すようにして、私がどうしてポンペイやラシアラップの人々のことを知ったのか尋ねた。私は、メイン州の海岸でシラスウナギ漁の調査をしているとき、ジョナサン・ヤンという台湾のウナギ・ディーラーに会ったことを話した。ヤンは、初め島のことについて話してくれて、それから、大きなウナギを輸出しようとして不思議な死を遂げた友人のミスター・チェンの物語をしてくれたということを。

アデリーノは、まるでその物語が自分にとって何か意味があるかのように頷いていた。

ちょうどこのとき、アデリーノの息子アレンが到着した。ハンサムで、屈強な若者だ。アデリーノは失礼すると言ってその場を去り、アレンと私はエスター・アレックスの家に向かって小道を歩き始めた。

消え入りそうな太陽の光の中で、海鳥が西側のジャングルから盛んに呼びかけ、道の反対、東の海側には深いマングローブの茂みがあった。人々の家はジャングルに寄り添い、わびしく簡素に見えた。ポンペイの家のほとんどは、四面とも膝ほどの高さの壁があるだけで開いている。人々は自然に囲まれ、開けた場所で寝る。中に入ると家は清潔で、鍋がきちんと重ねられ、セメントか土を固めた床はきれいに掃かれている。アレンと私は一キロ半ほど歩き、エスター・アレックスの家に着く頃にはほとんど暗くなっていた。

彼女の家はとても小さく、金属製の波板の屋根がコンクリートを流した床から木性シダの柱で支えられている。エスターの息子アーリンソが横に座り、彼女が話すのを通訳してくれた。私は、ラシアラップの人から初めてウナギの物語を聞けることに興奮していた。籠の中のインコの柔らかい笑うような声と、子どもたちの声と、夜の音が、その場の空気に風合いを与えている。アワクの学校で英語を教えている教師のアーリンソは、何度も間を空けながら、柔らかく、ゆっくり話した。間を空けるのは、ある部分母親に文章を完結させるためでもあり、また、文章と文章のあいだにそよ風と夜の音を自由に流れこませるためでもあるように思われた。

「さて、ウナギの物語があった」と、エスターが話し始めた。アーリンソが「ウナギ（eel）」を発音すると、「h」の音が加わって「heel〔訳注：踵《かかと》〕」のように聞こえる。「ずっと、ずっと昔、キチに夫婦がいた。ある日、妻は網を持って魚を獲りに出かけた。それで、網を水の中に入れて引き上げてみると、小さな岩、と言おうか、石が、網の中に入っていた。彼女は石を取り出し、放り投げた。そして、そこから移動した。多分、三、四メートル横に。そして、それからまた網を入れた。網を引き上げると、同じ石が入っているじゃないか！　それで、彼女はもう一度その石を拾い、放り投げ、また別の場所に移動した。三度目、彼女が網を水に入れ引き上げてみると、また同じ石だった」。通訳するアーリンソの声は、魚を獲っていた女が三度目に石を引き上げたとき感じたに違いない驚きと怒りを表していた。「そしてそれから、彼女は石を籠に入れ、家に持ち帰った。家に着いて、夫にその石を見せた。すると夫は、その石を小さな井戸に入れたらいいと言った。ふたりは、その井戸から水を汲んで飲んでいた。それから、ある日、彼らはその石がパカンと割れているのに気がついた。そして、中から小さな魚が出てきた。一匹のウナギがね」

「ふたりは、井戸の中でその魚を飼っていた」。エスターとアーリンソが続ける。「そして、それが大きくなったとき、彼らはウナギを殺そうと決めた。ところが、不幸なことに、魚がその計画を聞いていた。彼らはウナギを殺そうと計画したけれど、ウナギが聞いていたわけだ……。ウナギは、幽霊だった。それで、幽霊の彼女はそこを出て、つまり、井戸を出て、森の中に入り、最後はマドレニムウにたどり着き、そこでひとりの女を産んだ。その女が、ラシアラップなのさ。そして、私たちは、その女の子孫なんだよ。私たちの氏族は、ラシアラップとして知られている」。アーリンソが言葉を切り、物語は終わったようだった。しかし、母親が再び話し始めた。

「そして、それから、そのウナギはコスラエに行った」。アーリンソが訳してくれる。「あなた、コスラエに行ったことはある？　ウナギはポンペイを発って、それからコスラエに行き、それから、コスラエでまた別の女を産んだ。その女は、ポンペイに戻ってきた。ウーのナーンムワルキ、つまり指導者であるアデリーノ・ロレンスのおじさんはねえ、彼は、コスラエから来た女の子孫だ。それから、その後そのウナギは、コスラエからピンジラップ[7]、ピンジラップからヤップへ移動し、ヤップからまたポンペイに戻ってきて、ネッチで死んだ。ネッチに山がある。その山を眺めてみると、山はウナギのように見える」

「それで、私たちラシアラップは、本当に、そう、ウナギを尊敬している。しかし、ひとつ悪いことがあるんだよ。ある人々、コスラエの人たちねえ、あの人たちはここにやってきて、食べるためにウナギを殺す。もしも決まりを作らなかったら、そしたらすぐに川ウナギはいなくなってしまい、水は全部干上がってしまうだろう」。エスターは話をやめ、床を見つめ、窪んだ口が閉じられた。

「というわけで、ウナギは人間なんだ」。アーリンソが、自分自身で話を続けた。彼は布切れで顔を拭き、目を上げて私を見つめた。「彼らは、ちょうどあなたと同じように、口笛を吹いたものだ[8]」

「ウナギが口笛を吹いた、ってこと？」。自分が正確に聞き取ったのかどうか確かめたくて、私は尋ねた。

「そう。人間だ。みんなは混同していて、人間がそれをしていると考えている。しかし、それはウナギなんだ。ウーのナーンムワルキが死ぬとき、ウナギが道を歩いているのを目にすることができる。ナーンムワルキが死ぬちょうど前の日、普通、ウナギが道で踊っているのを目にするんだ。それは、何かが起こるというしるしで、とくに、高位の人々に何かが起こる。私たちラシアラップ、そう、私たちは、ウナギをもてあそんだりしない。その魚を、本当に敬っている。日照りが強くて小さな井戸が干上がっていると、ときどきウナギを海に持っていく、ウナギが死なないように」

それからアーリンソは、両手を膝に置き、私たちに立つよう身振りで示しながら突然言った。「さて、来てくれてありがとう」。そして、私と握手した。

アレンと私は、暗い道を教会と彼の父親の家に向かって歩いた。村の誰も、少年も少女も、若者も老人も、イヌもニワトリも、みんな外に出て道を歩いているように見える。道が村で、社交の舞台なのだ。

家に戻る途中、アレンは率直に話した。彼の祖父はウーのナーンムワルキだったという。祖父が死んだとき、人々は儀式のための大きなサカウの木を掘りに山に入った。「僕はほんの子どもだった。でも、一緒に行くほどには大きくなっていた。サカウを村、つまり、ここ、アワクに持ち帰って、みんなは大きな根を半分に割って準備をした。男が長い鉈を振り上げて根を打とうとしたとき、ウナギが現れた。僕も見た。丸い木の切り株の真ん中に、尻尾の先で立っていた。人々はそれを川に持っていって放した」

アデリーノは、今日は家族と一緒に海辺の静養先で一晩過ごす予定だと言っていた。一年に何度か集まるそうで、一緒に食べ、サカウを飲み、海辺でキャンプするという。しかし、私も来たいかとは聞かなかった。アレンと一緒に教会への道をたどりながら、私はいつ彼がさよならを言うのだろうと思っていた。しかし、私たちはそのまま話し続け、彼らの家も通り過ぎ、間もなく水に浸かったマングローブのあいだを曲がりくねる、サンゴが積み重なってできたくねくね道に入った。アレンが、これから家族に会いに行くと口にして、私はびっくりした。いつ彼の父は気持ちを変え、私も招こうと決めたのだろう。

マングローブは密生していて、もしも道が漂白された白いサンゴでできていなかったら、小道を見つけるのはむずかしかったと思う。ポンペイ島には砂浜がなく（理由の一端は、観光地になったことがないからだ）、珊瑚環礁の縁はたいていマングローブ林になっていて、満潮のときは水に浸かる。だから、もしも海の近くにいたいと思ったら、普通はサンゴか石で壇を造らなければならない。

マングローブの茂みを抜けて、アレンの家族が夜を過ごすキャンプサイトに到着した。ナースと呼ばれる儀式用の壁のない建物が水辺近くに作られ、アデリーノと家族の面々が屋根の下、ペイテールの周りに座ってサカウを叩いて飲んでいた。アデリーノは私を歓迎し、彼が言うところの拡大家族全員に紹介してくれた。それから、隣りに腰を下ろすようにと言う。男たちはみんなシャツを脱いでいて、私もそれに倣った。ペイテールのところにいるふたりの若者が、サカウを絞る準備をしていた。ひとりが長く引き裂いたハイビスカスの樹皮を何枚も伸ばして敷き、片方の端を折り畳む。ぬるぬるした樹皮の繊維を溶岩の板の上で平らに揃え、潰した根を樹皮の上に山積みし、それから樹皮の両端をつかんで捻り、中に包んだ根を絞る。筋肉を精一杯働かせて絞りきると、もうひとりがココナッツの殻を支え持って液体を受け止める。ココナッツの殻はアデリーノに手渡され、アデリーノはそれを私に回した。「これは四杯目だ。ここに来てもらって光栄だ。どうぞ飲んでくれ」

ナースの下にはご馳走が並べられていたけれど、全部覆いがかけられ、まだ誰も食べているようすはない。さらにカップが満たされ、回され、また満たされ、さらに回された。飲み進むにつれて会話が遅くなってくる。私は、何がアデリーノを促して最終的に私をこの集まりに招待しようと思わせたのか考えた。ついに彼もウナギに対する私の情熱を理解するに至った、ということもあり得る。あるいは、運転手に渡した二〇ドルのガソリン代に何とか返礼したいと思ったのかもしれない。

「私たちは、コスラエからポンペイに来て、ラシアラップ人と結婚した男を知っている」。アデリーノが話してくれた。「ある日、妻が不在のとき、我慢できなくなった。大きなウナギを殺し、それを食べたんだ。翌日、気分が悪くなり、一ヶ月後に亡くなった」

アデリーノはそれ以上語らず、ただ目を見開いていた。今や、夜も更けている。人々は十分飲み、話すのを止めた。

旅の最後のほうで、ウナギを食べたコスラエ人についての同じ話を聞いた。しかし、別の人からだ。話してくれたのは、ポンペイ島のムウォアキオラの環礁で生まれたシェリーという名の女性だった。彼女の夫の叔母は、コスラエ人の男と結婚した。妻がラシアラップだったので、ウーに住んでいた。彼は家の近くの流れでウナギを見つけ、始終ウナギを食べることを口にしていた。

「彼の妻は決してそうさせなかった」と、シェリーは言った。「彼女は、心底それに反対し、夫にウナギを食べてほしくなかった。しかし、ある日彼は妻に内緒でこっそり一匹のウナギを捕まえ、それを料理して食べた。そして、妻にはそのことを言わなかった。何日か後、彼は病気になり、結局入院した。病気は悪くなるばかりで、それでみんなは彼をコスラエの家に連れ帰り、彼はそこで死んだ。みんなが言うには、彼の皮膚にはウナギの皮膚に似た発疹のような斑点があったそうよ」

自然保護局の事務所でサーリーンが、シェリーの物語につながる彼女自身の話をしてくれた。彼女の夫がまだ子どもだったある日、彼は小川に行き、遊びでウナギを殺そうと決心した。彼は一匹をヤスで突き、また一匹突いた。そして、三匹目を突こうとしたとき、気を失ってしまった。みんなが彼を病院に連れていき、彼は何日間かひどい病気に見舞われた。みんなが言うには、彼が吐いたものはウナギのような匂いがしたという。

私は、アデリーノの家族の集まりにあまり長居したくなかった。それで立ち上がり、人間が造った一種の水囲い、つまり、サンゴで囲まれた水の横を歩いて戻ることにした。水の中には何匹か大きなウミガメがいて、亀を追って子どもたちがその周辺を走り回っている。亀は、月の光の中を優雅に泳いでいた。

呪術が生きていた時代

ビルはその朝、植えつけのための土壌の用意をして過ごし、土と汗にまみれていた。彼は挿し木用の切り穂を、あいだを空けて黒い土の山に挿していく。切り穂は萎れていて、どうしてそんなものが元気に育つのか不思議で私はそれを口にした。

「僕らは、どの植物にも水なんかやらない」。ビルは鍬を拾い上げ、それを木に立てかけながら説明してくれた。「一年のどの時期でも、間違いなく、すぐに雨が降ってくるからだ」。実際雨が降り、フニャフニャしていたビルの切り穂は空に向かって立った。

その前の晩、アデリーノのところから私はアワクにあるビレッジ・ホテルまで歩いて帰り、暗闇の中を自分の部屋に這い上り――ホテルはジャングルの中に、他から離れて建っている――翌朝、青天井の下、いまだかつて目にしたこともない美しい海の景色の中で目を覚ました。屋根のてっぺんのその場所から、遠くにソケースロックの息をのむような景色が見え、手前ではヤシの木々の頂きでミツスイが羽ばたき、葉っぱのあいだを出たり入ったりしていた。

そこから私は、コロニアからは島の反対側に当たるマドレニムウ行政区にあるビルの家にやってきたのだ。その夜家に泊まり、翌朝家族と一緒に教会に行って、それからナン・マドールを訪ねようと誘われていた。

ビルと私は、家の下の急な小道を降りていった。ジャングルと言っても、その場所はそれほど密生していない。木々のあいだに、タロイモ、トマト、サカウ、ナス、ヤムイモ、いろいろな種類のバナナ、パンノキ、アボカドなどが植わっている。私たちは日中ほとんど、何回かの激しいにわか雨のあいだも、戸外にいた。太陽が沈みかけ、甘い海のそよ風が吹き始める頃一緒に家に戻った。

ビルと奥さんのベリが住んでいる家は、コンクリートブロックに漆喰を被せてサーモンピンクに塗られ、壁がなく、共同生活スタイルで大勢が暮らしていた。ベリは仕立て屋で、お針子さんの女性をふたり雇っている。ベリは、パンノキ氏族のナーンムワルキの直系の子孫だ。家の横に、大きな家族が集まることのできる壁のない広いナースがあった。

暗くなる直前、家とナースに子どもや男や女たちが集まっていた。みんな鉢の中のアオブダイ、タロイモ、チキン、ご飯を手で取って食べ、寝るためそれぞれ自分の区画に引き上げていった。

「社交的な人間じゃなかったら、ポンペイでは生き残っていくことができない」と、ビルは言った。

何人かの若者がサカウの根を持って現れ、それを洗って切り、ペイテールの上で叩き始めた。同時に、子どもも大人も、どこか離れた電源につながれたテレビで日本のホラー映画を見始めた。たとえそうしたくても、サカウを逃れることはできない。

翌朝、私たちは歩いて教会に行った。道を越えたところに、今は閉鎖されている学校がある。ビルが島で最初に仕事をした場所だ。ここの教会も、アワクの教会同様海に面していて、新鮮な朝のそよ風が入ってくるようドアも窓も広く開け放たれていた。私は、色とりどりの青と緑の服を着た大人や子どもたちなど大勢の会衆の前で礼拝をリードしている男に気がついた。植物の呪術に詳しいとビルが言っていたCSPの職員、ヴァレンティンだ。ビルは、ここには主要な三つの社会構造の区分があると説明してくれたことがある。教会と政府と伝統的なシステムで、「もしも三つ全部の中で高い肩書きを持っていたら、それは出世したということだ」。ヴァレンティンは、そんなひとりだった。

礼拝のあと、私たちはナン・マドールに向かった。かつては建造物のあいだを海水の運河が走っていて、時として太平洋のヴェニスと呼ばれる石の遺跡である。幹線道路から遺跡へ向かう脇道への入り口を示す標識はなかった。ビルは雑草が生い茂る轍《わだち》を走り、遺跡の下の土地と岩礁の所有権を主張する家族が持っている小さな家らしきもののところまで行った。男は入場料として何ドルか徴収し、ビルはポンペイ語でウナギについて尋ねた。

「あの男は、マングローブに棲んでいる大きなウナギの物語を知っていると言っている。しかし、彼が話してくれたのはそれだけだ」と、ビル。

ナン・マドールは、少なくとも一六世紀まで、シャウテロール朝（ひとりの男の支配者がいて、シャウテロールと呼ばれていた）の下にあったポンペイの政治的、宗教的中心地だった。六〇ヘクタールにわたり、九三の人工の珊瑚島からなっている。その地域には、紀元前二〇〇年に遡る時代から人が住ん

玄武岩の巨石を積み上げたナン・マドール遺跡

でいた。しかし、オセアニアにおける最も壮大な建築学的偉業のひとつとされる巨大な玄武岩の構築物が造られたのは、おそらく一二世紀以降のことだ。

聖職者たちが、サンゴの根元に棲む巨大なウツボにイヌやカメを食べ物として与えていたと伝えられている。ナーン・サムウォールという名のウナギが、ナン・マドールの守護精霊と見なされていた[9]。

デイヴィッド・L・ハンロンは『Upon a Stone Altar: A History of the Island of Pohnpei to 1890〔石の祭壇――一八九〇年に至るまでのポンペイ島の歴史〕』の中で、「占いで定められたときと農耕シーズンの変わり目、聖職者たちはプウング・アン・サプゥと呼ばれる長期にわたる尊敬と懇願と贖《あがな》いの儀式を挙行した。儀式は、ナン・マドールの中のイデードという小島の浅い池に棲む偉大な海ウナギ、ナーン・サムウォールへの捧げものとしてカメを供えるとき、最高潮に達した。捧げものをナーン・サムウォールが受け入れたことは、ナーニソーンサプゥ（シャウテロールの主神）が、ポンペイにおける人間たちの振る舞いに満足していることを示していた」と記している。

ナン・マドールを造り上げている五角形、六角形の玄武岩の柱（あるものは、三・五から四・五メートルの長さがある）は、島の中の、遠く離れた別の場所に露出した溶岩から切り出されたと信じられている。遺跡の隅石のあるものは五〇トン以上の重さがあり、平均でも優に一〇トンを超えるから、現代人には当然、古代人がどうやってそれらを運んできたのか不思議だった。ある人は竹の筏《いかだ》に載せて動かしたと言うけれど、ビルによると島には竹が原生していない。島の人たちは、呪術師が、多くの玄武岩が切り出されたと思われるソケースロックから石を飛ばしたのだと言う。考古学者たちは、どのような筏で彼らが石を浮かばせたのか明らかにしようと試みてきたけれど、どんな実行可能な方法にも行き着いていない。確かに、どんな方法を試してみてもうまくいかなかった。

「私が聞いた最善の説明は、ここには昔、今よりずっと魔法があったというものだ」と、マングローブに向かう道の途中で立ち止まってビルが言った。

ジャングルの中をブラブラ歩きながら、ビルは次から次にナン・マドールについて解説してくれた。しかし、ヤシの木々とツタとマングローブがいっぱいに生い茂る遺跡にいよいよたどり着くや、私たちは黙って歩いた。

暖かい日で、浅いライム色の水の中の遺跡を水に浸かりながら歩くのは新鮮だった。宮殿の建物は並外れていて、玄武岩の「丸太」の質感と古色はまるで暗い金属の彫刻のように思わせる。しばらくのあいだ私はビルを見失い、パンノキとヤシと明るい赤色のミツスイのただ中にたったひとりだった。

ケミシックの物語

晴れた明るいその日曜日の午後、ビルの家を発って島の南側を回り、レインソン・ネスに会いに車でキチに行った。ＣＳＰの職員の中で、彼だけが本気で私を手助けしようと心に決めてくれているように思われた。それはある部分、ウナギそのものと、ウナギと自分の氏族との深くて古い関係に関する、彼自身の好奇心に発していたと思う。

レインソンに言われた通り、アンペインに乗り入れ、どこへ行けば彼に会えるか道にいた少年の一団に尋ねた。数分もしないうちに、レインソンが通りをこちらに向かって歩いてきた。彼は計画を立てていて、伯父さんに会いに行くという。

教会の敷地に車を乗り入れると、人々が午後の礼拝から出てくるところだった。助祭の家のところで、私たちはレインソンの伯父さん、ロレンソ・ギルミートを見つけた。家の前のポーチの影の中で、地面に座っている。足を組み、足のタコをつまんでは低いガラガラ声でぶつぶつ言っていた。何だか酔っぱらっているみたいで、定期的に唇を嘗める。どうも、あまり期待できそうもない。

気だてが優しく親切なレインソンは、伯父さんの近くに座るよう身振りで私を促した。それから、英語と、次いでポンペイ語で、なぜ私がポンペイに来たのか簡単に説明した。

「フーン」。伯父さんはそう呟き、それから笑い出した。何かいくつかの言葉をポンペイ語で言い、それからまた笑っている。何だか、馬鹿にされているような感じだ。彼の奥さんも近くに立っていて、やはり笑っている。彼は、奥さんに何か言った。レインソンは表情を変えないままだ。伯父さんは何と言っているのか、私はレインソンに尋ねた。レインソンはきっと、そのままを正確に伝えるにはあまりに礼儀正しかったのだろう。

ロレンソは幼い少年に合図して、何か食べ物を持ってくるよう言いつけた。少年は、私のため茹でたタロイモをお皿に載せて持ってきてくれた。白くてほんの少し甘く、すり潰してココナッツミルクと混ぜてある。老人はもう一度笑い、旅のあいだ中みんな物語をしてくれるのを渋っただろう、と尋ねた。私は、そうだ、と答えた。確かに、ある人はそうだった。心のうちではおおいに落胆したけれど、彼が話したくないというなら仕方がない。

伯父さんは木の手すりにもたれかかり、ウナギについては明朝話すことにしたらどうか、と尋ねた。

レインソンが私を見て肩をすくめた。私はこれ以上の落胆はないといった表情を見せ、レインソンは地面に小石を投げている。と、伯父さんの声の調子が変わった。

「音楽は好きか?」と、英語で聞く。

「好きです」と私。きっと自分のラジオのスイッチでも入れるのだろうと思ったら、そうではなく、お尻から上のからだ全体を前後に振り、やおら歌い始めたのだ。軽快なリズム、地から湧くような低音で、一分間ほどポンペイ語の歌を歌い、それから止まった。

伯父さんが歌うのを止めたとき、レインソンが微笑んだ。彼は、歌はケミシック、すなわちウナギについてのものだと言った。「これは、どうやってウナギが最初にポンペイにきたかを思い出させるものなんだ」

歌は物語への前奏曲だった。歌と物語はパズルのようにぴったり収まり、双方揃わなければ、片方だけでは十分でない。「歌は、次に何が来るのかに言及している」。レインソンは言い、歌はその地方の方言で歌われるので、ある言葉は彼にとってさえ理解するのがとてもむずかしい、と付け加えた。

レインソンの伯父さんは歌に続いて、いくつかの言葉を甥《おい》に伝えた。

「伯父さんは、サカウバーに行くので車に乗せてほしいと言っている。その後、家まで連れていってくれ、と」と、レインソン。

「彼は、物語を分けてくれるつもりかどうか言ったのか?」

「いや。でも、この場は彼の言った通りにしたほうがいい」

私たちは車でレインソンの伯父さんと伯母さんをサカウバーに連れていった。彼は、「二、三時間後、ちょうど日暮れ前に迎えに来てくれ」と言う。彼が飲んでいるあいだ、レインソンと私は、森に通じる小道の奥に住んでいるひとりの老女を訪ねることにした。レインソンは、彼女が怪物のウナギと一緒に小川のそばに住んでいることを耳にしたそうだ。

私たちは道端に車を停め、小さな川の端の狭い道を通ってジャングルの中を行った。小川の淵は暗い影に覆われ、水は冷たく透明に澄んでいた。一〇分ほど行くと開けた場所に出て、小さな茅葺きの家があった。痩せて弱々しい老女が家から出てきて、レインソンと私に挨拶した。私たちが来るのを予期していたかのようだ。

彼女は快くもてなし、椅子を勧め、孫娘に合図してお茶をいれさせた。自分自身は地面に座り、それでレインソンと私もそれに倣った。彼女は、家の近くの谷川にウナギがいるけれど、あまり大きくなりすぎて孫娘を傷つけはしないか心配なのだと言う。孫娘はまだ幼い、きれいな少女で、ウナギが棲んでいる水場で服を洗うそうだ。老女は、ウナギは人間なのだと言った。

「あんたには私が見える、あんたにはウナギが見える。どちらも同じなのさ」と、彼女。

このところ彼女は、ウナギをよそに移すか、さもなければ殺すことさえ考えているらしい。彼女の両親はそんなウナギをどこかに移す呪術を知っていたけれど、彼女自身は全部の知識を持っているわけではない。両親が知識の一部を彼女から隠していたのだと、彼女は言った。本当にウナギを愛してはいたけれど、自分がこの生き物をどうやって扱えばいいのかすっかり理解しているわけではないので恐れていた。いつかウナギを怒らせてしまい、何か悪いことが起こるのではないか心配なのだ。

「私の両親、あの人たちなら、ウナギに話しかけることができた。母親は、ウナギにどこかへ行くよう命じることだってできた」

レインソンは、洗い物をするという淵へ行って、話に出てきたウナギを見てみようと言った。ジャングルの中の深くて狭い水場の縁に着くと、彼は岸辺にひざまずき、小さなサバの缶詰の蓋を開けて魚の汁を水の中に垂らした。ほどなく、木の根の下から巨大なウナギが現れた。そのときまで、ウナギをそれほど恐ろしいと感じたことはない。しかしこのウナギは、常軌を逸していて、何をしでかすかわからなそうに見える。岸の近くでゆっくり注意深く食べ物を摂り、それから急にグイとからだを引き、暗い深みに引き下がっていく。そのとき、今見た奴の三分の一ほどの大きさの別のウナギが、サバの身を競って食べようとさっきのウナギの背後から現れた。巨大なウナギが突然向きを変え、小さいほうのウナギの横腹につかみかかり、巻きつき、取っ組み合いをし、両者のからだが絡み合って淵の水を泡立たせた。レインソンは何歩か後退し、私も後ずさった。

「彼は『これは俺の家だ』って言っている」と、レインソン。

大きなウナギが下流に向かって小さなウナギを淵の端まで追って行き、浅瀬を越えて次の淵にまで追い払った。それから岸辺のところに戻ってきて、食べ物を期待しているイヌのように私たちを見上げた。鼻面を水の上に出し、小さな目と角のような鼻が見える。私は以前大きなウナギと一緒に泳いだこともあったけれど、このウナギがいる水の中に入っていく気は到底起こらなかっただろう。あまりに不気味すぎる。

レインソンと私は、挨拶をして帰ろうと老女の家に戻り、しばらく一緒に腰を下ろしていた。何をするか予測できない隣人のように、ウナギが彼女を怯えさせているのは明らかだった。

と、彼女が話し始めた。ずっと何年も前のこと、姉さんがウナギに餌をやって育てていて、それがあまりに大きくなったのでみんなはウナギを殺すことに決めた。姉さんは、ウナギは子どもたちにとってあまりに危険になったと考えたし、お腹の中には別の子どももいたからだ。彼女たちの兄さんがウナギを殺しにきたけれど、ウナギは彼を川上に追い払ってしまった。それから何日か、兄が流れのどの淵に行っても、山の高いところにある淵に行ってさえ、ウナギがそこにいた。とうとうある日、彼はウナギを殺した。間もなく姉が子どもを出産した。しかし、子どもの目は閉じられたままだった。植物の呪術を知っている村の男のところに赤ん坊を連れていくと、男は、ウナギを殺したせいだと言った。それでも何とか、彼は子どもの目を開くことができた。

レインソンも、以前にその話を聞いたことがあった。物語に出てくるその子どもは、ＣＳＰの職員、プリモ・アブラハムの父親のことだと言う。

夕暮れが来たので、私たちは自動車のところに戻り始めた。レインソンの伯父、ロレンソを残してきたサカウバーに車で戻る頃、空気は奇妙に静まり返り、重く中空に浮かんでいた。伯父さんは他の人々と一緒にテーブルに向かい、笑い、周囲のみんなと仲良くやっていた。私たちを見ると、持ち帰り用に、ビール六本入りのパックとサカウをひと瓶買ってくれないかと頼む。私はそうした。

ロレンソと奥さんは立ち上がり、私たちと一緒に車に乗り、家に帰り着くまでみんな無言だった。老人は、彼の家からそのまま車でナースまで下っていくよう指示した。コンクリートでできたU型の壇があり、それまで見たたいていのナースと同じく木本性のシダの柱が金属製の屋根を支えている。真ん中に、サカウを潰すペイテールが用意されていた。私たちは車を停め、歩いてその小屋に入った。壇に座ったロレンソはくつろいだようすで、六本入りのビールパックとサカウの瓶を横に置き、劇場の舞台の上にいるかのようだ。この頃には暗くなっていて、レインソンがナースの周りのいくつかの電灯を点け、そのうちの一個がスポットライトのように彼の伯父さんの頭上に危なっかしそうにぶら下がっていた。まるで誰かがどんどんボリュームを上げたかのように、ジャングルの音が次第次第に大きくなってきた。ロレンソがレインソンにプラスチックのカップを持ってこさせ、自分のためにサカウを注いだ。それから、私に向かい、デジタルレコーダーのスイッチを入れるように言った。物語を始めようというのだ。目を閉じ、彼は歌から始めた。前に歌った歌を、また全部歌った。物語に先立ち、その中に織りこまれている歌だ。

ロレンソ・ギルミートが物語るあいだ、私には、何が語られているのかまったく知りようがなかった。ポンペイ語で語っていたからだ。それでも、レインソンのほうを見ると、顔の表情から、物語に引きこまれ、それを意義深いものだと感じていることが見て取れた。ナースを取り囲む暗い森から、カエル、鳥、昆虫、あらゆる物音が聞こえてくる。そしてさらに、ヒキガエルがそれに加わった。ロレンソが座った床の下から、最初は一匹、それから何匹か、最後は一〇匹以上のほとんど魔術的な声が響いてくる。ヒキガエルはおそらく、明かりに集まった昆虫に引き寄せられたのだろう。しかし、まるでロレンソの話を聞きに来たみたいだった。これこそが、物語が語られる舞台、物語が生きてきた場所なのだ。

私は、いかに徹底していても、翻訳ではそれを捕らえられないことに気がついた。それでもなお、もしも私がそれを記しておこうと思うなら、語り手の甥が翻訳してくれたらいいのにと感じていた。実際、彼に通訳してもらって、それまでに聞いた物語の断片、すなわち人々が分け与えてくれた一片ずつの話が、それぞれの場所に収まった。

何日か後、イヴォンヌの私の部屋でふたりしてそのとき録音した話を文章に仕上げていると、レインソンは私に、ポンペイに来てこの調査をしてくれてありがとうと言い出した。もしもこんな機会がなければ、決して伯父さんの物語を聞くことはなかっただろうからだ。私は、録音したファイルをレインソンのコンピュータにアップロードした。

「僕はこれを、息子に分けてやる。そしたら息子は、それをまた彼の子どもたちに分けてやるだろう」と、彼は言った。

多くの土着の物語同様、この物語も、土地の景観と、そこに住む生き物たちに親しんでいなければ完結しない。山の頂上の大きな岩棚といったある地形的な姿に話が及ぶとき、今でもそれを見ることはできる。しかし、物語は、何千年とまでは言わないにしても、何百年もの古い要素で構成されている。そうした物語には、旅の区切りの目印を記すことで地図として働いたり――オーストラリア・アボリジニたちのソングラインのようなものだ――、一年のどの時期、魚を捕るため岩礁に舟を出すのが最善か教えるといった、実践的な存在理由も秘められている。

土着の物語を録音しても、企ては失敗に終わるだけだと見なすことができるかもしれない。しかしなお、それらが急速に消えつつあるという理由だけでも、これらの物語を共有することには価値があると、私には感じられる。そのことを心に留めながら、ここに示すのは、土地の物語に近似したもの、その断片、いわば、作り話のひとつである。

昔ヤップ島に、結婚した夫婦があり、娘がひとりいた。
彼らは家の近くの小川の中に、ケミシック、一匹のウナギを飼っていた。
そんなある日、ウナギが大きくなったので、夫婦はケミシックを殺すことに決めた。
ところが、ケミシックが彼らの話を聞いていて、少女に言った。
もしも両親が自分を殺し、自分を食べたら、頭を持っていって、
それを家の表の戸の上に、顔を外側に向けて置くように。
それから、時が経ったらそれを土に埋めるように。

それで、両親がウナギを殺したとき、少女は彼女、
つまり、ケミシックの頭を戸の上に置いて、
何日か経ってから、それを降ろして埋めた。
すると、頭から三つのもの、メイン・イウェ、すなわちパンノキと、
二種類のバナナ、ウートゥ・ムウォットとウートゥ・エン・ヤップ(10)が育ってきた。

遠く離れたポンペイの島の、山の頂きで、二羽の鳥（土着のミクロネシアホシムクドリ）が
岩棚に止まって海を眺めていた。二羽のホシムクドリは、オスはムワーンライペイプ、
メスはペインライペイプの肩書きを持っていた。
（鳥に肩書きがあるという事実は、ある点で、彼らが人間であることを意味している）

彼らのいる山の高みから、何か、海できらめいているものが見えた。
それで、オスのホシムクドリ、ムワーンライペイプはそれが何なのか、
飛んで見に行くことにした。

ムワーンライペイプは飛んで、飛んで、飛んだけれど、あまりに遠くてたどり着けなかった。

それで、ポンペイに戻ってきた。そこで、メスの鳥がやってみることにした。

彼女は飛び立って、飛んで、飛んで、飛んで、とうとう陸地が見えた。

そして、十分近くまで来たとき、彼女は、キラキラ光っているものを見た。

バナナの実だった。

(彼女が飛んでいった島はヤップ島で、それは私たちの少女とウナギの物語が始まった場所だ)

ペインライペイプは、バナナの実を食べ始め、食べているあいだに、
バナナの中にあった実を飲みこんだ。
(このバナナはウートゥ・エン・ヤップ、すなわちヤップバナナで、
ウナギの頭から育ったものだ)
お腹いっぱい食べたあと、彼女はポンペイに戻るため飛び立った。
間もなく島に到着するというとき、彼女は、飲みこんだ木の実を
フンと一緒に、ローン・キチとして知られる岩礁に落としてしまった。

（キチ行政区の一部だ）

一方、ケピンという村のふたりの若い女が山の斜面を歩いて降りてきて、小舟に乗って岩礁に漁に出た。ふたりは海で漁を続け、満潮になったので、岸に戻り始めた。

帰る途中、波が何かに当たって砕けているのを見つけ、見に行ってみると、小さな石があった。女のひとりはそれを拾い、また水に戻そうとしたけれど、もうひとりが、自分がもらってもいいか尋ねた。

（その石は、実際にはバナナの木の実で、ホシムクドリが岩礁にフンと一緒に落としたものだ）

彼女は石を籠に入れ、ハイビスカスの葉で包んだ。それ以来、この種の魚籠は、コプウォウ・ラシ（ラシは、古いポンペイ語でウナギを指す）として知られている。

ふたりの女は海岸に帰り着いて、村への山道を上り始めた。

丘を上る途中、ふたりは足を止めて休み、石を見ようと籠を開けた。ハイビスカスの葉を開いて、ふたりは石に割れ目が入っているのに気がついた。それでふたりは、その場所をナン・イール、「割れ目の中」と名付けた。

ふたりは再び石を包み、それを籠に戻し、また歩き始めた。

丘のもっと上で、ふたりはまた休むことにした。
この場所で、もう一度石を籠から取り出し、ハイビスカスの葉を開いてみた。
驚いたことに、石は二つに割れ、その中にふたりは小さな虫のようなものを見つけた。
ふたりは小さな虫をハイビスカスの葉っぱで包み、ケピンへの急な坂道を上った。

とうとうふたりの女は川に着き、止まって水を飲むことにした。
川の横で休んでいるときもう一度籠を開き、ハイビスカスの葉っぱを開いた。
すぐにふたりは、小さな生き物が育っているのに気がついた。
ふたりは、虫はきっと赤ん坊のウナギだろうと考えた。
そこで、岩礁で捕まえた大きな二枚貝のひとつを取り出し、身をすくい出して、
ウナギのために川の水を貝に入れてあげた。
今でもその小川に行くと、橋の下に、ドウエン・ラシ、
「ウナギの場所」と呼ばれる淵を見ることができる。
その名前は、歴史上のこの出来事が起こった場所を指している。
今その場所は、ポーン・カチと呼ばれている。
その場所から、女たちは上り続け、とうとうケピンに着いた。
家に戻り、籠でウナギを運んできた女は、ウナギを、

彼女と夫が住む家の横の小さな流れに持っていき、水に放した。
彼女はウナギの世話をし、食べ物を与えた。
ウナギは育った。何年も経って、ウナギはとても大きくなり、
ふたりはウナギが恐ろしくなってきた。

ある晩、夫と一緒に寝床に横たわりながら、女が言った。
「明日になったら、ウナギを殺して料理してしまったほうがいい」
彼らは、翌朝早くに、ウナギを料理するため薪割りをしようと計画した。

しかし、夫婦は、ふたりが寝床で話しているあいだ、
ケミシックが話を聞いていることを知らなかった。
そのときまでに、ウナギは大きく育っていて、
流れの真ん中の水路に収まりきらなくなり、
川岸の、彼らの家の下に大きな穴を掘っていたのだ。
彼女はそこに棲み、その場所から、ふたりが話しているのを聞くことができた、
ウナギを殺そうという話もだ。
夫婦は眠りについた。

ポンペイでは、三番鶏が鳴くまでに太陽は昇り、それは、起きる時間だと言われている。

しかし、この朝、夫婦が三番鶏が鳴いて目を覚ますと、奇妙なことに、まだ暗かった。

夫は寝床を出て、雄鶏がどうして暗いうちに鳴いたのか外に見に行った。

しかし、戸口を出ようとして、何か湿ってぬるぬるしたものにぶつかった。

暗かったのは、巨大ウナギの尻尾が戸口を塞いでいたからだ。

夫は周りを見回し、何が起こっているのか気がついた。

そして、ウナギのからだが頭上の垂木にもたれかかり、
頭が寝床の上の妻を見下ろしているのが目に入った。

夫と妻はすぐ逃げ出し、家の茅作りの壁を抜け、森の中まで入りこんだ。
彼らは走り、走り、また走り、振り返ることなく山の中までたどり着き、
覆い被さるような大きな岩棚の下に隠れた。
それでも、ウナギは山までふたりを追い、
ケミシックは、ふたりが隠れる岩棚の上に登り、岩の縁から頭をブラリと出した。
男とその妻からはウナギが見えず、ふたりがしばらくそこにいると、そのうち雨が降ってきた。
しかし、ふたりが雨だと思ったのは、実際は、岩棚の上から滴ってきたケミシックの唾《つば》だった。
彼らはできるだけ岩棚の奥に身を押しつけていたけれど、
雨がぬるぬるしていることに気がついた。

「何という雨なんだ、これは？」
それから、ケミシックの頭が目に入り、逃げようとしたとき、
彼女、ケミシックが、ふたりを食べてしまった。

ウナギは女とその夫を食べてしまったけれど、あまりにたくさん、
それも、あまりに急いで食べたので、動けなくなってしまった。
それで、気分がすぐれず、岩の上に身を横たえた。
ケミシックが休んでいた、ちょうどそのとき、
クロウメイル、つまり、ウナギと人間の姿をとることができる精霊が、たまたま通りかかった。
クロウメイルは、神とか大首長のようなもので、輿《こし》に乗って、家来の人々に運ばれ、
ナン・マドールでの宴会に行くところだった。
ポンペイの支配者、シャウテロールの客人だったのだ。
彼を運ぶクロウメイルの人々は、支配者のための食べ物と贈り物も運んでいた。
クロウメイルはオオウナギが好きだったので、一緒に宴会に行かないかと誘った。
ケミシックは彼に、そのまま行くように、自分は気分がすぐれない、と言った。
しかし、クロウメイルは彼女の元を離れたくなかったので、
自分には別に約束があるので、後から迎えにくるようにと言って、人々を先に向かわせた。

人々がシャウテロールに贈り物を届け、クロウメイルを迎えに戻ってくると、クロウメイルは大きなケミシックに、一緒に自分の村に来てほしい、輿に乗ってくれれば、運んでいくことができると頼んだ。

クロウメイルの家来たちは抗議した。

「どうして私たちは、醜い、ぬるぬるした、この嫌らしい生き物を運ばなければならないのか?」

彼らは怒ってそう言った。

彼らはウナギを恐れていた。ウナギを表すケミシックという言葉は、恐怖を表す古い言葉、カマサックから来ている。

人々は、クロウメイル自身がウナギでもあることを知らなかった。

クロウメイルは花を輪に編んでレイを作り、ウナギの頭に載せたけれど、彼女の頭は平らだったので、きちんと収まらなかった。

とうとう彼は、何とかそれを頭の先端に載せた。

それが、なぜラシアラップ、ウナギ氏族の人々はレイを額に載せ、レイがそこに収まっているのかの理由だ。

ほかのたいていの人たちは、レイを頭の上に載せる。

人々はそのままウナギとクロウメイルを運んだ（嫌々ながらだったけれど）。
クロウメイルは、ウナギは自分の妻になるだろうと考えていた。

みんなが村に戻ると、人々は、
クロウメイルのために大きな宴会を準備した。宴会を準備するあいだ、人々は、
クロウメイルがこの嫌らしい動物を招待したことに不平を述べていた。
ウナギは、人々が自分について話しているのを耳にし、機嫌を損ね、
そのことをクロウメイルに話した。
「私はしばらくどこかへ行くことにします」
そう言って彼女は、村を去った。

彼女はナンピル川を遡り、山を越え、ローン・キチ川を下り、島の反対側まで行った。
ポンペイのこの二つの川の源はとても近く、今日でも、
ウナギは水を遡り、山を越えて島の反対側へ行くことができる。
ウナギはローン・キチ川を出て海に入り、人々が岩礁で漁をしているのを見た。

三月のことで、その季節、たくさんの魚が岩礁に集まって卵を産む。
ふたりの少年がフエダイの大きな群れの端で漁をしていた。

ウナギは自分も一緒に漁をしていいか少年たちに尋ねた。

それで少年たちは彼女にも漁をさせた。


大きなウナギは口を開き、ひと口で魚の群れをパクリとくわえ、全部飲みこんだ。

それから、岩礁に打ちつける大きな波を飲みこみ、魚をお腹に流しこんだ。

ウナギはさらに大きな口を開け、二つ目の魚の群れを飲みこみ、またもうひとつ波を飲みこんだ。

それから、三番目の群れと、もうひとつの大波。

それから、四番目の魚の群れを飲みこんだけれど、四番目の波は飲みこまなかった。

彼女は全部で四つの魚の群れ、三つの波を飲みこみ、
少年たちに礼を言って、岩礁を去った。

彼女は陸地に戻り、ローン・キチ川を遡った。
上流へ向かう途中、彼女はウナギの神、クロウマンドに遭遇した。
彼は人間の姿で、ジャングルで鳥の猟をしているところだった。
クロウマンドはあまりにたくさんの鳥を殺したので、
耳にも鳥をぶら下げ、手首にも腕輪のように鳥と連ねて巻いていた。
ウナギはクロウマンドを恐れ、彼から身を隠した。
彼女がそこにいるとは知らず、クロウマンドはウナギを踏みつけた。

そのとき彼女は、クロウメイルの子どもを孕《はら》んでいたので、クロウマンドが踏みつけたとき、最初のラシアラップを産み落とした。

彼女が出産した場所、その場所は、リップウェンチアックと呼ばれる。

リップウェンは「跡」、チアックは「足」という意味で、
したがってリップウェンチアックは、足跡のある場所だ。

さらに上流で、ウナギは再び出産したけれど、赤ちゃんは生きて生まれ落ちなかった。

生まれてこなかった赤ちゃんは、ラシ・オ・ドンの木になった。

ラシ・オ・ドンは地元の大きな木で、山で育ち、ラシ・コトプウと呼ばれる果物をつける。

(島の歴史家マウリシオは、ラシ・オ・ドンとラシ・コトプウというのは、
ウナギ氏族の支族だと話していた)

ウナギはそのまま先に進んで山を越え、ナンピル川を下って再び村まで行った。
クロウメイルは彼女が来ていることを感じ、人々に言った。
「宴会の用意をしろ！　私の妻が、漁から戻ってきた」
村人たちは、不平を言った。彼らは、ウナギが到着したとき、ことさら苛立った。
なぜなら、漁から戻ったところだとクロウメイルは言ったのに、
彼女は宴会に提供するものを何も運んでこなかったからだ。

ウナギはクロウメイルに、人々にバナナの葉っぱを持ってきて、伝統的な集会所、ナースの周りに広げるように言わせた。人々はクロウメイルの命令に従い、幅の広い、輝くバナナの葉っぱを何束も運んできた。ウナギは、もっと持ってくるように言い、それから、さらに持ってくるように言った。彼らが四つ目の場所にバナナの葉を敷き詰めたとき、ウナギは「それで十分」と言った。それが、なぜ今日、ナースでパーティーを開く際、宴会の料理を出す前に、四枚のバナナの葉かヤシの葉を敷くかの理由だ。

大きなウナギはみんなに、後に下がっているよう言った。彼女は咳でもするかのように、胸が苦しくてもがくような仕草をし始め、魚の群れを、ナースに広げたバナナの葉いっぱいに吐き出し、それから、波を吐き出してそれを洗い流した。それから、彼女は二つ目の魚の群れを吐き出し、また波を吐いてそれを洗い流した。それから、三番目の魚の群れと、三番目の波。それから、四番目の魚の群れが出てきたけれど、それに続く波はなかった。なぜなら、覚えているだろうか、彼女は三つの波しか飲みこまなかったからだ。そして、それが、今日まで、なぜブダイ（四番目の種類の魚だ）の鰓《えら》の後ろがあんなにぬるぬるしているかの理由だ。

なぜなら、それはぬるぬるしたウナギから出てきて、波の水で洗われなかったから。
これは、地元の人間がマフと呼ぶ種類のブダイで、ことさらぬるぬるしていて、とても青い。

いったん贈り物を引き渡してしまうと、彼女は宴会を去って、
ナンピル川を遡り、山を越え、マドレニムウのレーダウへ行った。
彼女は、随分長いあいだサパラップの村にとどまり、
ダウ・ソケールと呼ばれる海の潮と川の水が交わる水路に棲んでいた。
カヌーが水路を横切っていくと、巨大なウナギはいつも、
漁師のひとりをボートから落とすよう要求した。
そうやって彼女は、サパラップの漁師が珊瑚礁で漁をしに水路へ出ていくたびに、
ひとりずつ漁師を食べた。
そして、ほどなく人々は、こんなことが続いたら誰もいなくなってしまうことに気がついた。
それで、彼らは、ウナギをだます計略を巡らした。

彼らはカヌーにココナッツヤシの実を載せ、
さらに、風が通り抜けると音を出す大きな貝さえ乗せた。
まるで、ボートの上での宴会みたいだった。
それからカヌーに帆をつけ、それをコスラエ島のほうに向け、

ダウ・ソケールの水路に押し出した。

カヌーは帆を揚げて、トムワック水道から珊瑚礁を越えて海に出た。

ピンジラップのすぐ近くまで行ったとき、ウナギは何かようすが変なのに気がついた。

「私のために漁師を落とさない。この不遜な人々は誰なんだ？」

そう、彼女は自問した。

彼女は、コスラエまでずっとカヌーの後をつけ、
とうとうカヌーをひっくり返して、計略を見破った。

「このカヌーには、誰もいない。ココナッツばかりだ！」

それで彼女はすべてのココナッツとカヌーを食べ、ポンペイに戻った。

ウナギにとって不幸なことに、帰る途中サメに襲われた。
ようやくポンペイにたどり着き、ネッチ水道に入ったとき、
からだの半分しか残っていなかった。彼女は海岸線の一角で死んだ。
そして、ネッチで残されたその一角の土地は全部、彼女のからだなのだ。

これで、物語はおしまい。アヒ・ソアイ・プウォト・トロール・ウェイ・リキン・イムウェン。

これを、この家から、あなたの家のほかの人々に、伝えるように。

私が語る

ポンペイを離れる前日、私はロレンソ・ギルミートが語ってくれた話に当てはまる断片を話してくれる別のふたりに会った。島全体が口裏を合わせている、というのでもない限り、どの物語も基本的骨格は一貫しているように思われた。

私はまず、高位の肩書きを持つプロテスタントの牧師で、イヴォンヌホテルの夜警の叔父でもあるポール・ガレンに会った。彼は、ココナッツをいっぱい積んだ舟で村人がウナギをだますという物語の場面の、最も詳しいバージョンを知っていた。

それから、アワクの近くで、同じく高位の肩書きを持つラシアラップのマイケル・マルケスという男と会った。彼との面談は、息子のロセオがＣＳＰで働いていたお陰で実現した。マイケル・マルケスと席をともにするため、私たちはサカウの儀式をしなければならなかった。マイケルは健康を害し、何度も軽度の卒中の発作に襲われたそうだ。彼は、かつては物語を知っていたけれど、しかし今は思い出せなくなってしまったと丁寧に言った。

「二年か三年前に来たらよかったのに」と、父親の前で、息子のロセオははっきりそう言った。ロセオはサカウの根をきれいにするためその場を離れ、私ひとり父親とその場に残された。

みずみずしい緑に囲まれたナースの中に座っていると、マイケルが、「小さな流れにウナギがいる。見てみたいか？」と言った。マイケルは立ち上がり、庭の中をちょろちょろ流れる小さな谷川のほうにゆっくり歩いていった。重そうな平らな石にほとんど隠されるように、大きなウナギがいた。水は、ウナギのからだをやっと覆うくらいの深さしかない。どこからともなく、といった感じでひとりの少年が谷川に降りてきた。マイケルがポンペイ語で何かひと言語りかけると、少年はウナギの頭に触れた。突然、ウナギは平らな石の下の穴から出てきて、まるであやしてほしいとでもいうようにからだをすっかりさらけ出した。

少年は両手をウナギの下に差し入れ、水から持ち上げた。魚は何の抵抗もしない。実際、ウナギは、少年に抱えられるのが好きなように見える。マイケルが、これは、自分が生まれて以来この場所に棲んでいる五番目のウナギだと言った。「一匹が年を取ると、それは出ていき、もっと小さいのがやってきて入れ替わる。ある日、私の孫がウナギを棒で突いたことがあった。そしたらウナギは、一五メートルほど離れたナースまで彼を追いかけてきた。幸い私がその場にいて、それを見ていた。私がウナギを叱ると、自分の場所に戻っていった」

ロセオと友人のケスディーがサカウを潰し始め、私も一緒にやらないかと誘われた。私は誘いに応じ、シャツを脱いで、ナースの柱の近くに置かれた箱の中のたくさんの叩き石の中から丸い石を選んだ。石でサカウを潰し、こもった金属的な音を立てるのは小気味よい。私がジャングルの中で初めて聞いた音だ。サカウを十分潰したとき、ふたりの若者がやってきてそれを絞り、飲み物を差し出した。彼らは正式なサカウ給仕人で、高位の首長に飲み物を用意する務めを果たす。

最初の一杯はマイケルに手渡された。二番絞りは二番目に高い身分の人物、すなわち、息子のロセオに渡された。三杯目はマイケルの妻、四杯目はもう一度首長に手渡され、彼はそれを私に回してくれた。ロセオの説明によると、それは「彼が、あなたを、大切な人物だと感じていることを意味している」そうだ。かしこまって、私はそのぬるぬるした液体を飲んだ。

空は次第に暗くなり、サカウが効果を発揮し始めた。話が途絶え、小川にいる大きなウナギが、水を跳ねる大きな音を立て始めた。誰も、ウナギがその場の沈黙に会わせて水を跳ねているなどと口に出して認めはしなかったけれど、みんなジャブジャブというその音に神経を集中しているようだった。ロセオが最初に沈黙を破った。「今日まで、ラシアラップにとってウナギはトーテムだった。ウナギを守り、崇拝し、ウナギの世話をした」

私たちはそれから、再び黙りこくり、ウナギは再び谷川で水を跳ね始めた。

「私はかつては自分がウナギから生まれたと信じていたけれど、今はそれほどでもない」と、マイケルが言った。

私はなぜそうなのか尋ねた。

「それは宗教のせいだと、私は思う」。キリスト教が入ってきて、という意味だ。「あんた、ウナギの声を聞いたことはあるか?」と彼。私は首を振った。「彼らはクシャミをするし、あるいは、口笛を吹く。ちょうど、鳥のようなメロディーだ。私自身、自分のこの目で、ウナギが地上を、尻尾で立って歩いているのを見たことがある。そんなに速いわけではないけれど、遅いわけでもない。しっかり、その尻尾で立っていた。鳥を捕まえるため木にも登る」。こう言って彼は、手を上げてやって見せてくれた。「私は、一匹のウナギがヒメアジサシを狙って地上三メートルほどの木に登るのを見たことがある。昔はそんなことが起こったものだ。でも、今はもう起こらない。ウナギは、もうそんなことをしなくなった」

夜が更け、さらにサカウを飲んだとき、マイケルが私に、よければこれまでの旅で耳にしたケミシックの物語を聞かせてもらえないだろうか、と尋ねた。それで私は、自分自身の身振りを交えながら、思い出せる限り上手に話をした。

私は話し始めた。「ヤップ島にひと組の夫婦がいて、娘がひとりいた。そして、家の近くの小川に、ウナギが棲んでいた。夫婦はウナギに食べ物を与え、それが大きくなったので、ある日、ウナギを殺すことに決めた。ウナギは夫婦の話を聞いていて、少女に言った。『お前の両親が私の頭を切ったら、それを戸口の上に顔を外側に向けて載せ、それから土の中に埋めておくれ』。彼女はウナギが好きだったので、言われた通りにした。そして、ウナギの頭からパンノキと二種類のバナナが生長してきた」

私は話を続けた。どのようにホシムクドリが海でキラキラ光るものを見つけ、そこに飛んでいき、バナナの種を食べ、その種をポンペイに運び、それがウナギになり、どうやってウナギが自分を育ててくれた夫婦を食べ、それからクロウメイルの神に会い、何人かの子どもをもうけ、その子どもが最初のラシアラップになったのかということ。そうやって話しているあいだ、私はずっとマイケルが頷き、微笑んでいるのを見ていた。自分自身、どんなにしっかり覚えているかに驚いた。

私は途中でひと息つき、ロセオを見た。「父は頷いている。あんたが正しいからだ。あんたは、彼が物語を思い出すのを助けてくれた」

今や、みんなサカウのせいで静かだった。

私が続けると、マイケルはゆっくり頷き続けていた。何度か彼は私を止めて間違いを正したり、名前の発音を助けたりさえしてくれた。今では、すっかり思い出したみたいだ。まるで、塞き止められていた物語がちょっとした呼び水で解放されたかのように。

マイケルが最後の注釈を付け加えた。「サメに噛まれたとき、ウナギはピンジラップという場所の近くにいた。それで、彼女はピンジラップの砂を取り、傷口を覆った。それから、ウナギが疲れ、ほとんど死にかけてポンペイに帰り着いたとき、彼女は砂を傷口から取ってからだの下の地面に落とした。それが、そこの浜がなぜピンジラップと呼ばれているかの理由だ。サメの名前は、ナーン・ソウ・セットといった」

自分自身意図的にそうしたのかどうか、私にもわからない。しかし、話し終えたとき、役割が転倒しているのに気がついた。マイケルが、私を物語の語り手にしていた。そもそも私のほうが物語を求めていたというのに。

（1）原産の食品に代わる西洋からの食品（ソーダ、加工肉、白砂糖、漂白小麦、精米）が島の全般的な健康被害を生み出してきたと、ポスターは語っている。ビタミンAの不足、2型の糖尿病、心臓病、がんなどだ。

（2）『ミクロネシア研究ジャーナル』に発表した論文でビル・レイノールはこう書いている。「高地の森林は、いくつかの重要な生態学的役割を果たしている。おそらく、最も重要なのは、広範囲にわたって広がった根の体系と森林植生の下の相が雨水を捉え、地表の流出を阻止し、土壌への水の浸透を促していることだろう。地中で水はさらに濾過され、流れや川にゆっくりと放出され、やがて海岸線のマングローブや潟湖《せきこ》に流れていく」

（3）マルシアーノは、このお陰で「ポンペイのサカウには特有の匂いがあり、コスラエのサカウにはない」と言う。

（4）ビンロウジを噛むせいで赤くなった口と唾と歯は、南アジアを旅行していると普通に見られる光景だ。

（5）オオウナギ（*Anguilla marmorata*）は、南アメリカからインドネシア、ニューギニアを通ってフランス領ポリネシア、台湾、香港、日本南部にまで棲む土着のウナギで、ウナギの中では世界で最も広く分布している。多くのウナギ同様、熱帯性のウナギが自然状態で産卵するのを目撃した人はいない。推測される産卵場所は、すべて、オオウナギの仔魚《しぎょ》を捕獲した場所に基づいている。この種には少なくとも五つの異なる個体群があると考えられており、それぞれが別の産卵場所を持っている。少なくともひとつはインド洋、二つは北太平洋西部、二つは南太平洋西部である。最近の遺伝学的、形態学的なデータは、この種のうち、ミクロネシアのウナギは別種の個体群で、他のすべてとははっきり異なることを示している。しかし、その小さな仔魚はいまだに採集されていない。

（6）ラシアラップ氏族の人々はウーの出身だが、ある人々はその行政区の外側、たとえばキチのような島の他の場所に住んでいる。

（7）ピンジラップは、ポンペイ島のひとつの環礁。

（8）『Dictionary of Celtic Mythology〔ケルトの神話事典〕』の中で、ジェイムズ・マキロップは次のように書いている。「アイルランドの西部では、ウナギの口笛は飢饉を予示するものと考えられていた。しかし他のときは、ウナギは慈愛に満ち、井戸や不思議な泉の守護霊と考えられることもあった」

（9）ビルは私に、島の文化が海の生活から陸上での生活に移行するにつれ、川ウナギが海水に棲むものより重要性を持つようになったのだろうと示唆した。

（10）レインソンによると、ウートゥ・エン・ヤップは美しいバナナで、ヤップからもたらされ、皮が赤く、実はオレンジ色をしている。しばしばそれは、すり潰し、ココナッツミルクと混ぜて供される。ベータカロチンを豊富に含んでいる。

第10章　通り道の障害物

激減するウナギ

一九九〇年代の終わり、カナダ、オンタリオ州にあるクイーンズ大学の生物学者ジョン・カッセルマンは、アメリカウナギの分布の北限、セントローレンス川に帰ってくる若いウナギが大幅に減少していることを明らかにした。モーゼス・サウンダーズ発電ダムの魚道にやってくる若いウナギの数が、一九八〇年代には一〇〇万匹近くいたのが、一九九〇年代には一〇万匹に減り、一九九〇年代の終わりには一万匹以下に減少し、二〇〇〇年には実質〇になった。カッセルマンは、歴史的に言うなら、かつてメスのウナギはオンタリオ湖のセントローレンス川水源に近い部分の沿岸の魚バイオマス〔訳注：一定の空間を占める生物体の総量。通常、質量やエネルギー量で表されることが多い〕の五〇パーセントを占めていたのに、今ではそこに戻ってくるウナギがほとんどいないと述べている。

「本当に危機的だ」と、カッセルマンは私に語った。

さらに大変なのは、カッセルマンの観察したことが北アメリカ東部の川に限られた現象ではないということだ。全世界の川ウナギの生息数が、深刻な減少を見せている。二〇〇三年の『アメリカ漁業協会ジャーナル』は、「ここ数十年で、かつて豊富にいた稚魚が劇的に減少した。ヨーロッパウナギに関しては九九パーセント、ニホンウナギに関しては八〇パーセント減少している。アメリカウナギの分布の北限、オンタリオ湖への回遊は事実上終焉した」と述べている。

ウナギのような回遊魚にとって、発電用ダムの存在が種の減少をもたらす大きな問題だという事実、おそらく、それこそが主要な問題だという事実は避けて通るわけにいかない。セントローレンス川における一九三二年のボーアルノア発電所、一九五八年のモーゼス・サウンダーズ発電所ダムの建設は、それぞれセントローレンス川上流、オンタリオ湖とその支流という、単独では北アメリカ最大の養魚場を形成していた地域への、あるいはそこからの、ウナギの回遊を阻止した。[1] たとえ若いウナギが魚道を通ってダムを遡ることができても、下流へ向かう際の打撃にはほとんど打ち勝てない。

秋の回遊の期間、二つのダムのタービンによる死亡率は四〇パーセントに上ると、カッセルマンは私に話してくれた。しかもそれには、傷ついたり、サルガッソ海への長い旅を成し遂げるのに十分な身体条件を失ってしまったものの数は含まれていない。カッセルマンはさらに、「不幸なことに、セントローレンス川のダムは川幅全体をカバーしすべての流れを使うので、ウナギがそこをすり抜けていく可能性はほとんど、あるいは、まったくない」と、付け加えた。

二〇〇〇年四月、大西洋沿岸州海洋漁業委員会（ＡＳＭＦＣ）はアメリカウナギに関する広範な州間漁業管理計画を発表し、種を救うため必要な措置を講じるよう求めた。報告で示された東部海岸線における「非常に深刻な」減少のさらなる証拠にもかかわらず、提言された計画はまったく実行に移されなかった。二〇〇四年三月、ＡＳＭＦＣウナギ管理部会は記者会見を行ない、アメリカ漁類野生生物局（ＵＳＦＷＳ）に対し、絶滅危惧種に関する法律（ＥＳＡ）の下でアメリカウナギを保護するように求めた。ＵＳＦＷＳは、これに対応しなかった。

劇的な減少の証拠が急速に積み重ねられ、否定できないものになっていた。もはや、サルガッソ海では、この魚の歴史的な生息域を満たすに十分なだけのウナギは生まれていない。産卵場所に比較的近いサウスカロライナ、ヴァージニア、メリーランド州には依然多くのウナギがいる。しかし、カナダのセントローレンス川、アメリカのミシシッピー川など、かつてはウナギが豊富だった場所で、もはやほとんど姿を見ることがなくなった。同じようにヨーロッパでも、サルガッソ海のウナギの産卵場所に比較的近いフランスやイギリスの川には依然いくらか健全な数のウナギがいても、バルト海のデンマーク海峡を越えた北や、地中海東部（さらに、ナイル川）のウナギははるかに少ない。ＥＵは、ヨーロッパにおけるウナギの商業漁業を全面的に禁止しそうである〔訳注：実際ＥＵは、二〇一〇年に禁輸に踏みきった〕。同じような措置をアメリカでもとるようにという圧力が高まりつつある。

そのぬるぬるしたからだに加え、ヘビや男根を連想させることで、ウナギは人間の不安、さらには嫌悪をかき立てる傾向を持っている。サケ、カジキ、巨大なマグロのように容易に愛されないし、基金の金庫に財源を引き寄せるような、川と海を代表する勇敢で壮大な表象にもならない。だとしたら、誰がウナギのために名乗り出てくれるだろう。多分、ウナギのスポークスパーソンとなる人間は、ちょっぴり他の人と違って、粘り強く、みんなとは違った方向に動くような誰かだろう。

まさしく、マサチューセッツ州イーストンにあるストーンヒルカレッジの用務員、ティム・ワッツはそんな人物だった。あるとき彼は個人的好奇心から大西洋沿岸州海洋漁業委員会ウナギ管理部会の会議議事録を読み始め、さらに委員会のウェブサイトをくまなく探索した。(2)そして、ジョン・カッセルマンら、科学者や専門家によって発表された論文、アマチュア自然愛好家や職業漁師たちから寄せられた証言を読んだ。すべてのデータと個人的コメントが、ウナギの生息数は東海岸のあちこちで急降下しているという事実を指摘していた。

同じ頃、二〇〇四年の秋、ティムの弟、メイン州アガスタに住むフリーライターのダグも、ケネベック川の支流セバスティコック川のベントンフォールズ・ダムの下に数百匹の死んだウナギが見られることに気づいていた。ある晩兄弟は電話で話していて、全国的なレベル、地方レベルでの両者の観察が同じ問題に収斂《しゅうれん》することを発見した。彼らは、何かしなければならないと感じた。

ウナギの減少に対してアメリカ政府が行動を起こさないことに対する怒りをそのまま抱えていられなくなり、二〇〇四年一二月、ふたりの兄弟は絶滅危惧種に関する法律のリストにアメリカウナギを加えるよう求める市民の請願書を提出した。彼らの調査の周到さと請願書にある否定できない証拠ゆえに、アメリカ政府は申し立てを深刻に受け止めざるを得ず、当該生物種の現況に関する本格的な検証を約束した。それはふたりの兄弟、ブルーカラー・アメリカ人にとって、また、ウナギにとっての勝利だった。

ウナギに対する兄弟の情熱は人を動かさずにおかない物語となり、全国的なメディアの注目を集めた。『ニューヨークタイムズ』や『USAトゥデイ』、さらにはいくつかのナショナルパブリックラジオの番組が、兄弟と、ウナギの窮状に関する話題を取り上げた。ダグとティム、ワッツ兄弟の行動は、個人個人が世の中に変化をもたらすことができるということを例証したのだ。ペンと紙で、ふたりの普通の市民がアメリカ政府を動かした。少なくとも、耳を傾けさせた。

『ニューヨークタイムズ』に掲載されたＥＳＡリストへの追加の提案を読んで、私はすぐにダグ・ワッツに連絡を取ろうとした。八月までに、以前アトランティックサーモンをメイン州のＥＳＡリストに入れる運動で彼と一緒だった私の友人から、彼の電話番号をもらった。友人は、ダグは幾分予想がつかない人物で、自分の論点を主張するためには時として法外なことも辞さない、激しい、名うての活動家として地元では知られていると警告してくれた。

私は電話をかけ、こう尋ねた。

「ダグ・ワッツさん？」

「そうだ」。低い、ガラガラ声が答えた。

「私は本を書いていて……」

ガチャン。

接続が悪かったのだろうと考え、私はもう一度かけ直した。しかし、返答はなかった。さらに一〇回以上電話して、返答なし。結局、そのままにしておくことにした。多分彼は、ウナギ漁師からの脅迫電話でも受け取っているのだろう。

個人的にダグに連絡を取ることができず、私はワッツ兄弟の活動をウェブサイト、グルースカップアンドザフロッグ（Taunton River Journal, http://www.glooskapandthefrog.org/）で追い始めた（グルースカップは、メイン州に住むペネブスコットインディアンの創造神話の英雄)。サイトのひとつのページには、挑発的で、有り体に言って奇妙な、シャツを着ず、顔の前にメイン州のダムの発電用タービンで殺されたウナギを掲げた巻き毛のダグ・ワッツの写真が載せられていた。背後には、伝説的なミュージシャン、ブラインド・レモン・ジェファーソン〔訳注：アメリカで一九二〇年代に活躍したブルースシンガー〕の写真が見える。そのページは、「何が正しく、何が間違っているのか?」と、題されていた。

イライラするじゃないか。もしもこの殺しにモナーク蝶〔訳注：和名はオオカバマダラ〕か、ベニアジサシか、それともウミガメでも関わっていたら……公衆の抗議はタービンの刃を休止させ、半世紀にもわたって製造工場に電気を供給なんかしていない一〇〇〇ものダムを瓦礫にしてしまうだろうに。

魚が殺されていて、ただそれがぬるぬるしたウナギだというだけで、グリーンパワーの代償としてわれわれは問題を過小評価し、殺しを正当化している。

われわれの川にあるダム、とくに、海岸線にあるダムと川や海洋のエコシステムとの関係は、かつての殺虫剤と陸上のエコシステムとの関係に等しい。その違いは人々が問題に気づいているか否かで、いまだ、歴史を書き、現状に挑戦するレイチェル・カーソンが現れていない〔訳注：カーソンは『沈黙の春』の中で化学物質による環境汚染を告発し、環境保護運動の先がけとなった〕。

死んだウナギの衝撃的な写真、ヘンリー・デイヴィッド・ソローの引用、太い活字で記された「自己満足が殺す！」という人目を引く句に加え、ウェブサイトには、ティム・ワッツが撮ったシラスウナギと、橋の橋台の湿った壁をよじ登るのに成功し、役に立っていないダムの上まで達した仔魚《しぎょ》の美しい写真が載せられている。障害物を克服するウナギの反発力は心揺さぶるものだし、こうしたウナギたちの長い旅路のひとコマを記録するためティムが備えていたに違いない愛や忍耐力もまた然りだった。

北アメリカ東部の地図を広げ、陸地を縫って流れる川を人間のからだの血管だと想像してみると、からだは紛うことなく心臓停止に陥っていることだろう。今や、大陸分水嶺の東側で大西洋に流れこんでいる川のうち、ダムのない川はほとんどない。泉や湿地から川や海流に至る地球の循環系、相互に結びついたエコシステムのネットワークの健康は、生物と無生物との自由な交換に深く依存しているというのに。

エコシステムにおけるダムの影響は、常に表立って見えるわけではない。たとえば、ニューヨーク州、ペンシルベニア州、メリーランド州を流れるサスケハナ川にはかつてびっしりと淡水産のムラサキイガイがいて、それが自然に水を濾過し、多くの生き物に食料を提供していた。アメリカ地理調査局の生物学者たちは、基本的にダムを持たず、一キロメートル当たり三〇〇万匹以上という淡水産ムラサキガイを支えるデラウェア川でのイガイ調査を完了して、なぜ、今や近くのサスケハナ川流域には実質上ムラサキイガイが存在しないのか疑問に思った。研究者たちは、淡水産のイガイの幼生は宿主のからだに付着し、その宿主が川の上流、下流にイガイを運搬し、その後幼生は宿主を離れて小さなイガイになることを発見した。そして、このとき、最も普通に見られるムラサキイガイ（*Elliptio complanata*）が好んで付着するのが、河川システムのほぼ全体を回遊することが知られている特別な種類の魚、すなわちウナギだったのだ。一九〇〇年代初期、一連の巨大ダムがサスケハナ川の下流域に建設され、ウナギが上流域に生息することが阻止された。[3] ウナギがいなくなって、淡水産のムラサキイガイは宿主による分配システムを失い、消えてしまった。

サスケハナ川のエコシステムからウナギと淡水産ムラサキイガイが失われたとして、いったいどんな結果がもたらされるというのか、と問う人がいるかもしれない。かつてウナギは、東海岸の大小の川の全魚類バイオマスの二五パーセントを占めていたと考えられている。確実に今日、その分のバイオマスが、ミサゴからタヌキ、サギ、シマスズキに至る他の生き物に食料を提供することができない。ほかにも影響はある。デラウェア川のような健康なシステムでは、ムラサキイガイは毎日一キロメートル当たり四七億リットル以上の水を濾過している。イガイの濾過作用をもたないサスケハナ川では、どのように川の全般的な健康が影響を受けることか？

生来の生息域の多くの場所で、今やサケは産卵のため大きな川の水源にまで達することができない。シャッドも、エールワイフ〔訳注：ニシン科の回遊魚でシャッドの一種〕も、他の回遊魚も同じである。危機に瀕しているのはサケの生存だけではなく、散らばった卵や産卵後の死体がかつて支えていた生き物、トビケラ、グレイリング、ニジマス、ワシ、クマ、すべての存在なのだ。ウナギを失ってしまったとき、危機に瀕してしまうのは何だろう？

ジョン・カッセルマンは私にこう言った。「ウナギは、何か重要なメッセージを私たちに送ってくれているのだろう。問題は、私たちがそれを読み取っているかどうか、ということだ」

ウナギを救う闘い

初めてダグに電話をしてから二、三年経ったとき、もう一度彼に連絡を取ってみることにした。今度はEメールだ。偶然彼は、天然のマスの保護について私が書いた、フライフィッシング専門誌の記事を読んでいた。それで、返事をくれた。

「俺は、あんたの文章を見た。このところ、フライフィッシングをする連中には何となく幻滅を感じていた。彼らの多くにとって、マスは、泳ぐゴルフボールみたいなものらしい。あんたの文章の中の意見は当を得ているし、おおいに評価できる」

彼は、メイン州アガスタに訪ねてきたらいつでも歓迎する、と言ってくれた。それで、日取りを設定し、車で出かけた。

ダグは奥さんとともに、町の外の工業区域にある慎ましい家に住んでいた。彼女は陶芸家で、ダグは、時々の契約に応じて書くフリーのライターかつ活動家で、同時にアートや音楽にも携わっていた。

私たちは台所のテーブルを挟んで座り、横には鉢植えのオリヅルランとセントポーリアが置いてあった。奔放そうな茶色の目、痩せたからだ、巻き毛の茶色い髪。全体としてダグは、気難しげなエネルギーが脈打つ逃亡者、といった印象を与える。たくさんの猫がうろうろ歩き回り、その中の一匹が膝の上に飛び乗った。ダグは、彼と彼の兄を縁まで追いつめたものについて猛烈な勢いでまくし立てた。

「セバスティコック川は、アガスタの上流三十数キロの辺りでケネベック川に流れこんでいる。ベントンフォールズは、その川の二番目のダムだ。メイン州で最後に造られた発電用ダムで、建設されたのは一九八七年」。ダグは以前から、メイン州自然資源局の報告書を読んで、このダムが大きなメスのウナギを殺しているのを知っていた。これらのウナギは、ダムが建設される前、若い頃にセバスティコック川水源の湖まで遡り、からだのホルモンがスイッチを押して産卵のため海に戻る準備が整うまでそこに棲んでいたものだ。「やっとその時が来たというのに、彼女たちは戻ることができなかった。今話しているのは、三〇歳、四〇歳の生き物のことだ。俺は、発電用ダムに傷つけられ、まるで靴下を脱ぐみたいに皮を引き剝かれた何百匹ものウナギを始末した。みんなには、まるで扇風機の羽に手を突っこむようなもんだと話してやる。ただし、この羽はもっと大きいし、金属はもっと硬い」

ダグが使う比喩や視覚的イメージは、穏やかなものではない。彼のウェブサイトには、切断されたウナギの写真が掲載され、次のようなキャプションがつけられている。「これは、ウナギの口からぶら下がった鰓《えら》だ。タービンの刃の力が、喉元からそれを吹き飛ばしてしまった。自分のお腹の中に強力な力が加わり、肺が吐き出されてしまう光景を思い描いてみるといい」

ダグはダムに行って水の中を探した。ダムの基底部の川底は、ウナギのからだで埋まっていた。あるものは死んでバラバラになっている。あるものは傷ついただけで、まだ生きてグルグル泳ぎ回っている。ダグは州の役所に電話し、自分が目にしたことを話した。州側は、発電所を運営している電力会社は何ら違法なことはしていないし、ダムはどんな法律も犯していない、と答えた。ともかくダグたちは、電力会社に対し自主的にタービンを止めてくれるよう要請した。ジョージア州アトランタに住むオーナーの返事は、要するに、「知ったことか、そんなこたあ、気にしない」というものだった。

「川底いっぱいに、何百も、何百も、何百もウナギがいた。州は何もしようとしなかった。ダムのオー

巨大な水力発電のタービンが、ウナギの回遊を妨げる

ナーは、何もしようとしなかった。それで、ティムと俺は電話で話し合ったんだ。二人とも、そうさ、ひどく怒っていた。出向いていってひと暴れしてやりたいほど怒っていた。大きな理由は、メイン州の政府が、ただただ両手を上げて降参するだけで、『そんなことは気にしません』などとほざいたからだ」

その次にしたことは、ダグ・ワッツをメイン州で悪名高くしているひとつの実力行使だった。彼は真っすぐ、アガスタにある環境保護局の事務所に直行した。手にした買い物袋には、五匹の大きな死んだウナギが入っている。「信じないっていうのか? ほら、これを見ろ」。彼は役人たちにそう言って、死体をじゅうたんの上にぶちまけた。ダグにとって、それは総力戦だった。

何度も努力して、しかし、州から得られたものは何もなかった。ティムが、ASMFCのウェブサイトと、セントローレンス川におけるウナギの減少に関するジョン・カッセルマンの研究を教えてくれた。そして、「もし、このカッセルマンという奴が正しいなら、ウナギの全個体数が減ってきているってことになる」と言った。私に向かってこうした話をしながら、ダグは怒って声を荒げた。「動物が黙って殴られるままでいるのは最後に諦めてしまう直前だけだ。彼らがおとなしく従っているのは、さんざん虐められて文字通り背中が折れ、まさに砕け散ってなくなってしまおうとしている直前だけなのさ」

ダグは非常に有効な相似として、リョコウバトを持ち出した。一九世紀、ジョン・ジェイムズ・オーデュボン〔訳注：一九世紀前半に活躍したアメリカの画家・鳥類研究家〕は、一〇億羽を数える、雲のような渡り鳥の群れについて記している。リョコウバトの数は六〇億羽を超えていたと推定され、それは、北アメリカの全鳥類のバイオマスの二五パーセント、あるいはそれ以上を占めていた。毎年何百万ものリョコウバトが殺されてはいても、依然その集団が消えてしまうことなどあり得ないことのように思われた。(4)

「そして、同じことはニューファンドランドのタラについても言われていた」。ダグは続けた。「そんなことはあり得ない……」。ダグは咳払いをし、さらに声を大きくした。「タ、ラ、を全部捕、り、尽、く、し、て、い、し、ま、え、る、な、ん、て、そ、ん、な、こ、と、は、あ、り、得、な、い、!」。それから、もっとゆっくり、しかし、さらに大きな声で繰り返した。「グランドバンクス〔訳注：北米大陸東岸の大陸棚にあり、世界有数の漁場として知られていた〕のタラを取り尽くしてしまえるなんて、そんなことはあり得ない！　馬鹿げている！　それは、プランクトンを取り尽くしてしまえると言っているようなもんだ！　海の中の塩を全部取り尽くしてしまえると言っているようなもんだ！ってな。で、わかるか、今やリョコウバトはいない。われわれは、それを確認している。そして、ニューファンドランドのタラ漁も消えてしまった。なくなってしまったんだよ。終わってしまった」

同様に、かつては、セントローレンス川にこの上なく豊富にいたウナギが消え去ることなど決してない、と言われていた。一八八〇年一〇月一八日の『ニューヨークタイムズ』紙の中で、記者は、「セントローレンス川におけるウナギ漁は、おそらく世界一生産的であり、ウナギの質は比類ないものと見なされている。この不思議な魚は、他のどの魚よりも、文明の要求に抗してなお自らを維持しているように思われる。おそらく……この貴重な食料供給は、この場所で、無限に豊富なままであるだろう」と書いている。ところが、二一世紀の最初の数年で警鐘が打ち鳴らされた。ウナギは消えかかっている。

ダグは言った。「そして、それが、俺たちが請願書を提出した理由だ。というわけで、ＡＳＭＦＣは、絶滅危惧種に関する法律の下での現況検証を求める書簡を連邦政府の魚類野生生物局（ＵＳＦＷＳ）に送ることを決議した。ところがだ、ＡＳＭＦＣが実際真剣にウナギをリストに載せることについて議論しようというのなら、馬鹿もんめ、それだけじゃダメだ！」

「そこに至っても、何が起こるかはわれわれにはわからなかった。俺はティムに言ってやった。ASMFCはリストに載せるための正式な申請はしないだろうし、正式な申請がなければ事態を進展させる引き金は引かれないだろう。それでも、そう、俺たちにはできる」

そして、彼らはやった。彼ら自身が二〇〇四年一一月に申請書を提出した。そしてそのすぐ後、AP通信〔訳注：アメリカ最大の通信社〕のジャーナリストが兄弟についての記事を書き、結局それは、アメリカ中の主要な新聞の記事になったのだ。

自分自身書き手として、ダグは、実際何が起こったのか、どうしてそんなに話題になったのか、十分承知していた。「この記事が一面に取り上げられたのは、書き出しがいかにも奮っていたからだよ。『マサチューセッツの用務員と彼の弟で失業中のライターが、連邦政府に対し、ヌルヌルベトベトで誰も気にかけもしないアメリカウナギを、絶滅危惧種としてリストに載せるよう申請した』ってな。まったく馬鹿げた言い草で、放送されたのは、『ふたりの兄弟が、おそらく世界中で、俺にはわからないが、ケジラミの次に最も好きにはなれない生き物を守ろうとしている』、ってな調子だった」。彼は咳払いした。

「マサチューセッツのひとりの用務員が、ダニの福利を心配しています！」

ダグは立ち上がって脚を伸ばし、頭を振り、笑いながらコーヒーをいれ始めた。私は彼に、「リストに載せる申請書」なんて、いったいどうやって書けばいいのか質問した。彼はニヤリと笑い、コーヒーポットに水を入れながら、強いマサチューセッツアクセントでこう答えた。

「インターネットで、『絶滅危惧種保護法のリストに加えるための申請書』と打ちこむ。いろいろたくさんの申請書を眺め、そこで使われている法的な書式を見つけ出す。で、俺がしたことは、『アラスカラッコ』という言葉が出てきたらそれを消して『アメリカウナギ』というのに入れ替える、全面的なコピー・アンド・ペーストさ」。そう言ってから彼は、私が冗談に引っかかるのを見て、腹を抱えて大笑いした。

実際のところダグは、申請の過程に十分通じていた。アトランティックサーモンをメイン州における絶滅危惧種としてリストに載せるよう働きかける運動に関わっていたからだ。団体がサケのリスト化を求めて訴訟を起こしたとき、彼は訴訟の原告だった。ほとんどの調査はすでにティムが済ませていて、ダグはウナギに関する申請書を一週間で書き上げた。申請書は三五ページにわたる非常に読みやすい文章で、尽きることがなさそうに見える歴史的証拠と現在の証拠を提示していた。それらの証拠はすべて、同じ悲しい事実を指し示している。

ダグはこう説明してくれた。「正式な申請書が政府に提出され、法令に定められた時計が動き始めた。絶滅危惧種に関する法律（ＥＳＡ）は、申請書がその種に関する本格的な現況検証が必要だという科学的根拠を示しているかどうか、九〇日以内に判断しなければならないと定めている」。ダグが言うには、政府が九〇日以内の検証を終えるのに六ヶ月かかった。それでも二〇〇五年七月、ＵＳＦＷＳはその九〇日の通知を発表し、ワッツ兄弟は全面的な現況検証実施の根拠となる十分な科学的情報を提示したと決定した。

「おおいに力づけられるじゃないか。何てことはない、文字通りコンピュータに向かって座り、書類を書き上げ、それで政府を動かして何かをさせることができる、っていうわけだ。このことすべてに四〇セントの切手代しかかかっちゃいない！」

ＵＳＦＷＳの報告書

ウナギは、大西洋の海岸線全体に昔から生息している。また、歴史的には、オハイオ州、テネシー州などミシシッピー川全体とその支流すべてに遡上した。一時ウナギは、合衆国全体の三分の二の領域で、基本的に土着だった。ダグは、ウナギの生息域があまりに広範なので、法律（ＥＳＡ）の下でウナギをリストに載せることは、ロッキー山脈以東の大小の川に放流している、あるいはそこから水を引き入れているすべての施設に影響するだろうことに気がついた。それで、兄に言った。「お前、知っていたか、ティム？　リストに載せるというのは、水爆みたいなもんだ」

ダグは立ち上がってふたりのマグにコーヒーを入れ、自分のにスプーン何杯か山盛りの砂糖を入れた。「ティムと俺には、何か不正が入りこむだろうってことがわかっていた。なぜなら、もしも役所が、たとえ保護の緊急性の低い『絶滅危惧種』としてでも、いったんウナギをリストに載せたら、多くの場所、多くの人間、多くのビジネス、多くの産業に影響を及ぼすからだ。俺たちは、いわば、『そうさ、わかっている。この問題はどんな解決にもたどり着かない』、そんな気分だった」

いったんリストに載せるための申請が出され、政府が現況検証の実施には根拠があると決定したら、それから一年以内にリストに載せるかどうか決定がなされなければならない。ワッツのウナギの申請の場合、一八ヶ月が経過してもなお政府から何の返答もなかった。ティムは、現況検証をまとめて報告書を書くよう指名されたUSFWSの生物学者、ヘザー・ベルに連絡を取って、いつになったら決定がなされるのか尋ねてみた。彼女は、自分にはわからないと言う。さらにそれから数ヶ月が過ぎ、ふたりとも政府からはいっさい反応はないだろうと、まさに諦めかけていたそのとき、雲間から青空が現れ、ESA関連の立法を専門とする首都ワシントンの法律事務所がワッツ兄弟のウナギ問題を取り上げ、接触してきたのだ。公益のための、無償の活動としてだった。

その事務所の弁護士メイアーとグリッツェンスタインは、USFWSの遅延を告訴した。裁判は六ヶ月間だらだらと続き、二〇〇七年一月、USFWSはとうとう二月中には決定が下されると約束した。(5)二〇〇七年二月二日、USFWSは三〇ページの報告書を発表した。ヘザー・ベルによって書かれたもので、アメリカウナギを絶滅危惧種のリストに加えることには「根拠がない」というものだった。ベルは次のように書いている。「ウナギ生息数はある地域では減少してきているが、全体としては有意な回復を示している。もしも、長い時間経過の中で見るなら、ウナギの数には上下の変動が観察されるだろうし、したがって、現在のウナギの減少は必ずしも不可逆的な趨勢《すうせい》を予測させるものではない。その種の全体としての生息数は、絶滅の危機にはなく、あるいは、予知できる将来そうなるようには見受けられない」

「結論自体馬鹿げている！　俺は山ほどこんな文章を読んできた。この報告書に関しては、奴らは帳簿をごまかしたって、俺にははっきり言える」と、ダグは言った。

標準的な現況検証では、調査の中で、誕生から死に至るまで、その生物種の生存に否定的影響を及ぼすすべての異なる要素を同定する。そして、報告の最後で、これらすべての効果が一緒になってその種の潜在的な絶滅可能性にどのように影響するかを考察する。これは、累積的影響分析と呼ばれる。しかし、ＵＳＦＷＳの最終報告では、ウナギに効果を及ぼしているすべての要素が分離され、別々に検討されているだけで、それらを合わせての考察はなされていない、と、ダグは言う。

「実際の世界では、ウナギは、有毒物質、ダム、漁労、生息環境の後退、これらすべてのことに同時に影響される。おそらく、気候変動や病気もあるし、種全体に何か質《たち》の悪い線虫の寄生さえ広がっている。報告書を書いた学者たちがまったくしなかったことは、『これら全部の要素が一緒になってウナギの存在の持続の脅威になっていないかどうか』を問うことだ。わかるだろう、俺はこいつを一〇回ほど読み返してみた。それで俺はこう言うよ。『ここには欠けているものがある』ってな」

累積的影響分析では、すべての問題が一緒になってどんな結果をもたらし得るか予測しようとする。ダグの言い方に従えば、「一〇〇〇ヶ所もの紙の切り傷がもたらす死」ということだってあり得るのだ。

このことは、アトランティックサーモンや大西洋チョウザメの場合のように、標準的な検証では日常的に扱われ、環境レポートにおける最も基本的な構成要素のひとつである。その上、報告書の長さと調査の深度から言って、政府が宿題を果たさなかった、あるいは果たしたくなかったということが、ダグの目には明らかだった。

「アトランティックサーモンについての現況検証報告書は、三〇〇ページだった。ウナギについては、三〇ページ」と、ダグは言った。

ダグは報告書の作成者ベルに電話して、説明責任を問いただした。

「俺は彼女に言ったんだ。『これは、エコロジー初級コースのレポートだよ。もしもあんたがこれを修士論文として提出したら、落第するだろう！』ってな。それから、ヘザー、あんたは正直なところ、これをアメリカ漁業協会ジャーナルに投稿できるって考えているのか？　できないはずだ、拒否されるだろう。あんたは、査読付きの科学雑誌では拒否されるって初めからわかっているものを、ＵＳＦＷＳの公式的な法的見解として提出しているんだ。これを、正直に提出しようと思ったのか？　いや、そんなはずはない、あれを書いたのは弁護士だ。科学的な文書なんかじゃない、法律的な文書さ。それで、ヘザーにこうも言ってやった。『ありのままのあんたじゃないって、俺にはわかっている。あんたはスマートだ。ここにいるのは監禁状態のあんただ』」

累積的影響分析を行なっていないばかりか、報告書はウナギのライフサイクルに関し、不相応な前提を持ち出してウナギの種に及ぼすダムの影響を放免している。そこでの見解は、基本的に、ウナギが生き残っていくためには淡水の生息環境が必要なわけではないと言っているのだ。ダグは憤激のあまり両手を高々と上げた。「まるで、ハクトウワシが巣を作るのに木は必要じゃないと言ってるようなもんじゃないか。電柱を使うことだってできるんだから」

報告書は、その議論を支持するために塚本勝巳の論文を用いている。確かに勝巳の論文は、基本的には、その通り、ウナギは淡水に入りこむことなくライフサイクルを完遂することもできる、ウナギは純正の降流魚ではなく、淡水に入りこむか入りこまないか選択する、と言っているからだ。こうした行動は、条件的外先型と呼ばれる。

「ウナギはきわめて可塑《かそ》的な種である。魚に含まれるストロンチウムやカルシウムの蓄積から、その魚が淡水にいたのかどうか確かめることができる。われわれは、あるウナギは一度も淡水の川に行かないことを発見した」。さまざまな塩分濃度の河口の水にウナギが棲んでいるこの現象は、後に、アメリカウナギを含む温帯北部に棲むウナギの種に関し、科学者たちによって実証された。ニュージーランドのウナギに関しても同じだった。

ウナギが新しい条件に適応できるかどうか、時間が証明してくれるだろう。彼らは確かに回復力に富み、結局のところ、北にある淡水の生息環境の主要な部分が何百年にもわたって氷で覆われた氷河時代を生き延びてきたのだ。しかしながら、ウナギが歴史的に分布してきた場所から多くの生息・生育環境が後退していけばいくほどウナギは少なくなるだろうという点に関しては、議論の余地がない。

USFWSでのヘザー・ベルの立場に公平を期して言うなら、彼女はその仕事をきちんと果たした。東京にある海洋研究所のマイク・ミラーの説明によると、「ESAの下で政府が評価しているのは、ウナギが深刻に減少しているかどうか、困難な状況にあるか否か、一〇〇万単位で殺されているかどうかではない。絶滅の危機にあるかどうかの決定だ。それはむしろシステムの欠陥なんだろうけど、今のところ、急激な減少に直面している生物種を守るため先制的な手段を行使する組織はないんだ」。

USFWSは、アメリカウナギに関する現段階での知識を議論し決定するため、ウナギ生物学及び生態学の多くの分野の専門家を集めて、少なくとも四回、主要な検討会を開いた。その上で、絶滅の可能性の明白な証拠はないと結論づけたのだ。とは言え、生息規模の減少自体は否定の余地がない。ダムは、大きな要因のように思われる。しかし、検討会に参加するため政府に招かれて飛んできたマイクは、こう話してくれた。「問題はむしろ海にあるのかもしれない、というさらに多くの証拠が積み上げられてきている。減少のタイミングが、北アメリカにおいてほとんどのダムが建設された時期とぴったり一致しない。一方、海の環境システムの変化とは、もっと一致しているように思われる」

ジョン・カッセルマンの第一の懸念は、ウナギが絶滅しかかっているということではなく、何かもっと抽象的なことだった。

カッセルマンは私にこう語った。「私が恐れているのは、私たちからウナギがすっかり失われてしまうということではなく、私たちとウナギとの結びつきがなくなってしまうということだ。ウナギ漁は、イロクォイ族のようなカナダのファースト・ネーション〔訳注：イヌイットを除くカナダの先住民に対する法的呼称〕の人々にとっては高度に生産的で、ほかのすべてがダメになってしまったとき彼らを生き延びさせてくれたんだ」

（1）五大湖の水を海に排出するセントローレンス川は、北アメリカの淡水のウナギの生息場所の約一七パーセントを占めている。
（2）二〇〇四年三月に開かれた大西洋沿岸州海洋魚業委員会アメリカウナギ管理部会において、コネティカット州代表のエリック・スミスはこう述べている。「私は、この問題が今から五年先といったときまで放っておかれないことを望むだけです。そう、今やわれわれにはいくらかデータがあり、それに対処することができます。このことは、スライドで見るように、かねがね厄介事となってきました」
（3）メリーランド州自然資源局（ＭＢＳＳ）ニュースレターの一九九九年三月号は、次のように述べている。「アメリカウナギの減少の最も劇的な例は、サスケハナ川におけるダムの建設である。一九二〇年代に川の本流にコノウィンゴダム及び他の三つのダムが建設される以前、サスケハナ川流域全体にわたってウナギは普通に見られ、釣り人に人気があった。コノウィンゴダムの建設の結果もたらされたウナギの喪失数を見積もるため、われわれはサスケハナ川下流域のアメリカウナギに関するMBSSのデータを用い、そこでの数値からダム上流域の数値を推定した。最も控え目に推定して、一九二〇年代に比べ、今日のサスケハナ川流域のウナギは、概略、一一〇〇万匹少ないと考えられる」

「親ウナギがサルガッソ海まで回遊して産卵し、死ぬ結果、ウナギが担っていた分のバイオマスとウナギに蓄積されていた栄養分はチェサピーク湾の外に運ばれる。ウナギが減少したことで、外に運ばれる栄養分が少なくなり、その結果湾内の富永養化が進み、それがより求められる外洋の栄養分が減少している」

（4）エドワード・ハウ・フォアブッシュは、一九〇〇年代初め、『A History of the Game Birds, Wild-Fowl and Shore Birds of Massachusetts and Adjacent States〔マサーチューセッツ及びその近隣州における猟鳥、野生キジ、岸辺の鳥の歴史〕』の中で次のように書いている。「リョコウバトが実際に消えてしまうまで、それを守るどのような適切な試みもなされなかった。これらの鳥の保護を目指す法律が提案されるたびに、どこの州においても、それに反対する人々は立法府の委員会の場で、リョコウバトを守るどんな手だても必要ないし、その数は膨大で、国の広大な地域にわたって分布しているのだから、鳥たちは勝手に自分たちでうまくやっていけるのだ、と主張した。こうした議論が、この鳥の種を保護する適切な方策となり得るあらゆる法案を打ち負かした。これが、結局この鳥の絶滅がなぜ急速にやってきたのかの理由である。われわれは、年老いた鳥も若い鳥も、すべてを根絶するのに全力を尽くし、成功したのだ」

（5）ワッツ兄弟のための法律事務所の無償の活動には、実際、USFWSが法的責任を負っていると決定された時点で、アメリカ政府によって費用が支払われた。

第11章　それでも狩りは続く

魔法のような夜とウナギの神秘

好奇心が満たされることはないだろう。今日、多くのことを知るに至っても、なお、ウナギの誕生と性生活の謎への好奇心は、満たされていない。他の多くのものと同様、これらのことは、世界の最後のときまで決して学ばれないよう運命づけられているのだ。あるいは、もしも――と言っても、ここでは私が推測し、私自身の好奇心に翻弄されるに任せて言うだけなのだが――世界はきちんと配列されていて、したがってすべてのことが学ばれ、好奇心が枯れ尽くしてしまうとき（願わくば、好奇心よ永遠なれ）、それは世界が終わるだろうときなのだ。

それでもなお、たとえ、いかに、何が、どこで、いつ、についてどれほど学んだところで、われわれに、なぜ、がわかるだろうか？　なぜ、なぜ？

グレアム・スウィフト『ウォーターランド』

二〇〇八年秋、この本の閉じられていない終わりをまとめあげるため、いくつか質問しようと東京にある海洋研究所のマイク・ミラーにメールを送った。マイクは、大きなニュースがあるけれど、日本のメディアへの公式記者会見が行なわれるまで明かすわけにはいかない、と言ってきた。それがどんなニュースなのか、何となく予想がついた。詳しくはわからなくても、他の事柄とは考えられない。彼らは発見したのだ。

数週間後、マイクは、東京の水産総合研究センターの研究者が乗りこんだ調査船が、産卵場所で初めて降流型ウナギの親の標本を捕まえたと話してくれた。船は、ニホンウナギと巨大なオオウナギのオスを一匹ずつ、さらに、ニホンウナギのメスを二匹、漁業用トロール網を使って初めて採集した。マイクと塚本勝巳が、それまでで細小の、孵化《ふか》直後のウナギの仔魚《しぎょ》を捕まえたグアムの西側の地点から遠くない場所だった。「発見は、それほど魅力的というわけではない」と、マイクはメールに書いてきた。理由の一端は、採集時には生きていてしばらく水槽の中を泳ぐことができた一匹のオスのオオウナギ以外、ウナギは産卵をすでに終えて力尽き、ほとんど死んでいたからだ。

「しかし、少なくとも、とうとう海で親魚が捕まった」。彼はそう付け加え、それでも、華やかなファンファーレが鳴り響く調子ではなかった。

その夏の発見が実際のところ彼にとってどんな意味を持っているのか、それを読み取りたくて、ある朝東京の彼に電話した。私は彼に、自分はこの瞬間を恐れていた、と話した。しかし、発見に関するマイクの扱いは控え目だった。

彼はこう言った。「成魚の発見は、僕たちがこれまで知らなかったどんなことについても、実際新しく何かを語っているわけではない。不思議はまだそこに残っている。僕たちは依然、どうやって彼らが産卵するのか知らないんだ。どれくらいたくさんいるのかも、一度にその場に到着するのか、あるいは、段階的に産卵するのかも知らない。正確にそれがどこなのか、知らない」。彼の説明によると、捕まったウナギは何日か前に産卵し、産卵場所からかなりの距離漂流していたかもしれない。「それに、僕たちは、ウナギが産卵するところをいまだに見ていない」

それでも、年ごとに研究者たちはウナギの隠された生活に分け入ってきている。ヨーロッパの研究者は、自分たちの川に帰ってくる若いウナギの不安なまでの激減に直面し、ウナギにタグをつけての調査を加速させている。二〇〇六年秋と、さらに二〇〇八年、科学者たちはポップアップ・タグを装着した親ウナギをアイルランド西岸から放流し、サルガッソ海までの追跡を試みた。

「彼らは見つけ出すと思うか?」と、私はマイクに尋ねた。

彼は、当たり前といったふうにこう答えた。「さあ、本当に見つけ出すことなんて何もない。僕たちは、どこでウナギが産卵するか知っている。それは、大きな疑問ではない[1]」

私は彼に、なぜ日本の漁業研究機関はそんな莫大なお金をニホンウナギを見つけるために使ったのか尋ねた。そのことに、どんな価値があったのだろう?

「機関は、産卵の生態や環境について知りたいと思っている。ウナギは正確にどこで卵を産むのか、どれくらいのウナギが卵を産むのか。彼らは、漁業管理という観点から資金を調達した。しかし、基本的には、ちょうど、そこに出かけていって捕まえられるかどうか見たいと思う、カウボーイのようなものだ」。マイクは、海洋でのウナギの成魚の発見はウナギに関する科学的知識にそれほど多くのものを付け加えなかったし、ウナギのライフヒストリーのすばらしさから何ものも奪い去らなかった、と示唆した。

「ヨーロッパウナギや他の降流型のウナギによってなされる長い回遊は、魚の中でも珍しい」。そう言ってマイクは、もの思いに耽るふうだった。「信じられないほどだ。巨大なマグロはかなり遠くまで地球上を回り、産卵場所に戻ってくる。しかし、ウナギのように、淡水から戻ってきて産卵するわけではない。それに、一生に一度だけそんなに遠くまで行き、それから死んでしまう生物種は本当に少ししかいない」

彼は、産卵場所の位置は、何か地磁気の地図感覚によって生まれたときウナギの仔魚に刷りこまれると考えている。

「ウナギが磁気感覚を持っていることは証明されてきた。そして僕は、彼らが磁気感覚を持っているのは、おおよその産卵海域を見つけるためだという仮説を持っている。いったんそこに近づいたら、おそらく、温度、塩分濃度、そこに来て役割を演じる相互の匂いなどで彼らは集合し始める」。彼はそう言い、それから付け加えた。「もちろん、これは全部推測だ。しかし、ほかのことを想像するのはむずかしい、じつに。だからこそ謎なんだ。一体全体、どうやってそれを成し遂げるのか？」

「それが、君が夜中に目を覚ましたときに考えることってわけ？　君にとっての燃える疑問？　どうやってそこに行くかという？」

「僕がこのところ毎日考えていることは、他の種類のウナギ属の産卵場所を見つけ出すことに関してだ。

南太平洋で、インド洋で、それからインドネシアの海で。勝巳と僕は、来年はインド洋、その次はインドネシアの海に戻る。少なくとも二回の航海が日程に上がっていて、他のも計画中だ。僕たちは船の時間を確保してある。したがって、出かけていく。依然、狩りの途中というわけだ」

誰だって、すてきな宝探しは好きだ。ウナギの探求には大きな玩具、目立った燃料支出、乗組員、科学者のスタッフが要る。それは、データ収集のための水に浮かぶ共同体なのだ。ところが、海に出ると、データ収集の目的は疑いと不確かさの中でボンヤリしてくる、とマイクは言う。ことウナギに関する限り、マイクと彼の同僚たちは、直感とスピリチュアリティが科学の中に織りこまれていることを発見した。彼が好きな物語のひとつは、ニホンウナギの産卵場所を初めて発見した、一九九一年の勝巳との航海にまつわるものだ。そのときは、航海最後の日を迎え、依然一匹も仔魚を捕らえていなかった。そのままでは調査は失敗に終わってしまう。気力も萎えていた。その夜、帰還の前に彼らは最後の網を引き上げた。

最後の夜を迎える日の午後、乗船していたスタッフのひとりが正式なお茶会を開いた。彼は茶道の文化伝統を学び、資格も持っていた。その夜幸運が網に訪れ、一匹、二匹どころか何百匹もの透明な葉っぱ形のウナギの仔魚を捕まえたのだ。それは、その赤ん坊たちが、親が卵を産んだ場所のすぐ近くにいることを示していた。マイクと航海のメンバーたちはその夜のことを「魔法のような」という言葉で形容する。彼らは喜んで、その捕獲を、着物を着た仲間が行なってくれたお茶の儀礼によってもたらされたスピリチュアルな集中力の賜物と見なしている。

「ウナギはスピリチュアルな魚だと思う?」と、私はマイクに聞いた。

マイクは笑いながらこう答えた。「僕は、今、科学のテーブルについている。それについては、また別のときにしよう。みんなが考えるほど単純ではない」

ことははっきりしている。個人的な経験を科学的に評価するのはむずかしい。科学は扱いやすい情報を集めて解釈するシステムで、明らかに、スピリチュアルな事柄や個人的経験に関係している問いは容易に調べて説明し、数量化することができない。「多くの科学者たちは、個人的な経験をまとめて全部無視する。主としてそれは、測ることができないからだ。もしも科学に携わっているのなら、それは必ずしも誤りではない。しかし、もしも地球上の生命を評価しようと思うなら、多分、間違いだ」と、マイクは言った。

もしも個人的な経験についての情報を集めたら——もしも、たくさんの物語や、否認されてきた事柄を蘇らせて記録し、解釈したら——そうした証拠は、はるかに複雑な宇宙像を支えてくれるだろう。

仮にポンペイの先住民の誰かが、氏族の高位の首長が死ぬ前の日にウナギたちが水から出てきて道で踊るのを見たと話したら、あるいは、ヒメアジサシの卵を盗むためウナギは木に上ることができると話したら、そんなことは起こらないとどうして私に言えるだろう? ある人は、「さあ、そんなことは不可能だ」と言うかもしれない。私は、多くのもの——その中には非物質的な存在も含まれる——を包みこんでいる宇宙を信じるようになった。

私にとっては、先住民の物語の信憑性が重要なわけではない。大切なのは、物語が存在しているという事実だ。そして、もしそれらが異なる文化にも無数な形で存在しているとしたら、何か本質的なこと、思うに、心に留めるべききわめて大切なことに言及しているのだ。魚の多様性、あるいは世界中のどんなタイプの生き物であれ、その多様性を保存することは、私たちの畏れと霊感の源を保存することに関わっている。もしもスピリチュアルなシステムの基盤を形作っている生き物を失ったら、もしも、私たちがスピリチュアルであることを鼓舞してくれるものを失ったら、そのとき、私たち自身が失われてしまうだろう。

私たちは、積極的に物事を知ろうとする性質、自分自身の情感について熟考する能力、新しく創り出し、想像する能力を賦与されてきた。しかし、その賜物は保持されなければならない。それは、すでにこれまで想像されてきた自然の解釈、本や絵画、自然史博物館の死んだ動物の皮膚や骨によって養っていくことができる。それでもなお、もしも可能なら、その源も保存し、人々が原初の水源から飲むのを許す、ということであるべきではなかろうか？

ウナギは、時間に縛られない、活力に満ちた命そのものの回復力の隠喩である。勝巳がウナギについて書いた詩の中で言っていたことを、別の言葉に言い換えてみよう。なぜ生き、なぜ死ぬのか？　どうして私たちは、こんなことをするのだろう？　どうして私たちは、こんな大変な人生を選ぶのだろう？　それは、私たちには、生産的であり、楽観的であり、前に一歩前進し、生き残っていく以外の選択肢が絶対的にないからだ。多くの人にとって、レイ・ターナーは、川を生きる場とするただのネズミであり、物事にかかずらないただの老いぼれで、厳しい人生、孤独な人生を送っているように見えるかもしれない。しかし、彼を知れば、彼を賞賛し、その信条、「その仕事は人生の特権だ」という確信を理解するようになる。それこそが、私たちの中のウナギだ。マオリのブッシュガイド、ＤＪの言い方に従うなら、折れることを嫌う、情け容赦なさなのだ。裁判、障害物、ダム、迂回路にもかかわらず、私たちは依然生から死へ至る自分たちの旅を続ける。静止することのない旅人、ウナギのように。

（1）二〇〇六年一一月、研究者たちは、タグをつけた二二匹の親ウナギをアイルランドの海岸から放流した。タグは二〇〇七年四月に海表面に浮き上がり、衛星を通してウナギの移動データを送信するよう設定されていた。しかし、研究者たちがサルガッソ海に到達する期間として想定した五ヶ月間で、ウナギは四八〇〇キロの行程の内のわずか一三〇〇キロしか進んでいなかった（この調査結果は、『サイエンス』誌二〇〇九年九月号に発表された）。二〇〇八年秋、さらに二九匹のウナギがアイルランド西海岸から放流され、今回、タグの浮遊は二〇一〇年春に設定されていた。

謝辞

この本を書くのに何年もかかった。数えてみると一一年。それほど長くかかったのは、この魚にあまりに魅了され、いろいろ調べることをやめたくなかったからだと思う。それが正確にどう始まったのか、はっきりとは思い出せない。それは、私の編集者ラリー・アッシュミードと一九九八年クリスマスイヴに交わしたイタリア、トスカーナでの会話の中からだったと思う（序章に書いた通りだ）。

手製の鉄のウナギヤスを集め始めた頃、ある晩イーベイ〔訳注：世界的なインターネットオークションサイト〕でスウェーデン製のウナギヤスに入札していると、その値段は高すぎると告げてくれるひとりの男性からメールを受け取った。フランスからで、自分は同じスタイルのヤスを一〇〇も持っているし、どれでももっと安い値段で売ってやれると言う。私は、自分はウナギについての本を書こうとしているところだと彼に告げた。すると、自分は「ヨーロッパにおけるウナギ人間」で、もしウナギについて書こうと思っているのならフランスのバスク地方まで会いに来なくては、とのことだった。男はトーマス・ニールセンという南フランスに住むデンマーク人で、ヨーロッパから中国の養殖場にシラスウナギを売っている大手輸出業者のひとりだった。彼はウナギの季節、一二月から三月のあいだに来るよう招待してくれて、私はそうすることに決め、ビアリッツに飛んだ。彼は、世界で最も優れたウナギヤスのコレクションを持っていた。たいていはデンマーク製で、フランス人の奥さんとデンマークに夏の遊山旅行に出かけた際、海岸地方の骨董商で買ったものだという。

バスクへの旅は、ウナギの国際取引に光を当ててくれた。私たちは九〇〇〜一〇〇〇キロの生きたシラスウナギを入れた水槽付きのトラックを運転して、シャロンの村からオランダの養殖場まで輸送した。一キロ当たり五〇〇ドル、ほぼ五〇万ドル分の魚だ。中国へ向かう積み荷のウナギが病気になるという、その事業の不安を目にしたし、また、香港に向けて輸送する健康なウナギの荷造りを手伝ったりもした。その旅の終盤、私たちはセーヴルニオルテーゼ川の河口に、夜、シラスウナギ漁師と一緒に出かけた。舟は明かりもつけずに川で漁をし（実際には、閉鎖されていた川域での密漁だった）、舟の両側に靴下のような形の細かい目の網をつけて引きながら、あわや衝突など何度か危機一髪の目にあった。

トーマスに会いに行った旅の後で、私は本の執筆を正式にラリーに提案した。当初私は、世界中でウナギがどのように料理されるか、料理のレシピに溢れ、もちろん、一生を通してのウナギのわかりにくいライフヒストリーを解き明かそうとしてきた博物学者や科学者たちの試みの年代記も収めた本を思い描いていた。

私はスウェーデン南部スコーネ地方（リンゴや小麦の生産、さらに、オフスの町で作られるアブソルートウォッカで知られている）にあるウナギの海岸を意味するオラクストという名の町で、ハンサ・オロフソンというウナギ漁師と二週間を過ごした。ウォッカとアクアヴィットを飲むことは、アラギール

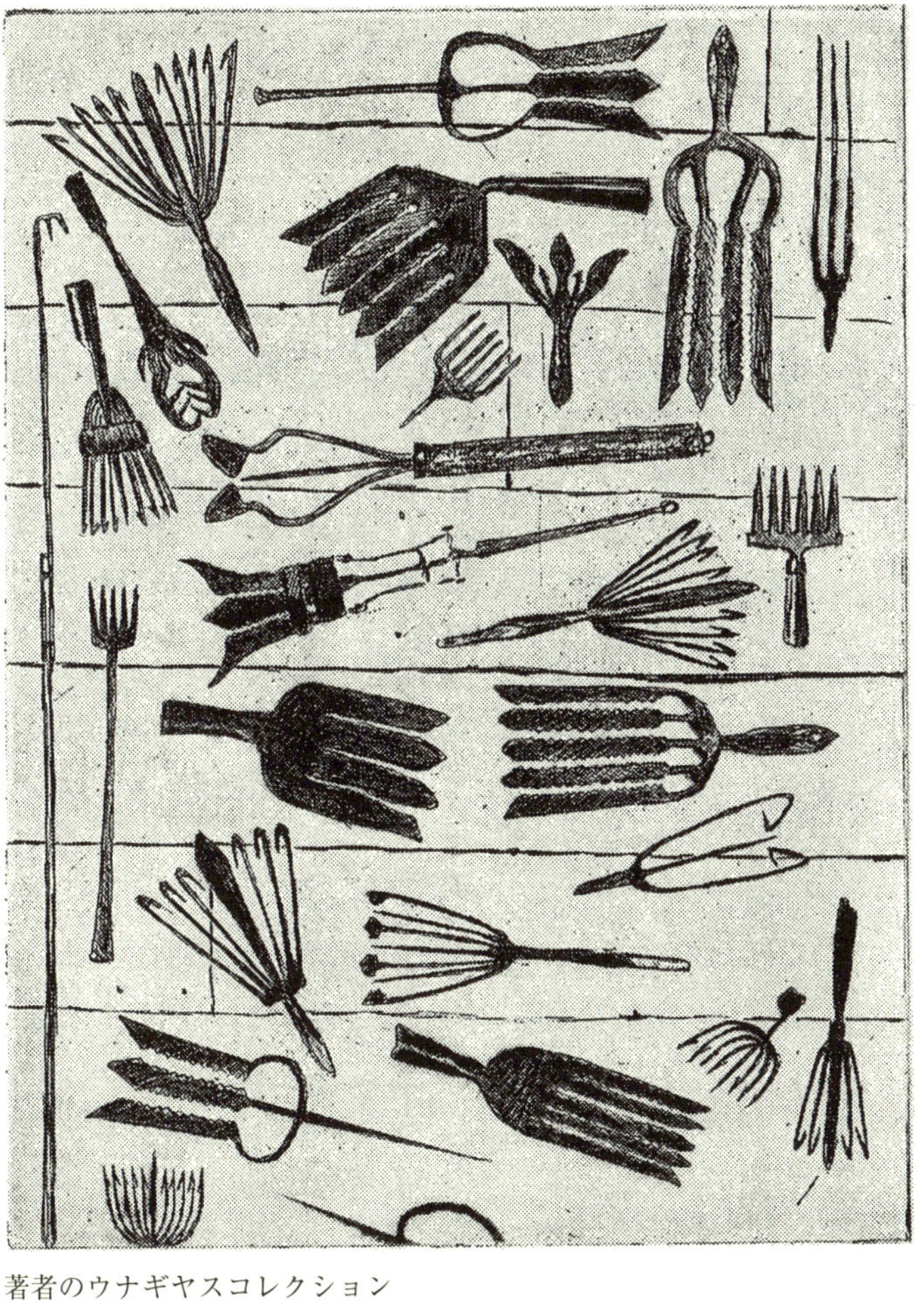

著者のウナギヤスコレクション

と呼ばれる秋のウナギディナーの伝統には欠かせない一部だ。バルチック海に面したろうそくが灯る漁小屋では、ウナギが九から一二の違ったやり方で料理される。夕食は夜更けまで続き、たくさん飲む。ウナギディナーがうまくいったことのしるしは、そこにいた者が翌日何も思い出さないことなのだそうだ。夕食では、お皿の縁に沿って背骨を並べていき、さらにお皿に十字を描くほどたくさんのウナギを最初に食べた者がウナギの王さまの栄誉を獲得する。

私はまた、ウナギを捕まえて食べることが何百年にもわたって産業になっている、イタリアのコマッキオの町にも出かけた。コマッキオの潟湖《せきこ》の真水と塩水が交わる部分は、春はアドリア海から若いウナギが入りこみ、秋には回遊するウナギが外に出ていくように改造されている。コマッキオはヴェニスのすぐ近くのポー川のデルタにあり、ウナギでヨーロッパ中に知られている。一九五四年の映画『河の女』の中では、主演のソフィア・ローレンが、ウナギの缶詰工場で働く女を演じていた。

しかし、調査を進めていくうちに、ウナギのライフサイクルに関するすばらしい情報、料理に関わる物語（それらは、ウナギに関する別の書物にたくさん収められている）、どのようにウナギは繁殖するかに関する無数の誤った推測、ヨハネス・シュミットの生涯やその時代などが、太平洋のいくつかの文化における神秘の象徴としてのウナギに対する関心の背後に退き始めた。ウナギは人間にとって、また私自身にとってどんな意味を持っているのかという事柄。この本を書き始めたとき、太平洋の人々のスピリチュアルなシステムの中でウナギがいかなる役割を果たしているかなど知らなかったし、それらの島にウナギが存在することすら知らなかった。食料や自然史や科学を離れ、ウナギは、書くことと描くことの中で、私を神話に関する、また、物と物との隙間の空間に関する探求、さらには言葉を通して自然を統御しようとする——いかに名付けるか、なぜ名付けるか——私たちの強い欲望の考察に導いてくれた。

ウナギヤスの美しさと多様性に対する関心は、私をマサチューセッツ州マーサズ・ヴィニヤード島に向かわせ、そこで私はアメリカ製ウナギヤスの第一級のコレクションの持ち主、シャーマン・ゴールドシュタインに出会った。ヴィニヤードヘヴンに住むシャーマンは、島の歴史に対する愛やシマスズキ釣りへの情熱などを通して、ウナギヤスを大量に蒐集《しゅうしゅう》し始めた。シマスズキ釣りでは、生きたウナギを餌とし、夜間、砕ける波に釣り糸を投げこむ。私はシャーマンとともに、生きたウナギを餌に、何度も美しい晩秋の夜の釣りを楽しんだ。私は、ウナギの皮を漬けこみ木の疑似餌の上に貼りつけるという、ケープコッド岬の肘の部分に浮かぶエリザベス諸島で人気のある方法を含め、シマスズキを釣るのにウナギを使う技術の歴史を調査した。ちなみに、シマスズキ釣りで最も有名なのはエリザベス諸島の南端、カッティーハンク島だ。アメリカにおけるもうひとりのウナギヤスの大蒐集家、氷上穴釣り用のヤスについて本を書いたマーセル・サリーヴともひとときを過ごした。そして、ケープコッドやロングアイランドの海岸に住む鍛冶屋や、デンマークやフランスの鍛冶屋によって作られたヤスについておおいに学び、小さな本も書いたし、少なくともそれに関する長い論文もものにした。

私とともに時間を過ごした方々ならご承知のように、私はいつまでもウナギについて話していられる。というわけで、この辺りで筆を止め、ウナギへの情熱を分かち合ってくださったあと何人かの方々への感謝を述べておくことにしたい。私の本拠地コネティカット州ブリッジポートでジミー・オー釣具店を営むジミー・オリフィスは、ウナギを使ったバス釣りについて教えてくれた。ジョン・ポッシュを始めとするその地の漁師たちもそうだった。中のひとり、ジョー・ハインズ（引退した狩猟動物管理官で、私の二冊目の本は彼に関するものだった）は、その他にウナギを食べることも初めて教えてくれた。テイラー・ホイットとは、幾晩もサウスポートの浜辺や他の場所で、生きたウナギを使って波間に釣り糸を投げ入れるのを楽しんだものだ。

マオリ文化におけるウナギの大切さについて初めて話してくれたのは、サンタモニカに住むフライフィッシング仲間デイヴィッド・サイドラーで、その世界への導きに感謝している。

この本を執筆しているあいだ、何人かの人々が彼らの物語とアイデアを伝え、貢献してくださった。優れたマオリのコウマートゥア、すなわち長老のビル・アコンガとケリー・デイヴィッド、さらにアンドルー・ファーマー、レイモンド・キットゥたち。

何日も一緒に簗《やな》で過ごしてくれたレイ・ターナー、彼を訪ねた折いつもピースエディーのレイの川向かいに建つ小屋の鍵を渡してくれたドン・オヘイガンに感謝したい。これまで私が本に書いてきた人々と同じく、レイも親友のひとりになった。彼の友情に感謝する。今は亡きステファン・スローンは偉大な釣り人であり、偉大な会話の相手であり、子どもが抱くような驚きの心と情熱を持ってあらゆる魚の神秘に心開き、私とウナギに関する多くの会話を交わしてくれた。ナショナルジオグラフィックのジェニファー・リークとオリバー・ペインは、企画のボールを投げ続け何の反応も得られなかった二年間の後で、ウナギについての私の提案を文書化するのを助けてくれた。物語を編集し、この本の構成を創り出してくれたのはオリバーだ。ナショナルジオグラフィック協会自体、私の旅行、とくにニュージーランドと日本への旅行を援助してくれた。デイヴィッド・ダブルレットとジェニファー・ハインズへは、ウナギを巡る旅での楽しい同道と物語、アニー・プロルックスにはエロティックなウナギの疑似餌と、ほかの何ともわからない物語、ジョン・コックにはリトルコンプトンでのシマスズキ釣りの夜と、アメリカヌマミズキと黒いクルミの木で三本脚の机を作ってくれたことに感謝したい。この本を書くのに主として使ったのは、その机だった。ダンカン・ギャロウェイには、その机を置く小さな小屋を木立の中に建てるのを手伝ってくれたことに感謝する。

イタリアのコマッキオとモンテネグロでウナギを探すためマス釣りの旅を遠回りしてくれたヨハネス・シェフマン、ドイツ、ハンブルグの夕方の魚市場にクレイジーなウナギ屋に会いに連れていってくれたジョー・ドヒターマン、ウナギ取引がどう動くのかを腹蔵なく話してくれたジョナサン・ヤン、日本での旅を案内し、文化の障壁に橋渡ししてくれた門脇邦夫、マオリ文化におけるウナギに私の目を開き、世界を見る目を変えてくれた人々（ビル・カーリソン、マット・パク、ハドレー・パク、ダニエル・ジョー、ドン・ジェリーマンら）、彼らとの出会いの場を設けてくれたステラ・オーガスト、ケープコッドにおける商業的ウナギヤス漁の個人史を聞かせてくれたマイケル・ホッパー、文中の科学的記述を詳細にチェックし、読者に伝わる説明の仕方を示唆してくれたマイク・ミラー、草稿を整え、励ましてくれた雑誌『オリオン』のハル・クリフォード、この本に収めた銅版画を作成したコネティカット州ノーウォークの現代版画制作センターで手助けしてくれたトニー・カーク、本を読みながら外の雪を眺める静かな場所としてアディロンダックの家に間借りさせてくれたティム・コリンズに感謝したい。

そのほか、草稿を読みいろいろコメントしてくださった方々、ピア・ドアリング、フレッド・カーチェス、ビル・レイナー、ピエール・アフル、バリー・オコーナー、テリー・ホルブルック、スザンナ・カーソン、メイ・チン、アンピン・チン、ジョナサン・スペンス、ジェイムズ・スコット、ハロルド・ブルーム、デイヴィッド・スケリー、エレイン・ブリークニーなど、ウナギや川や諸々のことに関して議論を交わした方々にも感謝する。ハーパーコリンズ社のヒュー・ヴァン・ドューセンとロブ・クロフォード、私の代理人エレイン・マークソンにも、ありがとう。

芸術家、歴史家、科学者の厳しい目でこの本を読み、さらに読み直し、とくにこの本が概念的な性格を帯びた際助けてくれた友人、ハップマン・キャリーには感謝しきれない。そして最後に、ローレン・ハウザーは、想像できないほど誰より、おそらく人類の歴史で最も我慢強く私のウナギ談義に耐え、会話の相手になり、ウナギのパイを焼く最大の助けとなってくれた。

訳者あとがき

この書はジェイムズ・プロセック著『Eels: An Exploration, from New Zealand to the Sargasso, of the World's Most Mysterious Fish〔ウナギ――世界で最も不思議な魚を追ってニュージーランドからサルガッソ海を巡る探索〕』(HarperCollins Publishers, 2010) の全訳で、底本にはペーパーバック版 (Harper Perennial Edition, 2011) を用いた。読みやすさを考え、長い章をいくつかの節に区切り、新たに小見出しをつけた。各章に挿入されたエッチングは、原著と同じ、著者自身の手になる。

妻の故郷が本書にも出てくるアメリカのメイン州で、わたしもしばしば訪問する。大きな花崗岩に白い波が砕ける荒々しい光景と、複雑に入り組む穏やかな海岸線、壮大な森に無数の湖が点在し、メインはじつに美しい。ムースやシカやビーバーにも会うし、水辺にはアビドリやワシも姿を見せる。しかし、その水にたくさんのウナギがいること、あるいは、いたことは、随分最近まで知らなかった。しかも、いつも目にしていたケネベック川、セバスティコック川を遡り、そこで暮らしていたとは。

メインに行くたび訪れる本屋さんがあって、いつも、自然と人間の関わりを書いた面白い新本はないかご主人に尋ねる。そのとき、日本人ならぜひこれ、といって勧めてくれたのがこの本だった。ウナギと日本人の関係は、どうやら世界中に知られているらしい。

この本の翻訳を築地書館の土井さんに提案し、それから随分日が経って、本を出しましょうという連絡をいただいたとき、ちょうどメインにいた。その二日後、車で一時間ほどのバンゴアで毎年開かれるフォークミュージックフェスティバルに出かけた。昔は木材の積み出しで未曽有の繁栄を誇った街を流れるペネブスコット川の岸辺で、音楽祭は開かれる。会場の一番端の舞台で催されたニューファンドランドの音楽を楽しんだ後、娘がふと会場横の案内板に気がついた。ウナギの絵が描かれている。説明文を読むと、目の前の川の名は、先住民ペネブスコット族の「ウナギの棲むところ」という言葉に由来するというではないか。案内板はずっとここにあって、何度もそこを通ったはずなのに。それにしても「ウナギの棲むところ」とは、あまりの符号に不思議な縁を感じた。

わたしの中でウナギとメインが結びついたのは、三年前、メイン州の海でウナギを獲って輸出している日本人に会ったのが縁だった。海でのウナギ漁で、そのときは、こんなところにウナギとは、と、むしろ意外な感じがした。その後、それをきっかけにあれこれ探っていくうちに、メイン州がアメリカで唯一（サウスカロライナ州での限定的な許可を除き）シラスウナギの捕獲と輸出が許されている州だと知って、メインを愛する者としては複雑な思いを抱いたものだ。

地元の新聞や州の広報などによると、とくに、二〇一〇年のEUの禁輸措置を契機にシラスウナギの価格が急騰し、この書に出てくる最初のブーム以降キロ当たり四〇〇ドルほどで推移していたのが、二〇一一年には二〇〇〇ドル、二〇一二年には五〇〇〇ドルにまで一気に高騰した（ちなみに、日本での稚魚の価格は、乱高下しながら、二〇一三年、一四年にはキロ当たり二〇〇万円を超えたという)。そして、まさしくここでも、「ウナギゴールドラッシュ」という言葉が盛んに使われていた。それに続く二〇一四年と一五年、漁はやや不振で、価格もキロ当たり二〇〇〇ドルくらいだったという。寒かった春先の天候のせいなのか、資源の状態に変化があるということなのか、漁を続けようとする漁業者と、それを規制したい科学者や当局とのあいだで盛んに論争が交わされてもいる。記事には、研究者のマックリーヴや業者のパット・ブライアントの名前も出てきて、この本を読んだ後だけに何か懐かしい人たちに出会ったみたいで奇妙な感じがした。ちなみに、この書に出てくるウナギの現況に関する二〇〇七年のUSFWS報告書に続く、二〇一五年版を、インターネットで見ることができる(American Eel Biological Species Report, http://www.fws.gov/northeast/americaneel/pdf/20150831_AmEel_Biological_Report_v2.pdf)。

最近でも、まさにこの書に描かれたのと同じような一攫千金的なウナギ漁の熱気は同じらしい。価格高騰にともない、州外からの人間も含む密漁の横行がしばしばニュースになる。また、二〇一三年からは現金取引ではなく小切手で支払うよう定められたことなどに、かえって、ディーラーたちが現金を山積みして走り回った異様な雰囲気をうかがうことができる。そのほか、先住民への免許の割当て、他の州からも出ているウナギ漁解禁の要望、それへの対応など、さまざまに絡み合う複雑な事情を考えると、メインの美しい海や川を眺めては不思議な感慨にとらわれてしまう。

メイン州での漁期は、毎年三月二二日から五月三一日まで。現在では免許制(四〇〇〜一〇〇〇人)と割当制(上限一人二七キロほど)がとられ、総量も二〇万トンほどに制限されている。それでも、今や二番目に大きい漁業収入源（と言っても、圧倒的に大きいロブスターに比べるとその九分の一に過ぎないけれど）となった漁を制限することに対する反発は大きい。確かにウナギは減ってきているという議論。いや、ウナギはたくさん来ているし、発電ダムの上流でさえ、遡上してきた若いウナギをたくさん数えることができるという目撃談や調査結果。何より、ウナギに関する歴史的資料や総合的な研究データ自体きわめて限られていることが議論の大きなネックになっていて、日本だけではなく、ここでも、ウナギ研究の継続的な推進がますます求められている事情は変わらない。

ある日、メインのウナギを知りたくて、州都アガスタの博物館を訪ねてみた。最近の事情はまだ反映されていないのか、漁業展示の中に、ウナギ漁はなかった。それでも「自然」のコーナーに行くと、剝製が並ぶジオラマの中に小さな池があって、そこだけ本当の魚が泳いでいた。ニジマスが泳ぐその下に、一メートルほどで、野球のバットの先端よりひと回り細い魚が二匹じっとしている。それがウナギで、わたしたちが普段鰻屋さんの水槽で知っているのとは随分違い、少なくとも食欲をそそるにはほど遠い、何とも不気味な感じだった。

ちなみに、メイン州の地名表記についてひと言。Augusta と Bangor は、日本では通常「オーガスタ」、「バンゴー」と表記される。じつは、これに関してはアメリカでもおおいに議論されていて、インターネットでもやり取りを見ることができるし、動画まであってなかなか愉快だ。「オ（ー）ガスタ」と発音すれば、ゴルフ場で有名なジョージア州のオガスタ。メイン州の首府は「アガスタ」。「バンゴー」（多くは「バンガー」）か「バンゴア」かもしばしば話題になり、全国テレビの番組にまで取り上げられた。基本的に、メインの人は「バンゴア」を譲らない。言うまでもなくわたしは、メインの人間に歩調を合わせたい。家内の家はケネベック川とセバスティコック川が合流するウォーターヴィルという市にあって、地元の人間としては、日本の地図帳に出てくる「セバスティクック」ではなく「セバスティコック」。いずれも日本人に馴染みの地名ではないけれど、ご了承いただきたい。ついでに、「メイン」も、日本の新聞などに出てくる「メーン」ではなく「メイン」。

この書の著者ジェイムズ・プロセックは、一九七五年コネティカット州で、ブラジル出身の父とチェコスロヴァキア出身の母のあいだに生まれ、書き手としてだけではなく、アーティストとしても知られている。一九九六年、イェール大学で英文学を専攻していたとき、自らの水彩画を添えて書いた『Trout: An Illustrated History〔マス――絵による歴史〕』が成功を収め、それ以降すでに一〇冊以上の書を著してきた。その多くが、マスの生態や、魚が生きる自然、フライフィッシング、さらに、本書にも登場するベテラン猟獣管理官ジョー・ハインズとの交流をつづった『ジョーアンドミー――釣りと友情の日々』（青山出版社、一九九八年）など、彼がこれまで出会ってきた自然や人々を描いている。また、自然保護運動にも深く関わり、アウトドア用品メーカー「パタゴニア」の創業者イヴォン・シュイナードと意気投合して、マスの生態系の保全をめざす「ワールド・トラウト」を設立した。フィラデルフィア美術館をはじめとする主要な美術館や画廊で多くの作品展を開いてきたほか、『釣魚大全』で知られる一七世紀のイギリス人作家アイザック・ウォルトンを描いたドキュメンタリーフィルムで賞を獲得するなど、広く美術の世界で縦横に活躍しながら自然保護へのメッセージを発信し続けている。彼のウェブサイト（http://www.jamesprosek.com）を開くと、たくさんの美術作品、ウナギを版のように使って大きなキャンバスに絵を描く制作風景、自然の中での彼の姿などを見ることができる。とくに、この本に出てくるニュージーランドやポンペイの光景が写真で紹介されていて興味深い。ぜひ、ご覧いただきたい。

この書にもあるように、塚本勝巳教授をはじめ日本の研究者が世界のウナギ研究をリードしていることもあって、ウナギそのものに関しては、日本語でたくさんいい本が出ている。築地書館の『うなぎ——謎の生物』も、さまざまな人が多様なテーマを論じていて、問題の広がりを通観することができるし、わかりやすい。それらを読むと、ウナギがじつに不思議な魚であることが納得されるだけではなく、日々の研究者の取り組みにも興味をそそられる。

おそらく、ウナギが不思議な魚であることは、すでに多くの人たちに知られていることだろうと思う。しかし、今回この本を通して、ウナギに深く関わる人間もまた不思議な人たちであることに驚いた。感動した、と言ったらいいだろうか。

冒頭、レオナルド・ダ・ヴィンチの絵が出てきてびっくり。早速、図書館に行って図版を広げてみた。お皿の上にあるのがウナギなのかどうか、絵だけではまったくわからない。それにしても、イエスがウナギを食べていたということなのか、あるいは、ダ・ヴィンチが食べていて、それを描きこんだということなのか。さらに、少し読み進むと、今度は若き日のジーグムント・フロイトが登場するではないか。意外な展開に引きずられ、一気に読んでしまった。そうそう、ソフィア・ローレンの映画だって観なければ。ギュンター・グラスの小説を映画化した『ブリキの太鼓』の一場面、海の中から引き摺り出された馬の生首の耳や口から這い出してくるウナギの姿は、主人公オスカルの母が嘔吐する場面を見ずとも何とも薄気味悪かったけれど。

この本の面白さは、ウナギもさることながら、ウナギを取り巻く人々の面白さにある。ウナギを見つめるさまざまな違った眼差し、違った思い。違った人々の違った生きざま。

元々舞踊論や宗教学を専門とするはずのわたしがクマや、オオカミや、オウムの本を訳したりしていると、いかにも脇道に逸れているだけみたいに言われることがないではない。今回、ウナギを巡る神話や民俗の興味深い話がたくさん出てくるから、少しは本筋に関わる仕事として見てもらえるだろうか。というより、クマでもオオカミでもオウムでも、そして今回のウナギでも、わたしは常に、そうした動物に関わり合う人間たちの生きざまや思いに驚嘆してきた。その奥には、動物と人間が結び合い、一体になってつくりあげている世界への関心があったと思う。自然の生命への眼差しに共感しながら、ともすると動物を人間の世界に引き写して描くアニミズムより、動物の世界に則して人間を描くトーテミズムのほうに、わたしは引きつけられる。ウナギを祖先として、また守護者として崇《あが》める人々はもちろん、学者であれ漁師であれ、ウナギを、というよりはウナギに動かされ、自らの生活がかたどられるに任せているかのような人々の背後に、ふと、ウナギが人間になり、人間がウナギにもなるそんな世界が顔を覗かせる。そうした世界をリアルに感じ取る感受性。ウナギという、一見とてつもなく異質に見えるものにさえ容易に自らを重ね合わせる、何と柔軟な思考、何と自由な想像力。その意味でこの本は、自分にとっての、一層のトーテミズムの導きでもあったような気がする。

北海道のアイヌとニュージーランドのマオリとの交流プログラムに通訳として参加した娘が、マオリとウナギとの深い関わりを経験し、特別なウナギの料理をご馳走になったことなど話してくれた。マラエが単なる集会所ではなく、部族の神々や歴史が装飾され、建物自体先祖のからだと見なされていることなども娘から教えてもらった。マオリの言葉の発音と表記に関しては、娘を介して、パリハカのコウマートゥア（長老）ラウケレ・ホンド博士、ガイドを務めてくださったエディー・ウォーカー氏に教えていただいた。ここに記して感謝したい。もちろん、表記に不十分な点があれば、それはわたしの責任である。お二人からのメールにも、商業漁業に押され、伝統的なマオリとウナギとの結びつきが次第に失なわれていっていることへの懸念が表明されていた。

この本に登場してくるたいていのウナギたちは、普段わたしたちが目にするウナギと随分違っている。それでいて、わたしたちが知っているウナギと確かに重なり合っていて、水槽の中でうごめくウナギを眺めていると、どこか別のところに棲む、別の親類たちの面影が二重写しになってくる。そして、その不思議な動きの中に、摩訶不思議な世界がぼんやり浮かんでくるような奇妙な気持ちに捕らえられる。しかもその姿が、ニュージーランドでも、メインでも、日本でも、明るい太陽を反射して流れる水やそれを取り巻く緑の健やかさを、あるいは衰えを映し出していることを、わたしたちは常に思い起こさなければならない。

もちろん、ウナギだけではない。ウナギと同じく河川を行き来する魚だけとってみても、アユ、サクラマス、イトウ、サケ……たくさんの魚が環境の悪化で生息域を狭められ、その生存を脅かされている。ダムをはじめとする流れの分断や、川岸をコンクリートで覆い尽くす護岸工事は、回遊する魚の移動をあっさり塞き止め、棲み場所を奪ってしまう。目に見える川の姿の変化だけではなく、汚染水、毒物、塩分などが流入することで水質の悪化や富栄養化が進み、直接、そこで生きること自体が不可能になってきている。驚くことに、日本は世界有数の河川汚染国なのだ。釣った魚を水に戻すキャッチ・アンド・リリースは、今や自然保護のためというより、汚染された魚が食べられなくなってしまったという理由のほうが大きいかもしれない。

原因はいろいろあるだろう。その大元に、水に対するわたしたちの無関心と、あるいは、思い違いがあるように思う。思い違いとは、日本には水がふんだんにあるのだという思い込み。数学者で日韓の文化に造詣が深い金容雲教授が、以前、「大陸に比べたら日本の川はどこも滝ですよ」とおっしゃっていたのを思い出す。山から海まで川が一気に流れ下る日本の水資源を、絶え間なく降る雨と豊かな森が支えてきた。その雨が当てにならなくなり、森の保水力が失われていったら、「豊かな水」だって幻になってしまいかねない。世界の人口の五人に一人が良質の飲料水を得られなくなった世界で、すでに日本は、最大の飲料水輸入国だ。輸入される飲料水の量自体割合からすればそれほど莫大とは言えないことを仮に認めたところで、輸入する食品を作り出すために使われた農業用水（最近は「仮想水・バーチャルウォーター」という言葉が使われる）が、国内で賄う農業用水、工業用水、生活用水の合計とほぼ等しいという状況は決してまともではない。きれいな水を奪われて困窮するのは、ウナギもわたしたちも同じなのだ。

ニホンウナギは、すでに絶滅の危機にある生物種としてレッドリストに載せられている。少なくとも、世界のウナギの七割を食べている日本人は、ウナギに対する資源管理と回復に大きな責任を負っている。もちろん、食べるのを止めればすむという話では毛頭ない。むしろ、おいしいウナギを、きちんと料理して、鰻屋さんで食べる。鮪《まぐろ》の刺身だって、鰻の蒲焼きだって、身近ではあってももっと特別なものだったのではないだろうか。豊かな食の文化を守るとは、単にウナギの代わりにビフテキを食べるとか、ビフテキの代わりにウナギを食べるとかいったことではない。ありがたさを感じながらおいしく食べることを通してこそ、ウナギを取り囲む自然、ウナギが開いてくれる世界への思いも生まれてくるだろう。本書の中で語られているように、大切なのは、わたしたちとウナギとのとつながりなのだ。「ウナギとの結びつきが失われてしまう」とき、わたしたちから何が失われてしまうのか。「ウナギがいなくなってしまったら、川は流れを止めてしまう」かもしれない。

築地書館から翻訳を出版するのはこれが三冊目で、毎回編集部の方がじつに丁寧に原稿を読み、さまざま貴重なアドバイスをしてくださる。今回も黒田智美さんが人名や地名の表記、言葉遣いをチェックし、資料を確かめ、見出しを整えてくださった。出版の機会を与えてくださった土井二郎さん、黒田さんのお二人に改めてお礼申し上げたい。

著者紹介

ジェイムズ・プロセック（James Prosek）

1975年アメリカ、コネティカット州生まれ。19歳のときに書いた『Trout: An Illustrated History〔マス：絵による歴史〕』が「オーデュボンの再来」として、その美しいフルカラーのイラストと文章で注目されて以降、マス、釣り、自然との関わりの中で出会った人々をテーマとする10冊以上の著書を出版した。

自然保護運動にも深く関わり、アウトドア用品メーカー「パタゴニア」の創業者イヴォン・シュイナードとともに、野生の魚の保護活動を支援する団体「ワールド・トラウト・イニシアチブ」を設立。ライターとしてだけではなくアーティストとしても知られており、主要な美術館・画廊で個展を開くなど、美術を通して自然保護へのメッセージを発信し続けている。

著書に『ジョーアンドミー』（青山出版社）、また『シンプル・フライフィッシング』（地球丸）の挿画を担当した。

訳者紹介

小林正佳（こばやし・まさよし）

1946年、北海道札幌市生まれ。国際基督教大学教養学部、東京大学大学院博士課程（宗教学）を修了。

1970年以来日本民俗舞踊研究会に所属して須藤武子師に舞踊を師事。1978年福井県織田町（現越前町）の五島哲氏に陶芸を師事し、1981年織田町上戸に開窯。1988年から2015年まで天理大学に奉職。その間、1996～1998年トロント大学訪問教授、セント・メリーズ大学訪問研究員としてカナダに滞在。2000～2002年、2009～2010年、中国文化大学交換教授として台湾に滞在。

民俗舞踊を鏡に、宗教体験と結ぶ舞踊体験、踊る身体のあり方を探ってきた。民俗と創造、自然を見つめる眼ざしといったテーマにも関心がある。

著書に『踊りと身体の回路』『舞踊論の視角』（以上、青弓社）、訳書にヒューストン著『北極で暮らした日々』、ロックウェル著『クマとアメリカ・インディアンの暮らし』（以上、どうぶつ社）、モウェット著『狼が語る』、ビトナー著『都会の野生オウム観察記』（以上、築地書館）など。

ウナギと人間

2016年5月10日　初版発行

著者　　ジェイムズ・プロセック
訳者　　小林正佳
発行者　土井二郎
発行所　築地書館株式会社
東京都中央区築地7-4-4-201　〒104-0045
TEL 03-3542-3731　FAX 03-3541-5799
http://www.tsukiji-shokan.co.jp/
振替 00110-5-19057
印刷・製本　中央精版印刷株式会社
装丁　吉野愛
　ISBN978-4-8067-1513-9 C0045